本书编写人员

主　　编　郭衍莹

编写人员　徐德忠　郭孝斌　周鸣岐

　　　　　包忠正　张金海　邓明韧

主　　审　秦忠宇　王　励　文　定

国家科学技术学术著作出版基金资助出版

相控阵雷达测试维修技术

Measuring and Maintenance
Technique of Phased Array Radar

郭衍莹　主编

国防工业出版社

·北京·

图书在版编目(CIP)数据

相控阵雷达测试维修技术 / 郭衍莹主编. —北京：
国防工业出版社,2013.12
ISBN 978 – 7 – 118 – 08883 – 0

Ⅰ. ①相… Ⅱ. ①郭… Ⅲ. ①相控阵雷达 –
测试技术 ②相控阵雷达 – 维修 Ⅳ. ①TN958.92

中国版本图书馆 CIP 数据核字(2013)第 270156 号

※

国防工业出版社出版发行
(北京市海淀区紫竹院南路 23 号　邮政编码 100048)
北京嘉恒彩色印刷责任有限公司
新华书店经售
*
开本 710×960　1/16　印张 17　字数 287 千字
2013 年 12 月第 1 版第 1 次印刷　印数 1—3000 册　定价 48.00 元

(本书如有印装错误,我社负责调换)

国防书店:(010)88540777　　发行邮购:(010)88540776
发行传真:(010)88540755　　发行业务:(010)88540717

序 一

新一代相控阵雷达的特点不仅是技术先进、功能强大，而且系统非常复杂、设备非常庞大。因此，必须有一个先进的、强有力的技术保障体系与之配套。技术保障工程是一项系统工程。据资料报道，先进武器的技术保障费用大致与该武器研制、生产费用相当，甚至更高。因此，它在国内外都越来越受到高度重视是很自然的事情。

这本专著的几位作者原来都是中国航天科工集团第二研究院（简称航天二院）各研究所的研究员和技术领导。他们退休前是本学科的技术带头人，并多次获原国防科学技术工业委员会和航天科工集团的科技成果进步奖。退休后几年来应聘在航天部门和海空军单位从事有关技术工作。他们有的设计自动测试平台，有的自己动手做测试维修工作，有的为科技人员系统讲解相控阵雷达的技术特点、设计思想和维修特点。2007 年，他们又应邀去海军某维修基地，为技术保障工作人员举办讲座、编写教材。几年来，他们急部队之所急，做出一定贡献，得到部队与工厂的好评。同时也积累不少经验，做了很多创新性工作。把这些经验写成专著出版，我认为是一件非常有意义的工作。

要做好测试维修工作，关键在于要有一支政治合格、技术过硬、高水平的技术队伍。新一代导弹武器系统对技术保障人员的要求是非常高的。他们虽然不像设计人员那样，要求对某一技术领域或某一专业方面有专长，但要求他们：一方面有较宽知识面，对武器从系统一直到具体电路在原理上和概念上非常清楚；另一方面，要有一定实际经验，要求从测试到维修都有较强动手能力，才能有较高的保障工作效率。我认为，在部队和高校，培养这样一支队伍是当务之急，但在目前，军内外出版的众多书籍、著作和教材中讨论这方面问题的并不多见。我高兴地看到这本专著能从这方面着手,详细介绍了作者的见解、经验和工作中的创新;另外也介绍了他们对美俄等国相同类型雷达维修工作特点的认识和经验。我期待着本专著有益于这一领域人才的培养,有益于我军技术保障工作的发展,有益于国防科学技术的进步。

中国科学院院士

陈定昌

序　二

　　相控阵雷达是当代技术最先进和最有发展前景的雷达体制之一,尤其是在尖端军事科技领域,如反导、防空导弹、对空情报、空天预警和作战等方面都起着关键作用。以防空导弹而言,现代防空作战的要求在复杂电磁环境下,抗击高、中、低多层空域、多批次目标(飞机及导弹)的饱和攻击。所以各军事大国均以相控阵雷达为主体构建新一代防空导弹武器系统,典型的装备有海军"宙斯盾"舰空导弹系统,空军"爱国者"PAC‒3 系统,以及 C‒300、C‒400 地空导弹系统,陆军机动作战 SA‒10 野战防空导弹系统等。至于更新一代防空导弹系统,以及正在迅速发展的反导系统,则非相控阵雷达莫属。据国内外报道,先进武器装备的技术保障费用大致与武器本身研制、生产费用相当;而先进相控阵雷达的技术保障费用可能比雷达本身研制、生产费用还要高。因此,技术保障工程越来越受到各方面高度重视。如何保障这些先进而复杂的武器系统,尤其是雷达能完好地发挥作战效能,不仅对部队,而且对设计部门都是一个急待解决的问题。

　　维修保障体系及保障装备的设计和交付是武器系统研制设计的重要内容,维修保障体系能延长武器系统使用寿命且与武器系统全寿命密切相关。武器系统的战备完好率是由其一系列保障性指标度量的,因此武器设计人员必须掌握先进的维修保障测试技术,尤其是对计算机软硬件技术和微波测试技术有比较扎实的功底;并能设计出先进的测试维修设备,才能使复杂武器系统有较高的战备完好率。这是研制设计部门各级设计师的职责。

　　编写该书的几位作者多年来一直从事于相控阵雷达和三坐标雷达的维修保障工作,对国内外各型先进雷达的维修保障性能、维修保障体系、维修保障技术等有较深入的了解。特别是对目前最复杂的相控阵雷达的维修保障测试,从理论到实践,做了许多创新性的工作,如武器系统性能(尤其是微波部分)测试、自定义 BIT 测试、相控阵天线的近场特性用网络分析仪检测、用国产通用 ATE 代替国外专用 ATE 测试、雷达的专家系统等,这些宝贵知识是目前难得一见的。2007 年,他们还为部队维修工厂技术人员就雷达的测试维修技术问题系统讲课和培训,得到好评。我认为这是一本理论联系实际的好专著。我相信本专著的出版,将有助于部队培养维修保障人才、组建维修保障队伍,有助于促进我军装备保障技术的进步和发展。同时我也相信它对该领域的科研人员,以及高校有关专业师生有很好的参考价值。

中国工程院院士

前 言

相控阵雷达是指采用相控阵天线的一种雷达体制。由于相控阵天线的波束是用电子方法在空域变动或扫描,非常灵活,变动速度可达微秒级,因此这种雷达具有多目标、多功能、大空域、大功率、抗干扰强等一系列突出优点;在当今被认为是一种最有发展前景的雷达体制。它是当今世界很多先进武器,如防空导弹系统、对空情报系统、预警机、歼击机、反导系统等的主体设备。国外新一代(第三代)防空导弹武器系统都是以相控阵雷达为主体构建的,典型的有美国的"爱国者"、"宙斯盾";俄罗斯的 C‒300、C‒400、"里夫"、"道尔"等。现代预警机、歼击机是否达到新一代水平,重要标志之一就是是否采用相控阵雷达体制的预警雷达和火控雷达。至于反导系统中的相控阵雷达,其技术又高了一个台阶。雷达、歼击机、地空导弹等武器装备都应归入战术武器,唯有反导系统中的相控阵雷达在国外称为战略武器。

相控阵雷达不仅技术上非常先进,而且设备非常复杂;不仅维修量大,而且维修难度大。现代战争又要求其战备完好率非常高,随时可以投入战斗。自然对维修工作提出越来越高和越来越苛刻的要求。因此,它的测试维修工作既十分重要,又非常艰巨。

当代美俄等军事大国对武器装备维修工程的真正重视,始于 20 世纪 70 年代末。主要是受到几次现代局部战争的经验教训。他们从中总结出的第一条经验教训是,现在战争的胜负不仅取决于武器的先进性,而且同样取决于武器装备有无先进的维修性。以 1973 年 10 月著名的第四次中东战争为例,那次战争在西奈半岛发生一场坦克大战。开始时以色列参战的坦克只有阿拉伯坦克(均为苏制)的 50%,显然是阿方占优势。但在战争过程中,以方由于及时修复了损坏坦克的 50%,而且还能及时修复缴获的阿方的苏制坦克,使其再投入战斗,因而使实际损坏的仅占参战坦克的 6%。在 10 天战争中,以色列共修复各种坦克2000 辆次。而阿方由于部队维修水平低、缺少配件等原因,使实际损坏的占参战坦克的 62%,结果由优势转化为劣势,导致战争失败。战争结局至少给人们这样几点启示:一是尽管俄制武器威力大,但其可维修性明显较差;二是以方能对自己不熟悉的俄制武器进行修复,说明他们的维修人员的技术素质明显高于阿方;三是阿方维修体制不完善,如人员素质差、备件不到位等。

20世纪80年代后,各军事大国都对如何提高武器装备的维修水平采取了很多重大措施。第一条措施是大量增拨武器装备的保障费用。国外大量文献资料公开的数据表明,以雷达、歼击机等为代表的先进武器装备,其故障率以及保障费用都是很高的。国家花费在先进武器装备总的维修保障费用大致要与该武器研制、生产费用相当,甚至更高,如有的官方文献上公布的参考数据称二者为6:4。虽然这是指总的保障费用,但维修方面的费用肯定要占最大比例。

另一项重大措施是大力加强"三性"工作。所谓"三性",就是指可靠性、维修性和保障性(Reliability、Maintainability、Supportability,RMS)。1978年,美军又提出武器装备"可测性"(Testability)新概念。对如何加强"三性"(或"四性")工作,提出很多新概念,采取很多新措施,制定很多新规范(例如,美军新的"参谋手册"规定,必须当天在战场上修复损坏武器装备的80%)。其中特别强调,"三性"工作应贯穿从武器装备方案论证、研发、生产、使用直至退役的整个"全寿命"过程。特别强调搞好"三性"工作,是总体设计人员、设备设计人员和维修人员的共同责任。以维修性而言,总体人员在方案论证时就要考虑和制定采用几级维修体制;每级维修应配置哪些专用标校设备;基层级维修要设计什么样的BITE设备。设备设计人员在设计各自分机(分系统)时要考虑如何提高设备的可测性和可维修性。并且要在总体人员主持下,和设备设计人员、维修人员一起共同完成BITE一体化设计。

另外一项重大措施是加强维修人员队伍,不仅是数量,尤其是提高他们的素质。据报道,现在美俄一个陆军师(约一万人)就有维修人员一千人左右,占总人数10%。其中很多是军校或高校专业毕业,所有维修人员都要经定期严格培训。此外在中继级维修站和基地级维修站(大修厂)更有一批高水平的维修专家。战斗在一线的维修人员,他们的素质更是战争取得胜利的重要保证。这正说明,越是现代战争,人的因素越至关重要。

我国自改革开放以来,尤其是近几年,国防科技取得令世界瞩目的进步。有关的学术交流也很活跃。在学术著作方面,已出版了相控阵雷达系列丛书和武器装备"三性"的系列丛书。但我们在实践中体会到,在这一领域广大的雷达技术人员和维修人员,以及军校高校有关专业师生,迫切需要一本理论密切联系实际,工程应用性强的专著。这本专著至少应涵盖三个方面:一是讲清相控阵雷达的技术特点,包括它与常规雷达的不同特点,以及国外相控阵雷达(主要是美俄)的不同特点,弄清这些特点是做好维修工作的前提;二是讨论相控阵雷达的测试技术,尤其是介绍一些新的测试方法;三是介绍雷达维修技术,尤其是微波设备维修技术,包括一些老技术人员行之有效的维修经验。我们这本专著,就是想尽可能满足这三方面要求而编写的。

相控阵雷达的种类很多,本书的重点是各种防空导弹武器系统中的相控阵制导雷达(火控雷达);附带讨论新一代歼击机、预警机上配置的相控阵雷达。当今世界上用作武器装备的一些著名的相控阵雷达,几乎都是美国和俄罗斯两国的产品,例如,美国的"爱国者"系统中的雷达 AN/MPQ – 53,俄罗斯的 C – 300 系统中的雷达 30H6 和 C – 400 系统中的 36H6。根据国内外大多数专家们的评论,二者在系统性能、指标、武器作战性能以及可靠性等方面大体说来水平相当,但二者的结构组成和技术特点有很大不同,可以说当今世界两大不同的典型(或"流派")。众所周知,美国是相控阵技术发源地。几十年来,无论在理论方面或是实际产品都一直居于领先地位。但近 20 年来,俄罗斯却能在这方面异军突起,非常值得我们注意和借鉴。目前在欧美和中国,都有一些学者在研究俄罗斯武器装备能快速发展且经久不衰的原因。具体到相控阵雷达技术,美国几位著名雷达专家如 Skolnik、Barton 和 Corey 等在他们著作中都对此问题有精辟的论述。他们的主要论点,就是俄罗斯科技人员能突出"自主创新,扬长避短"的设计思想,敢于从高起点赶超世界水平。俄罗斯经济实力远逊于美国,而在信息产业方面,数字技术和微电子技术更是他们的软肋,但他们能尽量发挥在微波电真空器件、微波技术、模拟电路基础技术等方面,以及在系统总体设计能力强的优势,同样能研发出世界一流的武器装备,其中还有很多被欧美专家刮目相看的独特设计(如采用高脉冲重复频率的脉冲多普勒体制,设计出微波损耗仅 4.4dB 的天馈系统)。目前,国内有些书籍、文献对国外相控阵雷达技术特点的理解和讲述基本上还停留在表面上,因此本专著希望能有助于读者深层次地解读国外相控阵雷达的技术特点、设计思想和测试维修的特点。

关于相控阵雷达测试的新技术,近年来在国内外都有一些成果发表。本书重点介绍:①微波测试技术,包括微波矢量网络分析仪等高端仪器在相控阵雷达测试测试中的新应用。雷达中微波设备,尤其是天馈系统和微波舱(微波接收机/发射机),技术先进,结构复杂,故障率高,是检测维修重点,也是难点。现在国内不少维修部门微波专业人才匮乏,常常成为开展维修工作的一个瓶颈,而且现在介绍检测维修技术的书籍大都缺少微波技术方面的内容。②由于新一代 BIT 检测系统是与雷达主机一体化的,即在主计算机控制下,通过"信息交换"控制 BIT 检测过程。它不仅可检测组合,也可检测系统性能。因此,要求维修测试人员不但有扎实的计算机软硬件技术功底,还要求他们弄清极其复杂的雷达信息交换原理和过程。本书作者还提出,可通过自定义信息字内容来诊断和定位故障。③自动化测试技术和故障诊断专家系统在相控阵雷达维修中的应用。一部相控阵雷达的印制电路板（PCB 板）数量常以数千计，比其他雷达如一般三坐标雷达多一个数量级，因此 PCB 的自动测试和故障检测极其重要，建立专家系统也非常迫切。④ 各分机综合测试台设计举例，不少内容是首次发表的（如第 5 章中用聚焦场法进行天线远场测试，第 10 章中雷达故障维修专家系统等）。

关于相控阵雷达的维修技术，本书一部分取材于国内外公开文献，一部分是作者们多年经验体会。由于某些原因，一些经验不可能结合具体电路讲述得很具体，因而主要着重于阐述维修的思路、准则和一般方法。现在有些单位都在考虑设计以老专家经验为主的雷达故障诊断专家系统，有的单位提出用"抢救"精神将老专家们的一些经验编写成专家系统，我们认为这些都是很必要的。

本书作者大都是中国航天科工集团第二研究院的资深研究员，近年来应聘在国防维修部门担任专家或顾问，有机会接触到一些实际问题。2007 年，作者还曾为部队维修人员讲课，编写培训教材（这些教材也是本书主要内容来源之一）。我们深切体会到，做好武器装备的维修工作，是系统设计人员、设备设计人员和维修人员的共同责任，也深切体会部队和高校等部门培养一支技术过硬、作风过硬的维修保障工程队伍的紧迫性。我们期望本书是理论联系实际、能受上述人员欢迎的专著，更期望着本书的出版有益于这一领域人才的培养，有益于我军技术保障工作的发展，有益于国防科学技术的进步。虽然本书主要讨论相控阵雷达的检测维修技术，但对其他先进雷达和武器装备的维修工程可能也有一定参考意义。

本书第 1 章简述 RMS"三性"和维修工程的基本概念；第 2 章简述相控阵基本概念、组成、工作原理和国外发展概况，也介绍了美俄两种雷达的不同结构特点和设计思想；第 3 章介绍 BIT 检测技术和新一代 BIT 特点；第 4 章介绍国内外通用的三级维修体制和每一级维修站的设计和设备配置。其他各章则分别描述相控阵雷达各分机的结构特点、测试技术和维修技术。最后三章则综合地介绍和讨论自动测试技术的应用，自动测试系统的计量问题，以及高端电子仪器在相控阵雷达中的应用。很多实例是一般教科书中所没有的。

本书的编写，特别要感谢陈定昌院士、钟山院士和于本水院士的支持和鼓励，他们热心为本书写了序言。全书由郭衍莹研究员担任主编，并负责大部分章节的编写和全书的统稿。参加本书编写的有航天二院徐德忠、郭孝斌、周鸣岐、张金海、包忠正、邓明绉等研究员。他们除负责或参加各自专业的章节编写外，还曾多次集体讨论，研究如何使本书内容更完善。此外，叶定标、李宗扬、方光乾、刘晓凯等研究员也参加了有关章节的编写或提供宝贵资料。全书由王励、秦忠宇、文定三位型号总师（副总师），以及航天科工集团测控公司的韩暋总师分别负责审阅。他们提出了很多宝贵意见,帮助充实本书内容,谨此表示衷心感谢!

但由于我们水平所限,不可避免地存在各种各样问题和错误,在此恳请国内相关领域的专家和读者批评指正。

郭衍莹

2013 年 3 月

目　录

第1章 武器装备的"三性"和维修工程概述

1.1 武器装备的可靠性、维修性和保障性[1,2]

随着现代先进武器迅速向信息化、智能化、精确化发展,要使这些武器能在战时执行作战任务,在平时战备训练中保持武器的设计功能,并持续发挥其作战效能,就必须有强有力的保障系统提供有效的保障。装备保障的主体是装备维修工程。随着武器技术复杂程度的不断提高,装备使用和保障维修费用急剧增长。据国外相关统计数字表明,复杂武器装备的使用与保障费用占装备寿命周期费用的60%,有的高达80%,而且这一比例还在不断升高。如何做好武器的保障工作,国内外经验是不能在装备研制出来使用时,才考虑保障问题,这种装备的保障性一定很差。从武器装备的研制工作开始,就必须高度重视可靠性、维修性和保障性设计,对装备实行全系统全寿命管理,这是装备工作应当遵循的首条原则。因此武器装备的"三性",即可靠性、维修性和保障性(Reliability、Maintainability、Supportability,RMS)在国内外都受到高度重视。

武器装备的"三性"之间是相互密切相关的。当然在使用阶段,部队更关心维修和保障工作。维修的根本目的是保障装备的使用,进而保障部队的作战、训练和战备,所以维修对部队来说属于保障工作。一般来说,"维修"和"维修保障"并无严格区别。因此可以说,维修工作是装备保障的主体。当然保障工作除维修外,还有其他保障后勤工作。

可靠性工程和维修性工程的提出都始于20世纪50年代。保障性工程的提出则较晚,至70年代才引起各国军方的注意。不过所有"三性",都是80年代后才受到世界各国高度重视的,这主要是几次现代战争带来的经验教训的结果。1978年,美国国防部提出武器装备的测试性(Testability)是维修性一个重要组成部分,但1985年又提出测试性与可靠性、维修性等同的设计要求。至今国内学者有的将测试性与"三性"并列,有的则仍认为测试性应列入维修性范畴内。本书采用后一观点,因为作为可测试性设计的最重要手段之一的机内测试(BIT)技术,也是维修性设计的一个重要手段。

维修保障工程是随着人们对"三性"问题重要性认识的增强,以及装备复杂程度的提高,而产生的一门综合性应用学科;是在装备的可靠性工程、维修性工程基础上,结合保障工作的一些专业,综合发展的结果。

关于武器装备的"三性",国内和军内已出版了一系列专著,国家和国防科工委也颁布了一系列国标和国军标。本章只是给读者一些基本概念,并对维修工程作些讨论。

1.1.1 可靠性概述

从工程应用角度出发,可靠性就是产品无故障完成任务的能力。

GJB 451—90《可靠性维修性术语》中对可靠性的定义:产品在规定条件下和规定时间内完成规定功能的能力。这里规定条件是指环境、负荷、使用的维修条件、工作方式等。提出规定时间,是由于产品的可靠性是时间的函数(随着时间推移,产品可靠性会越来越低)。规定的功能是指产品性能指标及其发挥作用。

可靠性工程产生于 20 世纪 50 年代。1952 年,美国国防部提出《军用电子器件可靠性试验规定》,首次提出平均故障间隔时间 MTBF 概念,并在设计中开始运用冗余技术,从此可靠性就发展为一门独立学科。为解决军用电子装备和复杂导弹武器系统的可靠性问题,各国军方和工业界有组织地开展了可靠性研究。对复杂武器系统,从设计、试验、生产、交付、储存和使用,实行全面的可靠性措施,进而发展成可靠性工程,在重大装备研制中得到应用,并取得了良好效果。

20 世纪 80 年代以来,可靠性工程得到了深入的发展,可靠性与维修性一起,成为提高装备战斗力的重要因素,可靠性与维修性已被置于与性能、费用和进度同等的地位。

1.1.2 维修性概述

GJB 451—90《可靠性维修性术语》中对维修性的定义:产品在规定的条件下和规定的时间内,按规定的程序和方法进行维修时,保持或恢复到规定状态的能力。这里所谓规定条件,是指维修机构、场所设备、备件等物质条件,以及维修人员数量、素质等人力资源条件。规定时间是指维修所用时间。规定的程序和方法是指按文件规定采用的工作步骤和方法进行维修。规定状态是指维修的质量。

随着可靠性工作的深入发展,人们认识到从装备完好性和寿命周期费用的观点来看,仅提高装备的可靠性是不够的,必须综合考虑可靠性和维修性才能获得最佳效果。

随着装备复杂程度的提高,装备的维修工作量越来越大,费用不断提高,装备的维修问题引起了高度重视,继而开展了一系列维修性设计、试验和验证技术的研究,形成了维修性工程学科。

半导体集成电路、数字技术和故障诊断技术的迅速发展,深刻地影响到装备的维修测试。设备的自检测试、BIT、故障诊断、专家系统、人工智能技术等成为维修性设计的重要内容。

特别强调的是,测试性是维修性设计最重要的工作,特别是 BIT 及某些专用外部测试,对维修性设计产生重大影响,而且影响到装备的战备完好性和寿命周期费用。

维修性中的"维修"包括修复性维修、预防性维修、保养和作战损坏修复等内容。维修性是指装备维修是否迅速、有效和经济的固有特性,是装备维修难易程度、所需维修工作量多少、维修设施设备、维修人员数量和素质、维修费用高低等多方面的综合反映,是装备本身直接影响维修的一种固有属性。

维修性如何,在战前影响装备的战备完好性或可用性;在作战或使用过程中,影响任务成功性。因此,维修性是系统效能的重要构成因素。良好的可靠性能降低装备故障率,而良好的维修性却能使装备迅速恢复到可用状态。另外,维修性还是节省装备寿命周期费用的重要途径。

1.1.3　保障性概述

GJB 451—90《可靠性维修性术语》中对保障性的定义:系统的设计特性和计划的保障资源能满足平时战备和战时使用要求的能力。这里所说设计特性是指与装备使用、维修保障有关的特性,如可靠性、维修性等。所谓计划的保障资源是指人力和物力资源。

保障性工程是在可靠性工程、维修性工程及综合后勤保障向综合化发展的基础上提出的,这是在装备采办中,越来越重视系统工程、越来越重视保障性的结果。从系统的角度上解决装备的保障问题,就不能单纯地强调可靠性、维修性和后勤保障,必须重视和强调保障性,因而产生了保障性工程。

仅靠某一专业工程学科的发展,不能全面实现装备的优化,只有强调可靠性、维修性和综合保障工作之间的综合协调,才能最终实现装备的保障性目标。

1.1.4　测试性概述

维修性工程中最核心的内容是测试性,国军标中对测试性的定义:"产品能及时并准确地确定其状态(可工作、不可工作或性能下降),并隔离其内部故障的一种设计特性"。

随着武器装备复杂性的加剧,装备维修的重点已从过去的拆卸及更换转到故障检测和隔离。因此,故障诊断能力、BIT 成为维修性设计的重要内容。BIT

及外部测试不仅对维修性设计产生重大影响,而且影响到装备的寿命周期费用,因而测试性分析、设计及验证成为维修性工程的重要内容。

测试性与维修性和可靠性密切相关,具有良好测试性的装备将减少故障检测及隔离时间,进而减少维修时间,改善维修性。测试性好的装备可及时检测出故障,排除故障,进而提高装备的使用可靠性。

总之,维修性工程是为了达到产品的维修要求所进行的一系列设计、研制、生产、试验和验证等工作。维修性工程工作的重点在于产品的可测试性设计、分析和验证。

1.1.5 保障性与可靠性、维修性的关系

可靠性是装备的一种设计特性,它反映了在规定条件下和规定时间内,完成规定功能的持续能力。

维修性也是装备的一种设计特性,它反映了在规定的维修条件下,装备保持或恢复到规定状态的能力。

保障性是装备系统的一种特性,既包括与保障有关的设计特性,又包括计划的保障资源,它反映了装备系统满足平时和战时战备完好性目标的能力。

可靠性、维修性、保障性虽然内涵不同,但它们之间关系密切。可靠性、维修性是影响保障性的关键设计特性,要想达到所需的保障性水平,首先应考虑的就是提高可靠性、维修性指标。可靠性高了,维修性好了,保障性最重要的基础条件就具备了,再加上各种综合保障条件,装备系统就有了好的保障性。

1.2 维修性工程的度量指标和设计准则[8,9]

为了对装备设计、生产、使用、维修中评估其维修性水平,必须要有适当的维修性参数、指标。"维修时间"作为维修性的度量参数,把维修时间分为"不能工作时间"、"修理时间"和"行政延误时间"等时间单元,为定量预计装备的维修性、控制维修性设计过程、验证维修性设计结果奠定了基础。

1.2.1 常用维修性参数

1. 维修性函数

1)维修度

维修度是指可维修产品在规定的维修条件下和规定的时间内,按规定的程序和方法进行维修时,由故障状态恢复到能完成规定功能状态的概率,通常用 $M(t)$ 表示。

设某一可修复产品发生故障后修复到完好状态的时间为τ。在$t=0$时开始维修,则维修到t时刻的维修度为

$$M(t) = p(\tau \leqslant t) \tag{1-1}$$

同一时刻t的$M(t)$值越大时,产品越易于维修。在工程实践中,维修度用试验或统计数据来求得。如果维修的是N件产品,设$t=0$时均为故障状态,经时间t的维修后,在t时刻累积修复数为$N_r(t)$,则t时刻的维修度观测值为

$$M^*(t) = \frac{N_r(t)}{N} \tag{1-2}$$

2)维修密度

设维修度函数$M(t)$连续可微,定义维修度函数的导数为维修度密度,用$m(t)$表示,即

$$m(t) = \frac{\mathrm{d}M(t)}{\mathrm{d}t} \tag{1-3}$$

当利用统计数据确定维修密度时,假设在Δt时间间隔内产品由故障状态到完好状态的修复数为$\Delta n(t)$,由式(1-2)可得

$$\Delta M^*(t) = \frac{\Delta N_r(t)}{N} \tag{1-4}$$

式中:$\Delta N_r(t)$为$t \sim t + \Delta t$时刻的修复数。

由式(1-3)、式(1-4)得维修密度观测值为

$$m^*(t) = \frac{1}{N} \frac{\Delta N_r(t)}{N} \tag{1-5}$$

又由式(1-3)得

$$\mathrm{d}M(t) = m(t)\mathrm{d}t \tag{1-6}$$

则有

$$M(t) = \int_0^t m(t)\mathrm{d}t \tag{1-7}$$

维修度函数的工程意义:单位时间内修复数与送修总数之比,即是单位时间内产品预期被修复的概率。

3)修复率

修复率是到t时刻未修复的产品,在t时刻后的单位时间内被修复的概率,也称瞬时修复率,用$\mu(t)$表示。显然

$$\mu(t) = \frac{m(t)}{1 - M(t)} \tag{1-8}$$

其修复率观测值为

$$\mu^*(t) = \frac{\Delta n(t)}{N_s(t)\Delta t} \qquad (1-9)$$

式中：$N_s(t)$ 为 t 时刻尚未修复产品数。

2. 维修时间参数

维修时间参数直接影响装备的可用性，又与维修保障费用有关，是最重要的维修性参数。

1）平均修复时间（MTTR）

平均修复时间是在规定条件下和规定时间内，产品在任一规定的维修级别上，修复性维修总时间与在该级别上被修复产品的故障总数之比。产品修复一次平均需要的时间，用 $\overline{M}_{ct}$ 表示，即

$$\overline{M}_{ct} = \frac{1}{n}\sum_{i=1}^{n} t_i \qquad (1-10)$$

式中：t_i 为第 i 个故障的修复时间；n 为故障总数。

2）恢复功能用的任务时间（MTTRF）

平均预防性维修时间是产品每项或某个维修级别一次预防性维修所需时间的平均值，用 $\overline{M}_{ct}$ 表示。

3）平均系统恢复时间（MTTRS）

平均系统恢复时间是在规定的条件下和规定的时间内，由不能工作事件引起的系统修复性维修总时间（不包括离开系统的维修和卸下部件的修理时间）与不能工作事件总数之比，是与可用性和战备完好性有关的一种维修性参数。

3. 维修工时参数

维修工时参数常用的有维修工时率。它是指在规定的条件下和规定的时间内，产品直接维修工时总数与该产品寿命单位总数之比，用 M_I 表示，是一种与维修人力有关的维修性参数。

4. 维修费用参数

维修费用参数，常用年平均维修费用或每个工作小时的平均维修费用或备件费用，作为维修费用参数。

1.2.2　常用测试性参数

测试性参数是维修性参数中十分重要的参数，特单独列出，作为维修性设计和评测时的重要依据。

1. 故障检测率（FDR）

产品在规定的期间内，在规定条件下用规定的方法能够正确检测出的故障数 N_D 与所发生的故障总数 N_T 之比的百分数，用 γ_{FD} 表示，即

$$\gamma_{FD} = (N_D/N_T) \times 100\% \qquad (1-11)$$

这里所述的"产品"即被检测的对象。它可以是系统、装备或更低层次的产品。

2. 故障隔离率(FIR)

在规定期间内,产品被检测出的故障数 N_D,在规定条件下,用规定方法能够正确隔离到少于或等于 L 个可更换单元故障数 N_L 与 N_D 的百分数,用 γ_{FI} 表示,即

$$\gamma_{FI} = (N_L/N_D) \times 100\% \qquad (1-12)$$

当 $L=1$ 时,即隔离率到单个可更换单元,是确定性隔离;当 $L>1$ 时,为不确定性隔离。

3. 虚警率(FAR)

虚警是指测试装置或设备显示被测对象有故障,而该对象实际无故障。

在规定的期间内,测试装置、设备发生的虚警数 N_{FA} 与显示的故障总数之比的百分数称为虚警率,用 γ_{FA} 表示,即

$$\gamma_{FA} = [N_{FA}/(N_F + N_{FA})] \times 100\% \qquad (1-13)$$

式中: N_F 为真实故障显示数。

4. 故障检测时间

从故障发生到检测出故障并给出指示所经历的时间。

5. 故障隔离时间

从检测出故障到完成隔离程序指出要更换的故障单元所经历的时间。

武器型号研制任务书中应包含详细的维修性分任务书,任务书中将有具体的维修性指标和测试性指标,承制单位应认真研究这些指标的合理性,拟定相应的设计准则和维修测试技术途径,将指标分解到各个分系统和电子组合,进而进行设计、生产、调试、试验、评估、改进设计等阶段,全面完成任务书规定的各项任务指标。

1.3 国内外制导雷达的维修体制分级[3]

1.3.1 我军制导雷达的三级维修保障体系[11]

我国国军标规定雷达设备的三级维修保障体系大致分为基层级、中继级、基地级(有时也简称小修、中修、大修)。相控阵制导雷达也基本遵循这一军标规范。三级维修的基本内容如下:

1. 基层级维修

基层级维修有时也称前沿级维修。它是利用雷达自身机内测试设备

（BITE），配以少量通用仪器，在"定期自检"时进行的维修检查（功能检查），或有"故障"时进行的维修检查（故也称 BIT 级维修）。此级维修以更换故障单元为主要修复手段，故障单元可能是一个电子组合，也可能是一块印制电路板（PCB）。基层级的备件库或备件车，按作战需求和设备可靠性指标，配置合理数量的各类备件，对装备进行快速的更换式修复。该级维修由部队作战人员实施。

2. 中继级维修

中继级维修有时也称中间级维修。它要求更准确的"故障定位"和"系统指标测试"，当基层级不能排除故障时进行。很多雷达系统要求每隔一定时间进行一次维修性检测，目的是保证雷达设备性能指标在最佳状态，这种维修属于中继级维修。完善的中继级维修可以完成大部分预防性维修和修复性维修。这级维修通常由专属修理厂的专业维修技术人员实施，其作业过程如下：

（1）排除故障，包括查找隐性的故障源，恢复功能和主要技术指标。有一种说法是，主要指标不低于出厂时指标的 90%。

（2）更换易损件、到寿件（按使用计时）、故障件，列出必换件和视情更换件清单，修理时逐一进行检查和更换，这是修理中重要的工作内容。

（3）对各组合、分机和雷达系统进行性能、功能检查，除更换或修理外还要进行参数的调整，使各分机、组合性能也处于最佳状态。

（4）改善修理前的可使用性，延长寿命。修理前主要问题是不断出现故障，修理的主要工作之一是要改善可使用性。按照经验经过中间级维修后寿命延长 5～8 年，可使用性明显改善。

3. 基地级维修

基地级维修即装备进厂维修。装备进基地大修，除了对装备进行完整的全面测试、更换、修复、调试达到设计性能指标外，还负责将小修、中修更换下来的电路板或组合进行修复。因而大修厂往往都配有许多专用测试设备，对各类电子组合或电路板进行专项测试、更换、修复，如天线专用测试转台、微波测试台、发射机测试台、红外测试台、电视测试台、发射/接收（T/R）模块测试台、移相器单元测试台、模拟电路板测试台、通用数字电路板测试台、中高频电路板测试台等。

按有关修理文件规定，雷达工作日历时间超过 10 年，或使用累计超过 10000h 就要进厂进行修理，即大修。

大修主要流程如下：

（1）进厂前功能和性能综合检查，按照使用细则，在逐一检查测试基础上列表记录登记。

（2）对各部分进行外观检查，加电检查，逐一登记。

（3）结合以上检查登记和履历书上记载的故障,结合修理原则提出的必换件,视情更换元器件,确定修理内容,写出修理大纲,修理备案。

（4）对故障件进行检查和修理。

（5）分解和修理。对功能和性能满足要求的不要拆修,只作一般检查修理和调试。

（6）组合级组装,检查测试。

（7）分系统级重装,参数调整,测试。

（8）系统重装,参数调整,测试。

（9）按使用细则条文逐条检查,排除故障,参数调整,通过条文测试。

（10）雷达系统标校试验,检验系统性能。

（11）系统联调与目标指示雷达,发射装置联合调试。

（12）出厂。

（13）校飞、打靶。

为了检查、测试,排除故障准确、可靠,修理时尽可能使用各类专用测试台,如雷达发射机测试台、高频接收机测试台、中频接收机测试台、显控台测试台、波控机测试台、天线专用测试台、指令发射机测试台、发射控制系统专用测试台等,检验各分系统性能。

为使维修纳入技术规范,修理前应编制修理大纲、修理技术方案、修理技术条件、修理工艺等技术文件。

1.3.2　外军的维修保障体系概况[10]

国外军队对制导雷达采用的维修保障体制各不相同,最多有五级的,如法国的"响尾蛇";有四级的,如意大利的"斯帕达";有三级的,如美国的"爱国者";有二级的,如俄罗斯的 C-300。但总的发展趋势是减少级别数量,加强每一级的职责和功能。

据公开资料报道,美国"爱国者"地空导弹武器系统采用三级维修保障体制,每一级维修的内容和我国很相似。而俄罗斯的导弹武器系统维修体制分为两级维修:基地级维修和基层级维修。基地级又分为固定式基地级和机动式基地级,其中机动式基地级由一些设备检测诊断车、故障单元修理车、机电和机械修理车、备件和资料车、电源车等车辆组成,所以实质上和三级维修差不多,也可将它视为三级维修体制。因此在当今,三级维修保障体制似乎更为一些大国所青睐。本书后面几章将以三级维修保障体制展开介绍和讨论。

参 考 文 献

［1］ 杨为民. 可靠性、维修性、保障性总论［M］. 北京:国防工业出版社,1995.

［2］ 宋太亮. 装备保障性工程［M］. 北京:国防工业出版社,2002.

［3］ 周鸣岐. 导弹武器系统维修级别与相应的测试设备［C］. 第12届测试与故障诊断技术会议论文集,2003.

［4］ Donahue T H. Engineering Design Handbook Maintainability Guide for Design［R］. AD－A823539.

［5］ Hansen D. Organizational Maintenance of a Missile System［J］. International Defence Review,1978(2).

［6］ 林玉琛,郭孝斌. 防空导弹武器系统维修工程［M］. 北京:宇航出版社,1994.

［7］ 周鸣岐. 制导武器综合保障一体化的系统效能分析［R］. 中国国防科学技术报告,制导武器综合保障一体化效益评估附件B,2001(8).

［8］ 许宗昌. 装备保障性工程［M］. 北京:兵器工业出版社,2010.

［9］ 甘茂治. 军用装备维修工程学［M］. 北京:国防工业出版社,1999.

［10］ 康锐. RMS型号可靠性、维修性、保障性技术规范［M］. 北京:国防工业出版社,1999.

［11］ GJB 2961—97 修理级别分析［S］.

［12］ GJB 368A—94 装备维修性通用大纲［S］.

［13］ (美)防务系统管理学院. 综合后勤保障指南［S］. 国防科工委军标中心,1998.

［14］ (俄)安采利奥维奇 Л Л. 装备可靠性、安全性和生存性［M］. 唐必铭,译. 北京:宇航出版社,1993.

［15］ 李晓峰. 美国空军航空装备维修保障体制现状及发展启示［J］. 航空维修与工程,2010(2):38－40.

第2章 新一代相控阵雷达概况及其特点

相控阵雷达是指采用相控阵天线的一种雷达体制。相控阵天线的天线波束是用电子方法在空域变动或扫描,变动速度可小至微秒级。因此,它具有多目标、多功能、大空域、大功率、抗干扰强等一系列突出优点。尽管相控阵雷达的出现已将近半个多世纪,但至今它仍是一种最有发展前景的雷达体制,也是现代雷达新技术最主要发展方向之一。当前它不仅是防空导弹系统的主体设备,也是其他很多先进武器,如对空情报系统、预警机、歼击机等,以及未来反导等空天防御系统的主要设备。

新一代防空导弹系统(包括舰空)的制导雷达几乎无一例外地采用相控阵体制。相控阵雷达是唯一能对付远距离、高动态、多目标的战略性雷达(如用于导弹防御系统)。新一代预警机和歼击机也将相控阵雷达作为首选,或主要发展方向。

相控阵制导雷达的经费约占整个防空导弹武器系统经费的70%或更多,而其故障率大约也要占到同样的比例,因此其测试维修问题既十分重要又非常艰巨。

相控阵雷达号称"多功能",确实它是能同时完成搜索、跟踪、制导、拦击等多方面任务。但世上事物常常是两方面的。承担的"功能"越多,完成每一种功能的质量就会越打折扣,或者成本大大加大。俄罗斯科技人员在研制С-300系统时,首先将制导和搜索任务分别由相控阵雷达和另一台三坐标雷达来完成。因为相控阵雷达可以用全部时间充分发挥其跟踪、制导的功能,易于提高其性能指标,从而提高武器系统整体作战水平,而且相控阵雷达和三坐标雷达可以选用各自最合适的频率发挥最佳作用(前者选用X波段,后者选用S波段)。经他们仔细论证,这样两台的经费反而小于一台的经费,满足系统"低成本"的要求。美国科技人员只是后来通过实践才认识这个问题,并肯定了俄罗斯科技人员这种做法。

本章着重于介绍相控阵雷达总体的基本概念和国外相控阵雷达发展概况,主要侧重于防空导弹系统和机载的相控阵雷达,特别介绍美俄两国相控阵雷达总体不同的技术特点。我们认为,这些都是我国相控阵雷达系统设计人员、设备设计人员和维修技术人员的必备知识。

2.1 相控阵技术的基本概念[1-4]

2.1.1 基本概念

相控阵雷达是基于二振子天线的相位干涉仪原理。其物理概念可描述如下。

由天线基本原理可知:两个相距约半波长的振子同相馈电后形成的天线方向图和波束指向,位于电波等相位线的正前方(振子连线的法线方向)。当此二振子天线相位差 φ 时,波束指向变成 θ_0,如图 2-1(a)所示。φ 与 θ_0 的关系为

$$\varphi = \frac{2\pi}{\lambda} d \sin\theta_0 \qquad (2-1)$$

式中:φ 为二天线间相位差;λ 为波长;d 为阵元间距;θ_0 为波束指向(目标方向)。

天线由一系列等距离间隔的振子组成,即线阵天线,如图 2-1(b)所示。其天线方向图,即波束指向 θ_0 和振子间相位差 φ 的关系如图 2-2 所示。

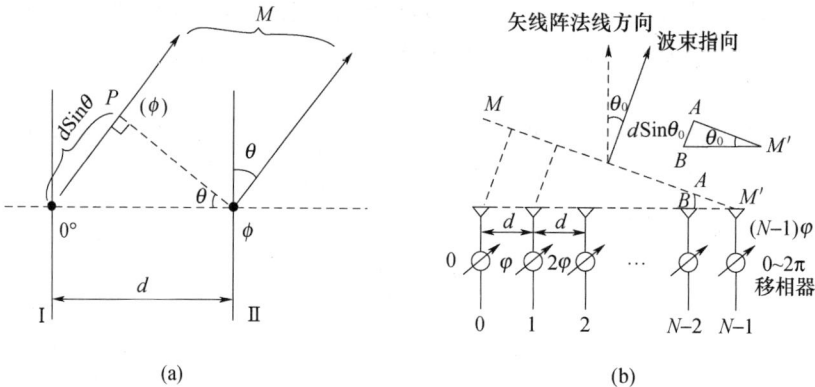

图 2-1 相控阵天线波束指向和振子间相位差的关系

(a) 二振子情况;(b) 线阵情况。

图 2-2 则为面阵天线(二维线阵)布局时情况;图中 α_z、α_y 为二维波束指向角。此时在 z 轴(垂直)方向有 $\Delta\phi_1 = (2\pi/\lambda)d_1\cos\alpha_z$;在 y 轴(水平)方向有 $\Delta\phi_2 = (2\pi/\lambda)d_2\cos\alpha_y$。

数学推导证明,天线方向图基本公式(天线辐射能量在空间的分布)为

$$F(\theta) = \frac{\sin\left[\dfrac{\pi Nd}{\lambda}(\sin\theta - \sin\theta_0)\right]}{\dfrac{\pi Nd}{\lambda}(\sin\theta - \sin\theta_0)} \qquad (2-2)$$

式中：N 为阵元数；θ 为扫描角。

注意式（2-2）是在 θ_0 附近时近似式。

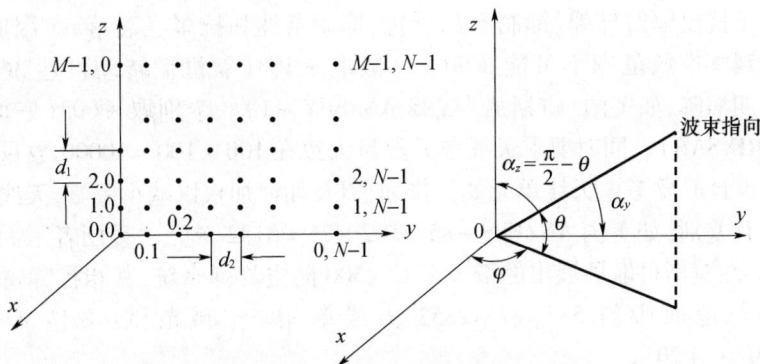

图 2-2　面阵天线时波束指向

由于收/发天线可逆性原理，以上公式无论对发射天线还是接收天线都是适用的。

2.1.2　一些重要结论

今考虑 $d = \dfrac{\lambda}{2}$ 的典型情况，得到的一些重要结论有助于我们对相控阵基本概念的了解。

（1）当 $\theta_0 = 0$（波束法线指向）时，有

$$F(\theta) = \frac{\sin\left(\dfrac{\pi Nd\sin\theta}{\lambda}\right)}{\dfrac{\pi Nd\sin\theta}{\lambda}} \qquad (2-3)$$

波束宽度定义为波束半功率宽度，其近似值为 $\theta_{0.5} \approx \dfrac{100}{N}$（°）。因此，当 $N = 100$ 时，$\theta_{0.5} \approx 1°$；由公式还能算出旁瓣：第一旁瓣为 -13.4dB；第二旁瓣为 -17.9dB。

若考虑面阵情况，显然波束立体角为 $\phi_{0.5} \approx (100/N) \times (100/N) = 10000/N^2$。

（2）但当 $\theta_0 \neq 0°$ 时，$\theta_{0.5}$ 随 θ_0 增大而增大。计算非常复杂，近似计算以及经验证明：当 $\theta_0 < 60°$ 时，$\theta_{0.5}$ 大体按 $\sec\theta_0 \sim \sec^2\theta_0$ 展宽，或增益按 $\cos\theta_0 \sim \cos^2\theta_0$ 而

下降,有的文献认为按 $\cos^{1.5}\theta_0$ 而下降,则当 θ_0 接近 $60°$ 时波束宽度至少要大 1 倍。当 $\theta_0 > 60°$ 后,更急剧恶化,且波束畸变,旁瓣增大,实际上已无法使用。

（3）一般防空导弹系统要求雷达测角精度大致 1 密位（即 $1\mathrm{mrad}$,或 $0.06°$）量级。目前,利用单脉冲测角技术,测角精度是 $\left(\dfrac{1}{30} \sim \dfrac{1}{20}\right)\theta_{0.5}$,因此,要求防空导弹系统要求波束宽度 $\theta_{0.5} \leqslant 1° \sim 2°$;同时还要求旁瓣尽可能小（低旁瓣有利于抗反辐射导弹、抑制有源干扰、抑制杂波和抗多径衰落）。因此,相控阵雷达观察空域范围不可能 $\pm 90°$;一般取 $\pm 30°$（靠机械转动可达 $360°$）,或 $\pm 45°$（四面阵,如美国"宙斯盾"舰载 AN/SPY - 1）。个别取 $\pm 60°$（三面阵,如英国 TRIXSAR）。同时要求天线单元数目大致在 $100 \times 100 = 10000$ 数量级。当然实际设计时要考虑天线单元如何排列,以及如何加权以减小旁瓣,天线单元数目可会有差别（如美国 AN/FPS - 85 为 $72 \times 75 = 5182$ 单元,"爱国者"为 5000 余单元）。在莫斯科航展展出的俄罗斯 C - 300 防空导弹系统,其相控阵雷达天线的阵面与地面倾斜 $58°$,有 12852 天线单元。空域范围:方位 $\pm 45°$,俯仰 $-9.9° \sim +70°$ 。

2.2 相控阵雷达的主要组成[3,4]

图 2 - 3 是一部多功能相控阵制导雷达的组成框图。大体说来,它由天馈系统、发射机、接收机、信号处理机、显示控制分系统和主计算机等组成。以下各章将对各分系统的特点和测试维修问题进行详细的讨论,本章只对它们的主要特点作一些概念性的介绍。

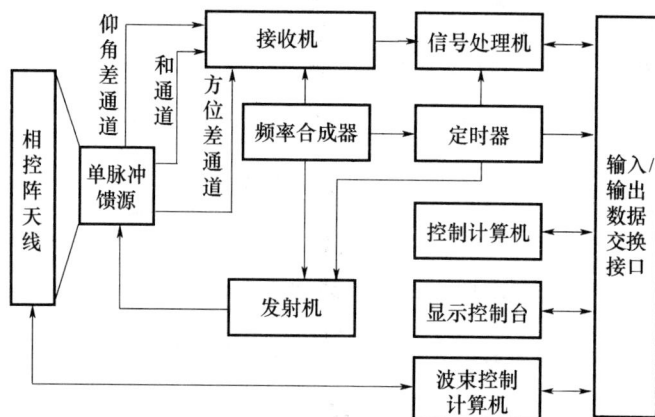

图 2 - 3　多功能相控阵制导雷达组成框图

2.2.1 天馈系统

天馈系统约占整个相控阵雷达成本的30%以上,因此它的测试维修工作是重头戏,也是本书将讨论的重点之一。不同国家的相控阵天馈系统差别较大。俄罗斯独特的天馈系统设计(收发不同圆极化、一次配相、多模单脉冲五喇叭馈源等)给各国雷达专家和维修人员留下深刻印象,这些将在第5章中进一步介绍。

天馈系统中众多的天线单元和移相器是高故障率部件。C波段以上的相控阵雷达,大都采用铁氧体移相器,如美国的"爱国者"和俄罗斯的C-300。S波段以下的相控阵雷达,则可采用PIN管移相器,如俄罗斯的83M6预警搜索用相控阵雷达。在天线生产阶段和维修阶段要把天线上千个单元的相位、幅度调到一致是一个非常复杂的技术问题,也是一项巨大工程,而且相控阵天线一般最多十年必须送回工厂全面检修。

2.2.2 发射机

由于相控阵雷达都为相参体制,发射机必须采用放大链方式,因此微波电真空器件——微波发射管是首要关键部件。这方面美国和俄罗斯都已很好地解决。美国采用的是前向波管,带宽较宽,电压不太高,稳定性好。俄罗斯用的是多注速调管,电压也不高,中等带宽,增益较高。因发射管不同,使发射机体制、电路、高压电源等也有很大不同。相控阵雷达发射机,从原理和电路上讲,它与一般全相参大功率雷达发射机没有太大的区别,因此在雷达总体设计阶段,它往往不被看作是重点技术关键。但它是一个既昂贵,故障率又高,而且维修起来专业性强,难度较大的部件,因此在维修保障工程中,它倒成了重点维修对象。

2.2.3 接收机

接收机包括微波接收机(或称微波前端)、中频接收机和频率源三大部分。微波接收机的高放,美国几乎都采用低噪声晶体管。它具有很小的噪声系数,但能承受的发射泄漏功率很低,收发隔离要用到放电管,这就限制了雷达使用高脉冲重复频率和具有高的数据率。俄罗斯有的微波接收机的高放采用回旋加速波静电放大管(CWESA),简称静电放大管。它具有承受功率高(可达10kW以上脉冲功率,300W以上平均功率)、恢复时间短(约20ns)、低噪声(噪声系数为2.4~3dB,视频段而异)等优点,能同时解决低噪声和收发隔离问题,但使用寿命要短于晶体管;另外体积也较微电子器件大很多。

国外相控阵雷达大都采用内置微波噪声源来检测噪声系数,维修人员需注意的是该微波噪声源是否在计量有效期内。

频率源为接收机乃至全雷达提供频率和时间基准,它一般采用频率合成技术,尤其是锁相技术,可得到很高的频率稳定度和低的相位噪声。俄罗斯的雷达在低相位噪声微波源方面有其技术优势,但它不采用频率捷变技术,在抗有源干扰方面似乎就不及美国。美国的接收机包括频率源,大量采用微电子电路和数字接收机技术。俄罗斯则多用数模混合集成电路甚至分立元件电路。

相控阵雷达的中频接收机与其他相干体制雷达的中频接收机,在原理上和关键技术上并无原则区别。大动态范围和精确的 I/Q 鉴相,无论是设计或是维修,都是重点技术问题。

微波接收机和中频接收机中常有很多滤波器。滤波器的失谐、微带输入输出电路的失配(驻波增大)是常有的故障现象。此时凭借微波技术人员的知识和经验,常可使维修工作事半功倍。

2.2.4　信号处理机

多功能相控阵跟踪制导雷达的信号处理器,一般来说主要负责脉冲压缩、MTI 滤波、MTD 处理、恒虚警(CFAR)处理、视频脉冲或二进制数字积累、信号检测,以及对多目标和导弹距离跟踪、产生雷达同步信号等任务。它还负责(或配合计算机)进行电磁干扰分析,控制雷达抗干扰资源进行电子对抗。但俄罗斯由于采用高脉冲重复频率(PRF)的脉冲多普勒体制,和欧美雷达的信号处理器相比,在体制、元器件、电路等方面有很大差异。美国主要用数字信号处理芯片,而俄罗斯用数模混合电路甚至少量分立器件电路。维修人员、系统设计和设备设计的技术人员必须了解这二者的差异。

理论上讲,波控机应归入天馈系统。但从测试维修观点而言,其所用器件、调试和维修方法和信号处理机极其相似,因此本书将它纳入信号处理一章内一起讨论。

2.2.5　显控分系统

相控阵雷达的显控分系统要比一般雷达复杂得多,如指挥人员和操作手就有好几名,但从设备、电路的技术和维修角度来讲,它与常规雷达并无原则区别。

显控分系统中有很多显示器。在现代相控阵雷达中,它们全部采用高分辨率的彩色光栅扫描技术,配以触摸屏一、二次信息结合的显示器,还有一台计算机(或微处理机)。主要的显示器有空情显示器、发射显示器、搜索显示器、引导显示器、手控跟踪显示器等。

2.3　多功能相控阵制导雷达的基本工作模式[3,4]

2.3.1　搜索

1. 按搜索空域确定雷达工作方式

通常将空域分为高空、中空、低空和超低空4个部分。其目的是为了能量合理分配,实现对资源自适应管理。假定某相控阵雷达最大作用距离为150km,最大高度为20km(典型数据),则对应的工作空域划分和工作方式见表2-1。

表2-1　某相控阵雷达工作空域划分和工作方式

空域	仰角/(°)	作用距离/km	波形	脉冲宽度/μs
超低空	0~1	40	脉冲串	0.5
低空	1~3	150	线性调频	64
中空	3~22	100	线性调频	16~32
高空	22~80	75	线性调频	4或8

2. 搜索屏问题

相控阵雷达的搜索屏,要尽量利用先验信息,如上级警戒雷达或指挥所送来的信息等;本地雷达只需作补充搜索,或在一定空域内(搜索屏内)搜索即可。如无任何先验信息,雷达只能进行全空域搜索来发现目标,但这样做将耗费雷达很多资源。因为相控阵雷达的波束一般只有1°~1.5°,为的是能精确跟踪目标。若雷达波束跳跃步进为0.8个波束宽度,要完成120°×80°的空域搜索,就要求的波位数为(120×80)/(1.5×0.8×1.5×0.8)≈6667。假设脉冲重复频率为1kHz;并假定在每一个波位上采用1/3二进制符合检测,即雷达每发出三个脉冲,只要收到一个回波就认为它是目标,则每帧搜索时间将达20s。这种搜索方式显然是无法接受的,更何况还有多目标袭击情况要对付。因此,在一些现代防空导弹武器系统中,如俄罗斯的C-300,相控阵雷达只作一些补充搜索,或在已知空域内作自主搜索;而把主要搜索任务交给专门的预警雷达或目标指示雷达,以便相控阵雷达集中力量做好目标跟踪、制导任务。目标指示雷达,如三坐标雷达,一般工作于较低频段,功率较大,波束也较宽,有利于在大空域内搜索目标。

2.3.2　跟踪

相控阵雷达跟踪目标有两种方式:一是边跟踪边搜索方式(TWS);二是跟踪和搜索方式(TAS)。TWS方式采用跟踪与扫描结合方式,数据率约为1Hz,常用来对空中目标进行监视(图 2 - 4)。TAS 则用于对目标精确定位。在 TWS 时,如确定对某些目标需进行 TAS 跟踪,则雷达将目标位置参数交给 TAS 滤波器,作为跟踪初始数据。TAS 跟踪的数据率较高,一般为 10 ~ 40Hz。

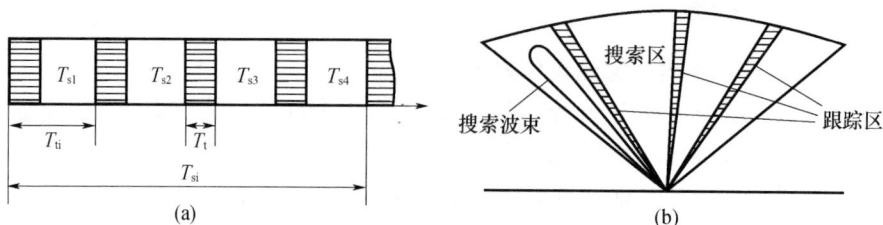

图 2 - 4　相控阵雷达 TWS 方式示意图

(a)搜索时间与跟踪时间分配示意;(b)搜索区域与跟踪区域示意。

整个跟踪阶段包括对目标截获、证实、初始跟踪、精确跟踪等。跟踪过程中,对一般目标可使用 TWS 方法,对重要目标则应采用 TAS 法,对危险目标更应提高数据率,如 20 ~ 49Hz。

相控阵雷达中,跟踪滤波器通常采用 $\alpha - \beta$ 滤波器。数据平滑则采用卡尔曼滤波。当噪声为高斯白噪声类型时,卡尔曼滤波可满足无偏差最小均方误差,且能根据噪声大小自动调整增益,但其计算量太大。尤其在多目标时难以与目标状态匹配,甚至导致发散、丢失目标。因此在雷达控制时常用 $\alpha - \beta$ 滤波(它实际上是增益固定的卡尔曼滤波),而在对输出数据处理时用卡尔曼滤波。

2.3.3　制导

当道弹发射后,相控阵雷达进入制导阶段。制导的体制有多种。国外一些著名的防空导弹系统,如"爱国者"和 C - 300 都采用:程序 + 指令 + TVM 方式(半主动寻的)。TVM(Target Via Missile)制导,是指"经由导弹制导"的一种制导方式。由导弹弹上设备测得的目标坐标信息经遥控下行通道传给地面雷达,再与地面雷达跟踪目标所得数据比较,得出修正导弹飞行的指令,再经地面指令发射机发给导弹的指令接收设备来控制导弹。这种方式不但提高了制导精度,也提高了抗干扰性能。

但更新一代的防空导弹系统如 C - 400 和"爱国者"的 PAC - 3 则采用:程序 + 指令 + 主动寻的,即由导弹作为末制导设备,主动寻的完成拦击任务。

2.3.4　拦截

在拦击阶段,相控阵雷达按照指控中心的命令发出引信解锁指令并在导弹战斗部引爆后完成对拦截效果的评价。例如,拦截失败,即导弹与目标没有交会,相控阵雷达将按设定的判定准则发射自毁指令,使导弹自毁。

2.4　有源相控阵雷达概况[3,18]

采用有源相控阵天线的雷达称为有源相控阵雷达。它的天线阵面的每一个天线通道中均含有源电路,就是 T/R 组件;每一个 T/R 组件紧靠辐射口径背面,相当于一个雷达的高频前端。组件中既有发射功率放大器,又有低噪声高放(LNA)、移相器、波控电路等。而前面所介绍的天线阵面上不含有源电路的相控阵雷达都可称为无源相控阵雷达。

有源相控阵设备量大,成本可观,但由于它能获得更大的空间功率合成,使它成为当今相控阵雷达发展的一个重要方向。尤其是近年来固态 T/R 组件的发展大大推动了有源相阵雷达的发展(故有的文献认为,有源相控阵雷达也称可固态相控阵雷达)。图 2-5 是一部固态有源相控阵雷达中,按行、列方式馈电的有源平面相控阵天线的原理图。图 2-5 中右上角还画出了 T/R 组件示意图。显然,T/R 组件是有源相控阵雷达的关键部件,也是雷达维修时的重点。

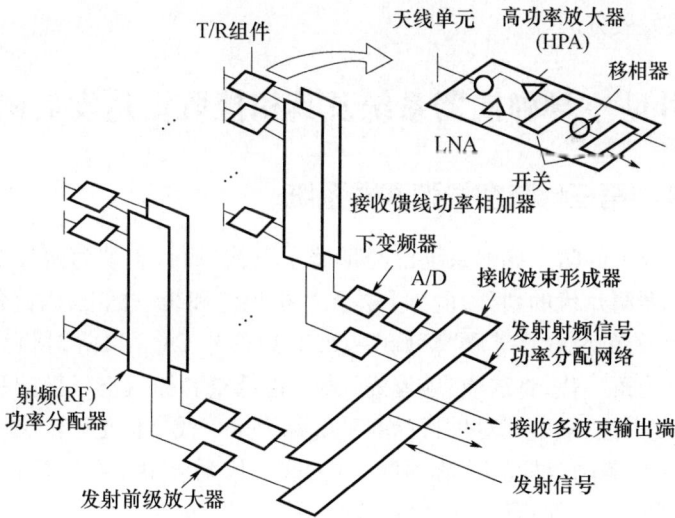

图 2-5　有源平面相控阵天线原理图

有源相控阵雷达的突出优点如下:

(1)易于获得大的平均功率,作用距离远。例如,美国 AN/FPS-115 预警雷达,每个阵面有 2667 辐射单元,每个单元的发射机可输出 350W,总功率

600kW,搜索距离可达4800km。

（2）效率高。由于功率源接在阵元之后,故馈线和移相器的损耗不影响雷达性能;可使用成本低且精确的低功率移相器。一般典型大功率发射机的馈线系统损耗约5dB,即有2/3的功率损耗在馈线系统,只有1/3功率辐射至空间。而有源相控阵雷达的功率有效性显著提高,同时也降低了馈线系统承受高功率的要求。

（3）TR组件标准化,有利于采用微波集成电路,因而整个雷达可靠性提高,且易于维修。

（4）易于实现共形相控阵天线。

（5）易于实现数字波束形成,易于采用各种雷达新技术。

至于有源相控阵雷达能否实现,要看具体条件。尤其是关键部件——T/R组件是否在技术上和生产上已过关。目前,国内外很多中小型或频段较低的大型相控阵雷达都采用有源体制。目前,有源相控阵雷达是弹道导弹防御系统(BMD)的主要设备之一。例如,陆基弹道导弹预警相控阵雷达(UEWR),著名的有美国AN/FPS-115(PAVE PAWS);陆基雷达(GBR),著名的有美国NMD系统的GBR雷达。有源相控阵雷达更是新一代(第四代)机载火控雷达和预警雷达的主要发展方向。

2.5 国外防空导弹武器系统及其相控阵雷达发展概况[19-28]

2.5.1 第三代防空导弹武器系统

目前世界上的防空导弹系统已经部署了三代,而且正朝第四代发展。关于防空导弹武器第几代的划分,世界上并无严格说法和统一标准,因此各文献说法不一。例如,有的文献将苏联"萨姆"-2(北约代号SA-2)等对付高空飞机目标的系统称为第一代;将法国"响尾蛇"等对付低空和极低空目标的系统称为第二代;将能全方位、全空域对付目标的系统称为第三代。但更多的文献则倾向于以苏联SA-1、美国"波马克"称为第一代,这一代系统由于存在体积大,发射结构复杂,没部署几年便遭淘汰。紧接着就是第二代,第二代是真正意义上的导弹替代大口径高炮,其特点是导弹与小口径高炮结合复合防空系统,从而实现了全空域防空。例如,美国以MIM-14"奈基"为高空,MIM-23"霍克"为中低空,"小榭树"导弹和"火神"六管20mm高炮为低空和超低空,形成最远140km、最高45km的防空区域,而苏联以SA-2、SA-4、SA-5为高空,SA-3、SA-6为中低空,SA-8、SA-9、SA-13和四管23mm高炮为低空和超低空形成最远

300km、最高29km的防空区域。有矛必有盾,在开始阶段第二代防空系统在同第二代空中进攻系统抗衡中曾占了上风,这在越南战争和1974年中东战争已经得到充分证明。但是后来第二代防空系统在作战使用中暴露出了设备结构臃肿,雷达系统抗干扰能力差,而其红外系统又易受天气因素影响等弱点。加上高速反辐射导弹的出现,使第二代防空系统在与针对其弱点发展的第三代空中进攻系统的超低空突防对抗中一败涂地。1982年叙以贝卡谷地首战失利;1991年的海湾战争、1999年的科索沃战争以及2011年的利比亚战争等战例结果,都充分说明了第二代防空系统已远不是第三代空中进攻系统的对手。

苏联从20世纪60年代就已经开始发展第三代防空系统,美国的起步时间晚一些。这代系统在他们本国内大约从80年代初期开始部署,中后期形成战斗力。第三代防空系统的最显著特点是出现了全空域防空系统的概念,并除能对付各种类型的飞机外,还有一定的反战术弹道导弹的能力。典型的系统有苏联的 C‐300Π、C‐300B 和美国的 MIM‐104"爱国者"。采用相控阵雷达是第三代防空系统的最主要特点和标志,只有这种体制才能做到全空域防空和对付多目标的要求。苏联的 SA‐11 首先使用垂直发射系统以提高反应速度和抗饱和攻击能力,还采用雷达与发射车一体化,后来美国的改进"霍克"、"爱国者"等系统也都采用这些先进技术。此外,苏联还为陆军研发了"道尔"‐M1(SA‐15)和"通古斯卡"系统,用于低空和超低空防区和弹炮结合系统,以替代单一导弹和高炮。第三代防空系统在技术上是相当成功的,但附带的价格十分高昂,这使得第三代防空系统在世界上的部署工作,特别是在第三世界国家的部署发展得十分缓慢,到20世纪90年代中后期才形成世界性的防御威慑力量。而此时的空中进攻系统已开始形成向第四代的战斗力转变,由于时间和政治的原因使得第三代防空系统失去了同第三代空中进攻系统真正较量的机遇,十分可惜。

从20世纪90年代中后期开始各国在第三代防空系统的基础上改进和研制第四代防空系统,其目的是能扛住未来的"密集空袭打击",并作为空天防御系统中低层次(30km大气层以下)防御设备。与前几代不同,第四代防空系统基本上是从技术上很成功的第三代防空系统演进而来的,两者有很大的通用性,当然也是为了节省费用。由于世界力量对比的变化使得世界各国的第四代防空系统朝着不同的方向演进,美国的"爱国者"PAC‐3改进型和俄罗斯的 C‐400,是目前世界上两种最有名的第四代防空系统。

以下主要介绍几种国外著名的第三代防空系统及其所配置的相控阵雷达:美国的"爱国者"系列、"宙斯盾"系列,俄罗斯的 C‐300 系列(以及"里夫"系列)和"道尔"系列。国外机载的相控阵雷达概况则在第8章中另行介绍。目前国内外不乏有很多文献、资料,甚至军事科普读物都在介绍这些武器设备[19‐29],

介绍的内容尤其是关键数据常互有差别甚至前后矛盾,其原因是缺少官方正式资料和确切数据。本节主要目的在于给读者(尤其是相控阵雷达设计人员、测试人员和维修人员)一些必要的系统概念,所列数据则仅供参考。在本书最后,附有国外著名相控阵制导雷达参数表、国外部分相控阵机载雷达参数表,这些著名型号相控阵雷达的照片可供查阅和参考。

2.5.2 美国"爱国者"系列

美国的"爱国者",英文原意是相控阵跟踪截获目标系统(Phased Array TRacking (to) Intercept Of Target, PATRIOT),中文意就变为"爱国者",而非指美国军人有什么爱国举动。它是美国研制的新一代全天候、全空域防空导弹,于1967 年开始研制,1970 年试射,1985 年初装备美驻德陆军。它能在电子干扰环境下拦截高、中、低空来袭的飞航式空袭兵器(飞机或巡航导弹),也有一定拦截地地战术导弹的能力。"爱国者"防空导弹在海湾战争中首次使用就多次击落伊拉克的"飞毛腿"战术导弹,因而名噪一时。

AN/MPQ – 53 多功能相控阵雷达,是"爱国者"的主角。它工作于 C 波段,采用空间馈电方式。制导方式为:程序 + 指令 + TVM 的复合制导。它能同时跟踪 90 ~ 125 个目标,用 8 枚导弹拦截多个目标。系统火力单位由火控系统和发射架组成。火控系统包括雷达车、指挥控制车、天线车和电源车各一部。发射架可装载 4 枚装在密封发射箱的待发导弹。弹径 410mm,弹重约 900kg。它采用自动和人工操作相结合。

系统主要性能特点如下:

(1)能对付多目标,具备一定的抗毁和攻击能力。

(2)自动化程度高,一部多功能相控阵雷达可以完成目标搜索、探测、跟踪、识别以及导弹的跟踪制导和反干扰任务,射击反应时间短,仅 15s。

(3)机动能力强,一部"爱国者"(含 20 枚导弹)的火力单元,只需 8 辆运输车,并且可以空运。与此对照,"霍克"导弹连则需 23 辆运输车。

(4)导弹战斗部威力大。战斗部为 91kg 高爆炸药,单块破片为 45.6g,向前方以 10°飞散角迎击,有效毁伤半径 20m。

(5)作战范围广,导弹飞行速度快。可拦截 60m 高度以上、80km 距离内的飞机、巡航导弹、地地战术导弹等。

(6)抗干扰能力强。雷达采用电扫描,方向图有 32 种位态,变化多,敌机难以对雷达定位;弹上装有反雷达导弹诱饵,并采用频率捷变等措施,抗干扰能力较强。系统的抗电子干扰能力比"霍克"提高了 10 倍。

"爱国者"自从问世后至今,一直在不断升级改造,主要改型如下:

（1）PAC-1型。改进地面制导设备软件，使装备的相控阵雷达能对高仰角区域来袭的导弹进行搜索和跟踪，并能引导"爱国者"导弹按来袭地地导弹的飞行弹道，逆向迎击。此次改进已于1988年12月完成，但PAC-1型只能拦截飞机和巡航导弹。

（2）PAC-2型。改进弹上战斗部和引信。采用了新的战斗部，爆炸时产生700块45.6g破片，以击穿来袭弹头；破片的飞散方向为前向飞散（飞散角约10°），使杀伤区更为集中。引信增加了前向定向天线波束，采用定距起爆控制，实现最佳引爆。它于1998年装备部队，在海湾战争中得到了广泛运用。

（3）PAC-3型。其相控阵雷达从AN/MPQ-53升级到AN/MPQ-65型。该雷达增加了行波管放大器，使发射功率增加了一倍，达到20kW；接收机采用低噪声放大器，进一步提高了探测距离和分辨率。还进一步改进战斗部和引信，增大发动机推力，并加装主动式雷达导引头等。PAC-3本身也还在不断更新和升级配置。前后已有PAC-3/配置1、PAC-3/配置2和PAC-3/配置3。其中PAC-3/配置1的导弹系统增加了相控阵雷达脉冲多普勒处理器。PAC-3/配置2加强了相控阵雷达对抗反辐射导弹的能力，PAC-3/配置3的导弹系统包括了PAC-3/ERINT拦截弹（具有撞击式杀伤能力的弹头）。实质上PAC-3已是第四代防空武器。图2-6所示为"爱国者"PAC-3系统组成。

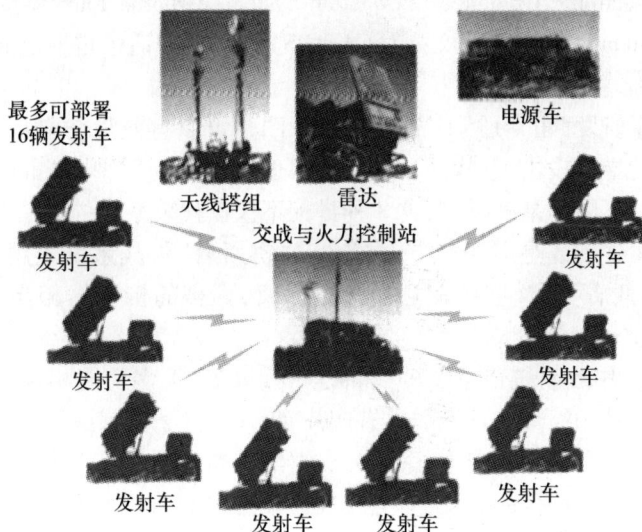

图2-6 "爱国者"PAC-3系统组成[28]

"爱国者"的基本数据如下：

最大射程：160km。

最大有效射程:80km(飞机);40km(战术导弹)。

最小射程:3km。

射高:60m～24km。

最大马赫数:5～6。

战斗部:68kg烈性炸药,杀伤半径20m。

动力装置:固体火箭发动机。

制导方式:程序+指令+TVM半主动复合制导(能同时跟踪90～125个目标,用8枚导弹拦截多个目标)。

杀伤概率:90%(飞机);40%～50%(对战术导弹)。

发射方式:地面机动发射。

反应时间:15s。

弹长5.18m;弹径0.41m;翼展0.92m。

弹重:900kg。

2.5.3 美国"宙斯盾"系列

"宙斯盾"作战系统(Aegis Combat System)是美国海军现役最重要的整合式水面舰艇作战系统,它于1969年正式命名的名称为空中预警与地面整合系统(Advanced Electronic Guidance Information System/Airborne Early-Warning Ground Integrated System),前丰部英文缩写(AEGIS)是希腊神话中宙斯之盾,所以称为"宙斯盾"系统。

美国海军研发"宙斯盾"作战系统的意图是可以有效地防御敌方同时从四面八方发动的导弹攻击,它构成了美国海军舰队的坚固盾牌。"宙斯盾"系统目前一共有8种不同的基准搭配,这8种搭配不仅仅代表系统的不断升级和改良,也和配备在驱逐舰或是巡洋舰上有关系。"宙斯盾"作战系统使用的是标准舰空导弹。"宙斯盾"巡洋舰和驱逐舰非常昂贵,一艘的价格约相当于3艘英国"无敌"级航空母舰的价格。

"宙斯盾"作战系统最重要的设备是AN/SPY-1多功能相控阵雷达,它工作于S波段。其相控阵雷达天线共有四片,每片上振子排列成六角形,分别装置在舰艇上层结构的四个方向上,采用分支馈电阵列方式。因为雷达本身不旋转,完全利用改变波束相位的方式,对天线前方的空域目标以每秒数次的速率进行扫描搜索。第一代的SPY-1A雷达每片天线重量高达32t,上面有140套模组,每个模组包含32具T/R与相位控制单元。这一套雷达于1965年开始研发,1974年展开海上测试,第一套系统随"提康德罗加"级巡洋舰第一艘"提康德罗加"号于1983年进入美国海军服役,后来又发展到驱逐舰,"阿利·伯克"级驱逐舰第一艘"阿利·伯克"号于1991年进入美国海军服役。

"宙斯盾"作战系统的核心是一套计算机化的指挥决策与武器管制系统,虽然在表面上"宙斯盾"系统很强调对于空中目标的追踪与拦截能力,不过"宙斯盾"系统的核心接收来自于舰上,包括雷达、各种电子作战装置与声纳等侦测系统的资料,加上与其他水上、水下与空中的其他载具,经由战术数位资讯链路交换的情报,经过自动化的信号处理、目标识别、威胁分析之后,显示在"宙斯盾"系统的大型显示幕(两具42英寸×42英寸)上,提供指挥官最即时的情报资料。相关的目标资料也会显示在控制台上。计算机作战系统可以在必要的时候根据目标的威胁高低自动进行接战。透过武器管制系统的整合与指挥,舰上的作战系统得以发挥最大的能力,进行必要的攻击与防御措施。武器管制系统辖下包括轻型空载多用途系统(LAMPS)、"鱼叉"反舰导弹、标准三型防空导弹、方阵近迫武器系统、鱼雷发射系统以及"海妖"反鱼雷装置等。

"宙斯盾"作战系统具有几大特点:它的反应速度快,主雷达从搜索方式转为跟踪方式仅需0.05s,能有效对付作掠海飞行的超声速反舰导弹;它的抗干扰性能也很强,可在严重电子干扰环境下正常工作;在反击能力方面,该系统作战火力猛烈,可综合指挥舰上的各种武器,同时拦截来自空中、水面和水下的多个目标,还可对目标威胁进行自动评估,从而优先击毁对自身威胁最大的目标;从可靠性来看,它能在无后勤保障的情况下,在海上连续可靠地工作40~60天。

美军的"宙斯盾"作战系统自1981年研制成功之后,至今已装备了美国22艘"提康德罗加"级巡洋舰以及62艘最新型的"阿利·伯克"级驱逐舰。日本海军自卫队新一代"金刚"级驱逐舰上也配置了从美国采购的"宙斯盾"作战系统。由于"宙斯盾"作战系统代表了当今世界最先进的海军科技水平,其造价自然非常高昂,每套作战系统(不含导弹)造价高达2亿美元。图2-7为"宙斯盾"作战系统工作过程示意图。

2.5.4 俄罗斯 C-300 系列(及"里夫"系列)[26-28]

C-300系列是个非常笼统的概念,它实际上是俄罗斯几种防空导弹系统的统称,俄罗斯军方最初的定义:所有射程超过150km、作战高度在25~30km之间的防空导弹都属于C-300系列。而俄罗斯目前主要部署和生产的是防空反导防御系统 C-300Π 和 C-300B 两大系列,以及在 C-300Π 基础上研制的C-400系列。C-300Π 系列(北约统称为 SA-10)与 C-300B 系列(SA-12)实际上是两种完全不同的防空系统。其中 Π 代表机动性,而 B 代表高机动性。不同的名称代表了它们承担的不同任务。俄罗斯 C-300Π 战略防空系统是与美国陆军 M-104"爱国者"反导防御系统相媲美的武器系统。但它们的任务是

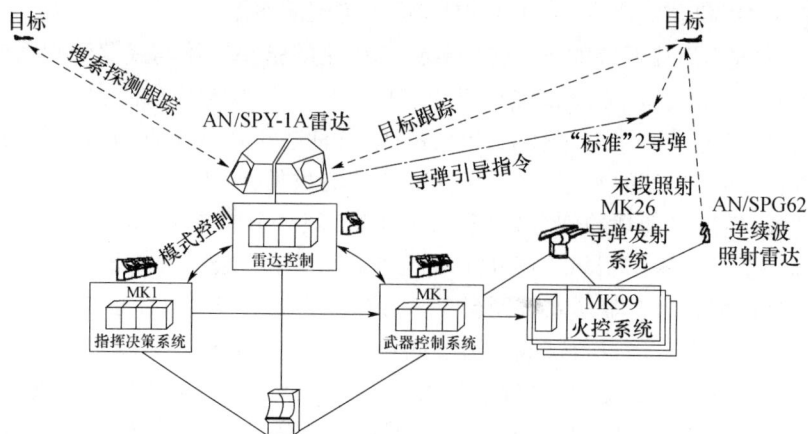

图 2 – 7 "宙斯盾"作战系统工作过程示意图

有很大差别的。С – 300П 的目的是为了使苏联的战略防空网络现代化,而美国的"爱国者"反导系统的主要目的是为了保卫地面战场上的武器和人员。目前,已用 С – 300П 组建了 65% 以上的俄罗斯战略防空导弹部队。С – 300П 系列则由"金刚石"设计局于 1967 年开始研制,主要用于替代 С – 75(SA – 2)和 С – 200(SA – 5)。由于 20 世纪 60 年代后美国已将其战略轰炸机的作战战术逐步转向低空突防,并最终使用了像 AGM – 86 巡航导弹这样的防区外武器,而 С – 200 却并不适于对付低空突防威胁。在这种形势下,苏联需要有一种新的战略防空系统。这是因为带有突防工具的导弹已经面世,如美国空军的 SRAM(AGM – 69)近程攻击导弹可以使用低当量核弹头来摧毁固定地空导弹发射场,从而在苏军的地空导弹网中撕开一条通路,突破其防线。面对敌方的这种战术,当时的苏联国土防空军所装备的固定式导弹只有被动挨打。因此,苏军急需一种机动导弹系统,来对付美国的低空突防巡航导弹战略轰炸机(B – 52/B – 1B + AGM – 86)。这就是俄罗斯"金刚石"导弹设计局后来研制的 С – 300П。

С – 300П(SA – 10A)地空导弹系统目前早已形成了一个导弹系列。

С – 300ПМУ(SA – 10B):用 5B55 弹(1985 年列装)。

С – 300ПМУ1(SA – 10C):48H6 弹(1993 年列装)。

С – 300ПМУ2(SA – 10D):48H6E2 弹(1999 年列装)。

С – 300ПМУ3/С – 400:9M96E、9M96E2 弹(2000 年列装)。

由于俄罗斯只允许 С – 300ПМУ 系列出口。因此本节只对 С – 300ПМУ 系列作一概述。至于舰空导弹武器系统"里夫",它是 С – 300 的上舰型号(当然还要增加些其他海用设备),如"里夫"2 是 С – 300ПМУ1 的上舰型等。

1. С–300ПМУ

С–300ПМУ 是第三代的 С–300П 系统,1985 年开始在部队服役(图 2–8)。它采用改进型的 5В55 导弹,5В55 导弹共有三种型号,主要区别在于发动机的改进。三种型号的射程分别为 47km、75km 和 90km,导弹机动过载为 $25g \sim 30g$。

С–300ПМУ 系统以营为火力单元(FiringUnit),其主要组成如下。

(1) 在团部有搜索雷达(64Н6Е):工作于 S 波段,双面相阵天线。用以发现空中目标,测定坐标(ε、β、R)、有源干扰角度(ε、β)、目标识别,并向指挥部或下级雷达指示目标。

(2) 照射制导雷达 30Н6 是 С–300 系统地面设备的主角。它是一部工作于 X 波段的、多功能(跟踪、制导、照射、指挥、通信,并作补充搜索)、多通道、全相参、准连续波的相控阵雷达。每导弹营配备一台。它最大发现距离为 150km,杀伤边界为 75km,最高射高 27km,最低 25m(均对 $\sigma = 0.2m^2$ 目标而言)。它可采取 TAS 方式,自动录取方位角 ±45° 内 15 个以上目标参数,并锁定其中 6 个目标。从技术上讲它大体有如下特点。

① 用单脉冲技术测角。

② 采用中频和视频相参积累技术提高了信噪比。

③ 准连续波多普勒测速,实质上就是高 PRF 的脉冲多普勒体制,大大提高在背景干扰中提取信号的能力。

④ 指令制导加半主动寻的。

⑤ 抗干扰性能强,其措施为相阵天线高增益、低旁瓣;自适应有源干扰对消;先进的抗干扰算法,可识别距离、速度欺骗干涉;频率跳变以对付瞄准式干涉等。

⑥ 可靠性高,其措施为热备份、广泛故障自动检测等。可用自主电源,也可外部供电。

(3) 营搜索雷达 36Д6、是一部 S 波段频扫三坐标雷达,峰值功率 350kW(平均 3kW),俯仰形成 8 个波束,作用距离大于 200km,可跟踪 120 批目标,可向三部相阵雷达提供 18 批目标的全部数据。

(4) 低空补盲雷达(76Н6)为 C 波段多普勒雷达,天线架高 25～30m 以改善低空性能。

(5) 发射系统(83П6)为一牵引车和半拖车,包括发射装置(5П85СУ,上有导弹发射架,可装 4 枚导弹)和发控舱。后者按照制导雷达中指控舱发出的指令操纵导弹的准备工作和发射。

(6) 导弹(5В55)由俄罗斯著名科学家 П. Д. 格鲁申领导设计。

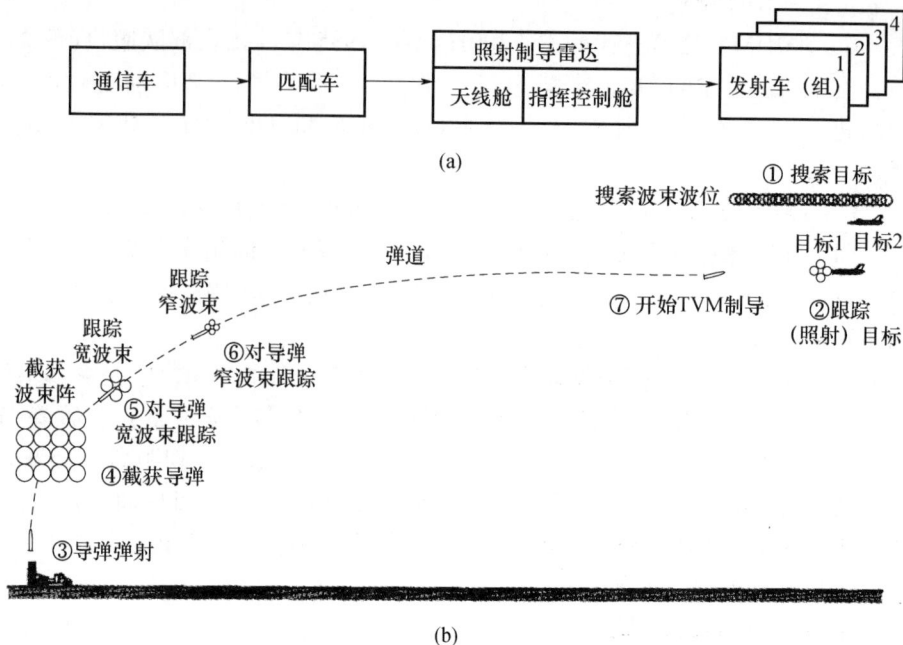

图 2 - 8　С - 300ПМУ 系统组成和工作过程示意图[26]

（a）С - 300ПМУ 系统组成；（b）С - 300ПМУ 工作过程示意。

2. С - 300ПМУ1

С - 300ПМУ1 是 С - 300ПМУ 的升级改造型。它在 1993 年进入部队服役，用于替代 С - 300ПМУ。制导方式仍为半主动雷达制导 + 末段 TVM（通过导弹跟踪）修正。该系统的许多部件包括雷达都经过重新设计或重大改进。其中最重要的改进如下：

（1）搜索雷达采用高脉冲重复频率的脉冲多普勒体制。具有较强的在杂波背景中检测高速动目标的能力。

（2）导弹采用经过重大改进的 48H6 导弹，虽然它的长度和早期的 5B55 系列导弹基本相同，但其直径较大，以容纳更多的固体燃料，得以使 48H6 导弹达到对气动目标 150km 射程，48H6E 有 144kg 重的破片杀伤战斗部，筒式四联装垂直发射，弹长 7.5m，弹径 0.515（508）m，弹重 1900（1800）kg，平均速度 1800m/s，最大 2000 ~ 2200m/s（M6）。该弹于 1995 年在靶场成功地进行了反"飞毛腿"导弹的试验。

С - 300ПМУ1 的反导能力类似于 PAC - 2"爱国者"系统；48H6 导弹仍采用高爆破片战斗部，而不是 PAC - 3/3 的动能撞击战斗部。1995 年，俄"火炬"机器制造设计局曾计划对 C－300ΠMУ 系统的导弹进行多种改进,其中包括将采用"制导式战斗部",即装有自适应起爆系统,这样破片就可被更加精确地引向目标。而常规破片战斗部起爆后,其破片是随机向各个方向喷射的。该"制导式战斗部"与 PAC－2"爱国者"导弹的反战术导弹战斗部有些相似,很可能已用于改进型的 48H6 导弹上。另一项改进可能是在导弹上加装小型脉冲火箭发动机,用于在拦截末段进行横向弹道修正,这样可使导弹直接碰撞目标或大大减小脱靶距离。以上的部分改进又应用到了后来的 C－300ΠMУ2 上。

3. C－300ΠMУ2

C－300ΠMУ2"骄子"(Favorite)是 C－300Π 家族的最新型号。从性能上看,C－300ΠMУ2 可能是同安泰设计局的 C－300B1 系统相竞争的设计,但由于俄罗斯已经选择并购买了"安泰"2500(C－300B1),而且后者的防御能力的确优于 C－300ΠMУ2,因此 C－300ΠMУ2 可能不会用于其国内,但可能出口。

C－300ΠMУ2 装备了更新的 48H6E2 导弹,48H6E2 比 48H6E 加长了火箭发动机,改善了制导系统。48H6E2 导弹射程:气动目标200km、弹道目标40km,射高:10m～27km。制导方式仍为半主动雷达制导＋末段 TVM 修正。发射方式不变,筒式四联装垂直冷发射。144kg 破片杀伤战斗部。C－300ΠMУ1/2 平均速度均为 1800m/s,最大 2000～2200m/s(M6)。C－300ΠMУ1/2 可对付2800m/s(10000km/h)的目标。

雷达使用全新的 S 波段三坐标 64H6E2 型全自动中高度搜索雷达,可以搜索300km 距离的中高空目标。目标捕获、跟踪雷达为 X 波段相控阵雷达30H6E2。C－300ΠMУ2 仍带有 40B6(76H6"蚌壳")塔式低空搜索雷达,因此C－300ΠMУ1/2对低空目标的搜索能力是一样的,最低迎击能力为 10m。和C－300ΠMУ1最大的不同点是 C－300ΠMУ2 追加了一部全空域目标跟踪照射雷达96L6E,使 C－300ΠMУ2 一次可以同时迎击 36 个目标,同时引导 72 枚导弹发射攻击。至于指挥管制系统,C－300ΠMУ2 改用新型 54K6E2。

C－300ΠMУ1/2 使用相同的机动发射车,两种型号分别是 5P85CE、5P85TE,两者的区别在于 SE 型为自行式、TE 型为牵引型。所有 C－300ΠMУ系列导弹均采用单级固体火箭发动机。上述系统中只有 C－300ΠMУ1/2/3(C－400)具有一定的反导能力,其他型号只用于能反轰炸机和某些巡航导弹。

下面对 C－300Π 和"爱国者"这两种系列作初步比较。这两者都是冷战对抗的产物,两者在功能、覆盖能力及系统组成上都惊人的相似。从 1982 年后对应发展的角度看大体呈如下规律:MIM－104 对应 C－300Π(5B55R);PAC－1对应 C－300ΠMУ(5B55 改进型),PAC－2 对应 C－300ΠMУ1(48H6E),PAC－3/1、PAC－3/2 对应 C－300ΠMУ2(48H6E2),PAC－3/3 对应 C－300ΠMУ3

(9M96)系列,甚至 C - 400 的初期。

从两者比较上总的来讲各有所长。C - 300Π 系统在发射方式、发射系统机动能力上更好一些。由于 C - 300Π 系列具备特有的低空雷达,因此在对付低空目标上更有效,反气动目标能力可能更强一些。但是"爱国者"系列在制导精度和方式上更先进一些,过载能力可能更强一些。虽然 C - 300Π 系列有更重的弹头,但导弹杀伤力不足的关键问题是导弹的精度而不是战斗部质量。对杀伤力而言,战斗部命中精度比质量更重要。尤其是 PAC - 3/3,它采用 KKV(动能杀伤拦击器)动能和破片杀伤混合战斗部,而且速度也比 C - 300ΠΜУ2 快得多,据称最大马赫数为 7 ~ 8。采用 KKV 动能和破片杀伤混合战斗部的 PAC - 3/3,在助推火箭关机后对目标的冲击质量达 140kg,可使 PAC - 3/3 在一定程度上能防御核、生、化武器,这是单一破片杀伤战斗部的导弹目前还达不到的,所以"爱国者"系列的反导能力会更强一些。"爱国者"系列虽然不配备高空搜索雷达,但美国有俄罗斯所不具备的由 E - 3、E - 8 及卫星组成庞大的战场监测系统,所以在目标截获能力上反而更胜一筹。

2.5.5 俄罗斯"道尔"系列[22,24,27,28]

"道尔" - M1(北约称为 SA - 15)系统由俄罗斯"安泰"公司研制,其论证工作始于 20 世纪 70 年代末,在当时就把射击的目标紧紧瞄准了 2000 年前后的先进空袭目标,尤其是各种低空飞行的精确制导武器。1984 年设计定型时的系统称为"道尔"(该系统当时只能同时攻击一个目标),并于 1986 年装备苏联陆军部队;之后经过不断的改进,"道尔" - M1 于 1991 年装备部队(该系统可同时攻击 2 个目标)。"道尔"/"道尔" - M1 系统的俄罗斯代号为 9K330/9K331,其相应的导弹代号为 9M330/9M331。"道尔" - M1 的最新改型为"道尔" - M1A。

"道尔" - M1 是一种全天候、机动式、垂直发射的单车自动化野战地空导弹武器系统。它可在低空、超低空和近程区域内拦截多种非隐身与隐身空袭目标,如固定翼飞机、直升机、无人机以及巡航导弹、空地导弹、反辐射导弹、精确制导炸弹等,主要用于保护陆地作战部队和一些重要目标免遭敌人空袭。它集目标搜索雷达、制导站、导弹于一车,是世界上同类地空导弹系统中唯一采用三坐标搜索雷达、相控阵制导雷达,具有垂直发射和同时攻击两个目标能力,可在行进中搜索目标抗干扰能力强的先进近程防空系统。

整个系统主要部分包括一部三坐标多普勒搜索雷达、一部多普勒跟踪雷达、一部电视跟踪瞄准设备和 8 枚 9M330 导弹,均整合安装在一辆由 GM - 569 改装的中型履带装甲运输车上。"道尔" - M1 的目标搜索雷达、制导站和导弹模块构成了作战装备的主体部分,目标搜索雷达和制导站的天线部分以及 2 个导弹模块(8 枚导弹)、电视光学瞄准设备组构成了一个结构紧凑的转塔式整体,位于战车底盘上;其他显示控制台等设备、设施则位于战车底盘里。转塔的一端装有目标搜索雷达天线(弧形面、长条网状式,行军时可放平);另一端是制导雷达天线(方形体),制导雷达天线的左面带蓝色圆口的柱状体为制导站的电视光学瞄准设备;导弹模块隐装在中部(从外观上看不出导弹模块的位置),整个转塔可360°转动。本书附录有"道尔"系统彩照,并注有主要部件位置。

以下仅对系统的电子设备部分作些进一步介绍。

1. 目标搜索雷达(三坐标脉冲多普勒雷达)

它是一部工作于 C 波段、全相参、三坐标脉冲多普勒雷达。它可对目标检测、定位、分类、敌我识别和威胁判断。其发射机为放大链式:行波管 + 速调管。输出脉冲功率:17 ~ 60kW,占空比 18% ~ 26%。抛物面天线装于车顶,弧形面、长条网状式,行军时可放平。可 390°旋转,每秒 1 转。探测距离 25km。可同时跟踪 9 个目标航迹和 1 个有源干扰。它的天馈系统可形成 8 个波束(低区 4 个,覆盖 32° ~ 64°。高区 4 个,覆盖 0° ~ 32°。波束宽:方位 1.4°,俯仰 4°)。最大探测距离:对飞机($1m^2$)为 27km,对导弹($0.1m^2$)为 18km。雷达的杂波下能见度为 35dB。

2. 目标跟踪雷达(三坐标脉冲多普勒雷达)

它是一部工作于 Ku 波段(12 ~ 14GHz),全相参脉冲多普勒体制的三坐标脉冲多普勒雷达,用于补充搜索和自动跟踪 1 ~ 2 目标。跟踪 2 枚弹,并发控制指令,攻击 1 ~ 2 个目标。跟踪距离为 1 ~ 25km。跟踪范围:电扫 15° × 15°,相阵仰角为 - 5° ~ + 75°,方位 - 340° ~ + 340°。

天馈系统约 1000 天线单元;采用铁氧体移相器。高频头工作于 Ku 波段(12 ~ 14GHz)。发射机功放用速调管,输出功率(脉冲)7.5 ~ 27.5kW,额定15kW,平均 0.6kW。单脉冲接收机噪声系数 15dB。

3. 导弹

每个导弹模块由 1 个运输发射箱和 4 枚 9M331 导弹(俄罗斯海军的SA - N - 9 舰空弹)组成,每辆战车上装 2 个导弹模块,是"道尔" - M1 武器系统的核心组成部分。9M331 导弹长 2.9m,弹径 232mm,导弹质量 165kg。它由 5个舱段组成:从弹头至弹尾依次是整流罩舱、控制舱、仪器舱、发动机舱和弹翼组合舱,呈鸭式气动布局。弹头为尖形旋转体,由适于无线电引信发射天线工作的透波材料制成,其中应答机(磁控管)功率 1.5kW(脉冲)。有 8 个频率(Ku 波段),通过天线上小孔用机械方法调谐。应答机的接收灵敏度 - 70dBW,其引信为主动式无线电近炸脉冲体制,工作于 X 波段。

俄罗斯推出"道尔" - M1 后,美国方面非常重视。除了仔细研究其性能特点外,据媒体披露,2011 年 4 月美军在阿拉斯加空军演习时,美国的"阿帕奇"等战机和地面一辆真实的俄罗斯"道尔"–M1 防空导弹车在"作战"[29]。美俄等军事大国历来很重视积累武器的实战经验。

2.6　美俄相控阵制导雷达的结构
特点和设计思想[8–12,16,17]

美国的相控阵制导雷达 AN/MPQ–53 是地空导弹系统"爱国者"的主体设备。俄罗斯的 30H6 是防空导弹系统 C–300 的主体设备(C–400 时改进为36H6)。这两种雷达在技术指标和作战性能方面大体相当,但两者的结构(Architecture)却有很大的不同。熟悉这些特点及其设计思想对技术维修保障人员而言是必备知识,有利于他们能较快熟悉和掌握国外设备,而且对雷达系统和设备设计人员也是重要参考资料,有利于他们开阔思路,做好工作。

在本书前言中已经介绍,俄美两个军事大国研发武器装备的指导思想和具体设备的设计思路是完全不同的两种"流派"。而在相控阵雷达方面,表现尤其明显。美国有强大的国防科研实力和强大国防工业基础,它的计算机、微电子技术等尖端技术遥遥领先于世界上任一国家,所以他研发先进武器的指导思想就是尽量利用自己最先进科研成果和最先进元器件,研发出当代最先进的武器装备。俄罗斯在经济上要落后得多,它的基础工业远逊于美国。就雷达和电子产品领域来说,俄罗斯的软肋是微电子技术(包括微波微电子技术)水平低,因此它的数字电路和计算机技术水平不高,如武器装备中很多中低频电路不得不仍采用模拟电路或数模混合电路。但俄罗斯有它的独特优势:一是武器装备的系统设计能力很强,有一支优秀的总体设计师队伍;二是其微波电真空技术水平高,某些方面甚至在世界上首屈一指;三是俄罗斯基础科学研究实力雄厚,包括模拟电路的研究一向非常扎实,而且有很多巧妙的构思和奇特的设计,可在一定程度上弥补常规模拟电路的不足。俄罗斯科技人员充分发挥自主创新、扬长避短的设计思想,同样能作出世界一流的武器装备。

根据公开资料介绍,美国"爱国者"雷达的采用的信号处理体制,是典型的低脉冲重复频率 MTI 加脉冲压缩,并采用频率捷变、干扰分析、MTD 处理、二进制数字积累等先进技术。它依托美国强大的微电子技术优势,选用专用高速芯片构成的信号处理器,不仅体积小、指标先进,而且结构上具有"可扩展"和"可重构"的能力,能适应武器装备的不断更新换代。

俄罗斯武器装备的系统设计水平和技巧堪称世界一流,它有一支优秀的总体设计师队伍。早在苏联时期,地空导弹防空系统总设计师拉斯普列京院士就领导当时的设计局出色设计出"萨姆"系列自 C – 25 ~ C – 200 等高水平地空导弹武器系统,被誉为"地空导弹之父"。其实他们的聪明才智也是当时苏联国情所迫,因为苏联的基础工业远逊于西方。作为系统总师,他在充分了解国情的基础上,不得不在所要求的各种性能指标之间进行平衡和取舍,抓住主要矛盾,扬长避短。他必须利用系统的观念,把苏联各个研发单位提供的性能并不高的部件,组合成主要性能突出、综合技术水平世界一流的防空导弹武器系统。拉斯普列京当年这一设计思想一直延续下来,已成为俄罗斯武器装备研发人员遵循的准则。西方有的文献甚至称这是"金科玉律"。拉斯普列京以后几位总师,如本金、列曼斯基、格鲁申等都是这一准则的优秀继承人,其中列曼斯基,是 C – 300 到 C – 400 的总设计师,被誉为"防空导弹系统之父",格鲁申是 5B55、48H6 防空导弹的总设计师,被誉为"导弹大师"。

具体到 C – 300 的相控阵的总体设计,给人们印象最深的是以下两点。

(1) 他们不沿袭美欧用一部相控阵完成多功能的做法,而是前面所说,将制导和搜索任务分别由相控阵雷达和另一台三坐标雷达来完成。因为相控阵雷达几乎可以用全部时间充分发挥其跟踪、制导的功能(仅作补充搜索),易于提高其性能指标,从而提高武器系统整体作战水平。再则经他们仔细论证,这样两台的经费反而小于一台的经费,满足系统"低成本"的要求。据美国专家 Barton[30] 介绍,西方专家原来一直"有偏见地支持所谓多功能相控阵雷达(MFAR)",后来才认识到俄罗斯的做法很有道理。

(2) 大胆采用了脉冲重复频率(Pulse Repetition Frequency ,PRF)很高的脉冲多普勒体制,PRF 高达几百千赫,俄罗斯称它为准连续波雷达。高 PRF 的脉冲多普勒体制有一系列内在优点,如雷达能在大空域内有强杂波背景下对付高速机动目标(包括战术导弹),能得到较高的杂波下能见度(或改善因子);同时由于雷达占空比大,对目标照射能量大,易于提高对小雷达截面积(RCS)目标的探测能力。但由于它存在严重的距离模糊(雷达解模糊,靠发射多种 PRF 信号),因此带来一些明显缺点或技术难关。第一个技术难关是因存在距离模糊而带来的远距离目标可能与近距离强地杂波相混淆,难以取出目标信息。所以美国几位专家在他们著作中都不赞成地面雷达用高 PRF 脉冲多普勒体制(实际上也没见美国有哪一部大型全相参地面雷达采用高 PRF 的脉冲多普勒体制),除非杂波在处理前先经大幅度的衰减,并要求雷达的频率基准(STALO)相位噪声很小。Barton 曾在他著作中作了论证,结论是这一衰减大约需在 110dB 以上。此外,接收机振荡源(STALO)的相位噪声因等效于杂波噪声,所以对其衰减也要达到 110dB 以上。经 Barton 论证,相当于要求振荡源的相位噪声在频偏大于 1kHz 以上应优于 – 120dBc/Hz 的水平。要达到这两项指标有相当大的技术难度,俄罗斯的软肋是缺乏高速微电子器件,要靠时域滤波来衰减杂波就很困难。不过俄罗斯基础科研力量一向雄厚,频域滤波器(包括微波滤波器)和高稳定STALO 恰恰是俄罗斯的两个科研强项。在具体设备中,他们先用中频带阻滤波器滤除零速附近的杂波,再用速调管振荡器锁相于高稳定晶振(前者远端相噪低,可达 -120dBc/Hz 水平;后者近段相噪低。锁相后可得最佳相噪特性),作为STALO。依靠俄罗斯科技人员发挥扬长避短设计思想,最后较好地解决了 Barton 提出的技术难题。

采用高 PRF 的脉冲多普勒体制后还有其他很多技术难关,如要解决收发隔离、解决大动态范围等。但俄罗斯科技人员充分发挥自主创新、扬长避短的设计思想,逐一克服这些技术难关,作出世界一流水平的相控阵雷达。当然它也非十全十美,同样存在缺点和不足之处。本书下面各章将结合各分机(分系统)进一步介绍美俄相控阵雷达的不同特点及对测试维修工作的影响。

美国几位著名雷达专家,如 Skolnik(《雷达手册》和《雷达系统导论》作者)、Barton(《雷达系统分析》和《雷达评估手册》作者)、Corey 等一直注意对俄罗斯雷达装备研制情况的调查研究,并在他们的著作和论文中,分析和介绍俄罗斯新一代防空导弹系统(C-300 系列、C-400 系列和"道尔"等)中的相控阵雷达的系统特点、性能指标、关键技术、典型电路以及设计思路。他们认为,俄罗斯相控阵雷达的特点可概括为"高性能、低成本、低损耗(Hi Performance, Low cost, Low RF loss)",在设计上则有"独特的设计方法"。近年来我国也有一些学者探讨俄罗斯相控阵雷达的特点和发展道路。有兴趣的读者可参阅有关文献。

参 考 文 献

[1]　国防科工委《防空导弹工程》编写组. 防空导弹工程[M]. 北京:宇航出版社,2002.

[2]　彭冠一. 防空导弹武器制导系统设计[M]. 北京:宇航出版社,1996.

[3]　黄槐. 制导雷达技术[M]. 北京:电子工业出版社,2006.

[4]　张光义. 相控阵雷达技术[M]. 北京:电子工业出版社,2006.

[5]　Skolnik M. Radar Handbook[M]. 2nd ed. New York: McGraw Hill ,1990.

[6]　《相控阵雷达技术丛书》编委会. 相控阵雷达技术丛书[M]. 北京:国防工业出版社,2006.

[7]　贾玉贵. 现代对空情报雷达[M]. 北京:国防工业出版社,2004.

[8]　Barton D K. The 1993 Moscow Air Show[J]. Microwave J,1994(37):24.

[9]　Corey L E. A Survey of Russian Low Cost Phased - Array Technology[J]. 1996 IEEE International Symp. on Phased - Array Systems and Technology,1996:15 - 18.

[10]　Skolnik M. Introdnction to Radar Systems[M]. Second Edition. New York:MeGraw - Hill, 1980.

[11]　Skolnik M. Introuction to Radar Systems[M]. Third Edition. 北京:电子工业出版社,2007.

[12] Barton D K. Radar System Analysis and Modeling［M］. 北京:电子工业出版社,2007.

[13] 周颖. C-400 地空导弹武器系统性能分析与比较[J]. 航天电子对抗,2008(1):1-3.

[14] Corey D R,Evans W. The Patriot Radar in Tactical Air Defence［C］. EASCON' 81,64-70.

[15] 许建国. 地空导弹装备的历史和发展[J]. 地空导弹武器,2004(1):1-6.

[16] 郭衍莹. 浅析俄罗斯研发防空导弹武器系统的指导准则和设计思想[J]. 国防科技,2011
      (2):1-5.

[17] 郭衍莹. 美俄二国相控阵制导雷达不同技术特点[J]. 雷达与探测技术动态,2011(7):6-12.

[18] 张明友. 雷达系统［M］. 北京:电子工业出版社,2006.

[19] 岳长胜,王太鑫. 美国武器装备透视［M］. 北京:国防工业出版社,2002.

[20] 易军,秦毅. 俄罗斯武器装备透视［M］. 北京:国防工业出版社,2002.

[21] 韩爱国. 国外先进武器装备及其关键技术［M］. 西安:西北工业大学出版社,2007.

[22] 李友华. 俄罗斯"道尔"-M1 防空导弹系统雷达抗干扰技术分析[J]. 航天电子对抗,2001
      (6):1-3.

[23] 周志骅. 苏联海军"里夫"型舰载防空导弹. 哈尔滨工程大学"三海一核"科普网,2010 年 4 月
      19 日.

[24] 华磊. 俄罗斯防空导弹系统出口历史和前景. 人民网,2009 年 9 月 21 日.

[25] 吕久明,贾锐明,刘孝刚. AN/MPQ-53 相控阵雷达性能分析. 2009 年全国天线年会论文集(上).

[26] 娄寿春. 面空导弹武器系统设备原理［M］. 北京:国防工业出版社,2010.

[27] 梁志静,黄莉茹. 世界防空导弹竞争性产品手册［M］. 北京:中国宇航出版社,2007.

[28] 北京航天情报与信息研究所. 世界防空反导弹手册［M］. 北京:中国宇航出版社,2010.

[29] 郭衍莹. 破解空袭中的矛与盾[J]. 世界军事,2012(1):51-55.

[30] Barton D K. Recent Developments in Russian Radar System［C］. 1995 IEEE International Radar Conference,340.

第3章 雷达 BIT 技术的发展和新一代 BIT 技术

3.1 BIT 技术基本概念

BIT(Build-In Test,机内测试)技术是近 30 年来发展最为迅速的技术领域之一。按照美军标 MIL‐STD‐1309C 的定义,BIT 是指"系统、设备内部提供的检测、隔离故障的自动测试能力",而用于完成 BIT 功能的可以识别的硬件就是机内测试设备(Build-In Test Equipment,BITE)。它通常安装在被测系统内部,且与被测系统融为一体。BIT 技术的含义:系统主装备不用外部测试设备就能完成对系统、分系统、电子组合、印制电路板等设备的功能检查、故障诊断与隔离、性能指标测试等任务。为了判定现代复杂武器系统是否处于正常工作状态,发现和隔离故障,采用 BIT 技术已经成为无可替代的选择。统计数据表明,现代复杂武器系统使用 BIT 技术,可以大大提高故障诊断能力,大大降低维修时间(50% 以上),从而最终大大降低设备总体维修费用[2,5,10]。

雷达设备中应用 BIT 技术可追溯至 20 世纪 60 年代。早期(指第一、二代)的相控阵雷达 BIT 检测都是在各自的分机(分系统)中独立进行的;各分机的设计师分别设计自己分机的 BITE 和相应软件。新一代(指第三代以上)相控阵雷达 BIT 检测的最大特点或亮点,是 BITE 与雷达主机一体化。BIT 检测除检测各分机外还可进行雷达系统检测,此时 BIT 检测过程完全仿照雷达工作过程(作战过程),也即完全用雷达内置的 BITE(有时也可能再配置一两台微波仪器)作雷达系统性能测试,或武器系统模拟作战测试。新一代 BIT 检测的另一特点是可以对雷达内部信息交换过程中的信息字自定义,能自行灵活地设计或规定测试内容,从而扩展了 BIT 检测的功能。本章将介绍 BIT 基本概念,结合相控阵雷达的实际应用,依次介绍各种 BIT 检测技术,并着重讨论上述这些新一代 BIT 技术的特点。在本书后面讨论雷达各分机的章节中,还要对与各分机相关的 BIT 测试作进一步讨论。

在相控阵雷达的三级维修体制中,基层级维修是非常重要的一级维修。通过它能将故障定位至外场可更换的单元(LRU),可以是机柜、组合或部件,并将故障单元送中继级或基地级检测维修。基层级维修的主要手段是 BITE,所以有的文献和技术人员也称基层级维修为 BIT 级维修。俄罗斯的武器设备不用 BIT 这个词汇,但很多俄制雷达中专门有功能检查(функциональный контроль, ФК),实际上与 BIT 相当。

即使是中继级和基地级维修,BIT 检测仍是故障诊断和雷达定期维修的重要手段。国内外大量实践证明,雷达定期维修,可将其可靠性恢复至原有水平,防止可靠性随时间而不断下降。图 3-1 清晰表示通过定期维修提高可靠性的关系[6]。

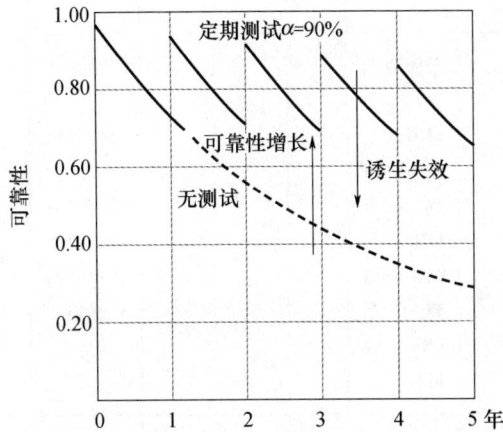

图 3-1 可靠性与定期维修的关系

BIT 技术的发展经历了理论形成、发展、成熟、建立各类国军标和编制设计指南等阶段。表征 BIT 性能的参数为故障检测率、故障隔离率、虚警率等。这些都是衡量 BIT 水平的重要参数。目前的典型指标:故障检测率≥95%、故障隔离率≥85%(隔离到 1 个 LRU)、故障隔离率≥95%(隔离到 3 个 LRU)、故障虚警率≤3%。随着 BIT 技术的发展,这些指标要求也在不断提高。如美国雷神公司的 ASR-12 雷达,其测试性指标达到如下很高的水平:

故障检测率:≥95%。

故障隔离率:≥91%(隔离到 1 个 LRU);≥99%(隔离到 3 个 LRU)。

平均修复时间 MTTR:20min。

使用可用度:99.998%。

表 3-1 所列为国外一些典型雷达 BIT 测试性能一览表[8]。表中 AN/SPY-1 为美国"宙斯盾"系统的舰载相控阵雷达;Falcon 为以色列机载相控阵雷达("费尔康");其余均为美国三坐标雷达(其天线在俯仰方向为电扫,方位为机械扫描,与相控阵雷达有很多相似处)。

表 3-1　国外 10 种著名雷达 BIT 测试性能一览表

雷达型号	AN/TPS-59GE-592AN/FPS117	AN/FPS115	S-320	LP-23B	AN/TPS43	AN/TPS63	AN/SPY-1	Falcon	ARSR3	EAR（机载）
故障检测率/%	95（60s以内）						90		95	
故障隔离率	85%隔离到1个LRU；95%隔离到3个LRU；100%隔离到5个LRU	75%隔离到1个LRU；90%隔离到3个LRU；95%隔离到1个LRU（脱机）					95%故障在1h内检测到；99%故障在8h内检测到	85%隔离到1个LRU	故障隔离到印制电路板	隔离到LRM
MTBF/h	>1000	323	400	1152	240	单信道>500	>1000	700（有人）1100（无人）		620
MTTR/min	40	60	30	50	60	<60	10	30		
有效度/%		99								
备注	LRU现场可更换单元	每隔323h允许停机一次					指LRU换下和装上时间			LRM现场可更换模块

BIT 检测一般应完成以下功能。

（1）对武器系统的作战功能进行快速测试，以便确认系统是否处于正常状态，否则应转为"降级"或"故障"、"维修"状态。

（2）在武器系统处于状态"检测"或"训练"状态时，对其主要分系统和关键电子组合要进行"实时监测"，以确认在"作战"状态时，系统和设备的有效性。

武器系统处于"检测或训练状态"状态时，主要通过各种内置模拟器实现不同类型目标回波模拟，用于对武器使用人员进行针对性训练。

注意：武器系统处于"作战"状态时，"实时监测"功能将停止；相控阵雷达所有时间用于"作战"，不安排时间进行"实时监测"，"作战"状态时电源的保护电路也断开。

（3）在"维修"状态，对系统的故障进行检查和定位，使故障诊断快速隔离到 LRU，使系统能快速换件修复，BIT 的换件维修是基层级维修的主要手段。

（4）对全武器系统及重要的分系统进行深入的性能指标测试，对可调整的部件进行适当的调试，使设备处于最佳工作状态，对装备进行"预防性维修"。

3.2　相控阵雷达的 BIT 设计[1-4,7]

3.2.1　BIT 的一体化设计

BIT 设计是相控阵雷达总体设计的一个重要组成部分。在雷达论证和设计阶段，就要有一支论证和设计 BIT 的队伍，密切与总体队伍配合。他们既要有设计 BITE 和电路的专业知识，也要具有系统方面的知识，并清楚系统对 BIT 的要求。

现代相控阵雷达 BIT 设计的最大特点是与系统设计一体化。所谓一体化，可从下面两方面来理解。

（1）BIT 设计是系统"一体化设计"（有时也称"协同设计"）的重要内容。一体化设计是保证系统正常使用并维持其有效性的重要技术手段。过去传统的雷达 BIT 设计方法是各分系统独立地开展设计工作；对于现代大型相控阵雷达而言，由于单元多、集成度高、数字化程度高、软件综合能力强等特点，在进行 BIT 设计时，必须强调系统的"一体化设计"。BIT 的"一体化设计"要求雷达系统设计师和分系统设计师，要综合考虑 BIT 的测试项目、测试点和测试方法的选择，各分系统之间要相互配合，共同完成一些重要功能和接口的测试任务。

（2）BITE 与雷达主机一体化。BIT 设计思路与雷达主机设计思路高度结合，BIT 测试过程基本上仿照雷达的工作过程（作战过程）。此时雷达主要内置设备是模拟器，再配以少量内置专用仪表。注意：这里所说模拟器应从广义上来理解。其中,有的是一个组合,有的是一块插板,甚至做成一个独立机柜;有的作战时是功能插件,检测时又作为模拟器插件。而更多的模拟器干脆完全由计算机或专用计算机,用算法(程序)来完成模拟器功能。这些模拟器在 BIT 级检测(功检)中起着关键作用,它向雷达主机发送模拟目标坐标(距离、角度、速度)和状态(动态)的数据。

众所周知,第三代雷达的最大特点之一是数字化:整个雷达以中心计算机为核心,BIT 测试的项目、内容、测试点和测试方法均由中心计算机和各自专用计算机软件实现控制;BIT 测试过程由雷达计算机一体化实现:由计算机专用的测试程序负责控制雷达系统内各级内置模拟器,来实现雷达 BIT 测试。雷达计算机不仅要进行运算和数据处理,还要通过信息字的交换来控制整个雷达系统"作战"、"维修"、"BIT 检测"、"实时监测"和"训练"等工作。要弄清雷达的信息交换原理和过程,就得弄清信息字的格式与含义,并弄清雷达严格的工作时序,弄清信息字交换通道和交换控制器如何对信息字进行控制和同步传送。雷达工作时中心计算机首先向雷达各分系统控制组合发送工作状态控制字(包括BIT 测试状态字),设置各组合的工作状态和参数(包括内置模拟器状态和参数)。各组合则向计算机回发状态字和 BIT 测试数据。在作战时,雷达还要向计算机发送目标及导弹(包括坐标和状态)的数据,然后计算机按时序不断向各组合发控制信息和数据,各组合也不断按时序回发状态信息和数据。在 BIT 检测时,与正式工作或作战时的差别无非是目标坐标和状态的数据由模拟源产生(可预置或人工设置)。

维修工程师不但可以在交换控制器组合上查看该交换器负责交换的任何一个信息字的内容,同时还可以通过自定义的方式替换任何一个信息字的内容,然后根据雷达工作和信息交换结果来判断故障所在。本书作者曾和一些维修工程师总结了一些信息字查看及自定义的法则,可根据不同检测目的来自行设置。实践证明,在很多功能检测项目中,通过设置自定义的信息字来替换原有的数据,不仅非常灵活,而且在中继级和基地级维修时利用这一原理可扩大检测功能,进一步确定具体故障部位。

由此可见,新一代相控阵雷达对维修工程师提出非常高的要求,不但要求有他们扎实的计算机软硬件技术功底,而且要求他们不厌其烦地弄清具体雷达中极其复杂的信息交换过程,从容地找出故障和问题所在。

3.2.2　BIT 测试项目的设计

BIT 测试项目基本上应与雷达系统的"树形"体系结构一致。一个典型的以多功能相控阵雷达为主体的导弹武器系统的"树形"体系结构如图 3 - 2 所示。

```
                                    ┌─────────────────────┐
                          ┌─────────│ 铁氧体移相器阵列    │
              ┌──────────┐│         ├─────────────────────┤
              │天馈分系统 ├┼─────────│ 馈源、辐射器        │
              └──────────┘│         ├─────────────────────┤
                          └─────────│ 波束控制计算机      │
                                    └─────────────────────┘
                                    ┌─────────────────────┐
                          ┌─────────│ 多注速调管大功率发射机│
              ┌──────────┐│         ├─────────────────────┤
              │发射机分系统├┼────────│ 高压电源            │
              └──────────┘│         ├─────────────────────┤
                          └─────────│ 液冷温控装置        │
                                    └─────────────────────┘
                                    ┌─────────────────────┐
                          ┌─────────│ 多模多喇叭接收馈源  │
                          │         ├─────────────────────┤
                          ├─────────│ 高频接收机          │
                          │         ├─────────────────────┤
                          ├─────────│ 多通道中频相关接收机│
              ┌──────────┐│         ├─────────────────────┤
              │接收机分系统├┼────────│ 目标跟踪接收机      │
              └──────────┘│         ├─────────────────────┤
                          ├─────────│ 导弹跟踪接收机      │
                          │         ├─────────────────────┤
                          ├─────────│ 视频接收机          │
                          │         ├─────────────────────┤
                          └─────────│ 频率综合器          │
                                    └─────────────────────┘
┌────────────┐                      ┌─────────────────────┐
│多功能相控阵│            ┌─────────│ 雷达定时器          │
│导弹武器系统├┐ ┌────────┐│         ├─────────────────────┤
└────────────┘├─│信号处理├┼────────│ 同步、信息交换控制器│
              │ │分系统  ││         ├─────────────────────┤
              │ └────────┘└─────────│ 全通道数字信号处理器│
              │                     └─────────────────────┘
              │ ┌──────────┐        ┌─────────────────────┐
              ├─│控制计算机├┬───────│ 中央处理数字计算机  │
              │ │分系统    ││       ├─────────────────────┤
              │ └──────────┘└───────│ 多通道I/O数据交换接口│
              │                     └─────────────────────┘
              │                     ┌─────────────────────┐
              │           ┌─────────│ 空情显示器          │
              │           │         ├─────────────────────┤
              │           ├─────────│ 发射显示器          │
              │ ┌────────┐│         ├─────────────────────┤
              ├─│显控台  ├┼────────│ 自主搜索显示器      │
              │ │分系统  ││         ├─────────────────────┤
              │ └────────┘├─────────│ 引导/检查显示器     │
              │           │         ├─────────────────────┤
              │           └─────────│ 手控跟踪显示器      │
              │                     └─────────────────────┘
              │                     ┌─────────────────────┐
              │           ┌─────────│ 遥码通信组合        │
              │           │         ├─────────────────────┤
              │           ├─────────│ 发射控制组合        │
              │           │         ├─────────────────────┤
              │ ┌────────┐├─────────│ 频率相位微调组合    │
              └─│发控分系统├┼────────│ 基准频率产生组合    │
                └────────┘│         ├─────────────────────┤
                          ├─────────│ 工作频率产生组合    │
                          │         ├─────────────────────┤
                          └─────────│ 电源组合            │
                                    └─────────────────────┘
```

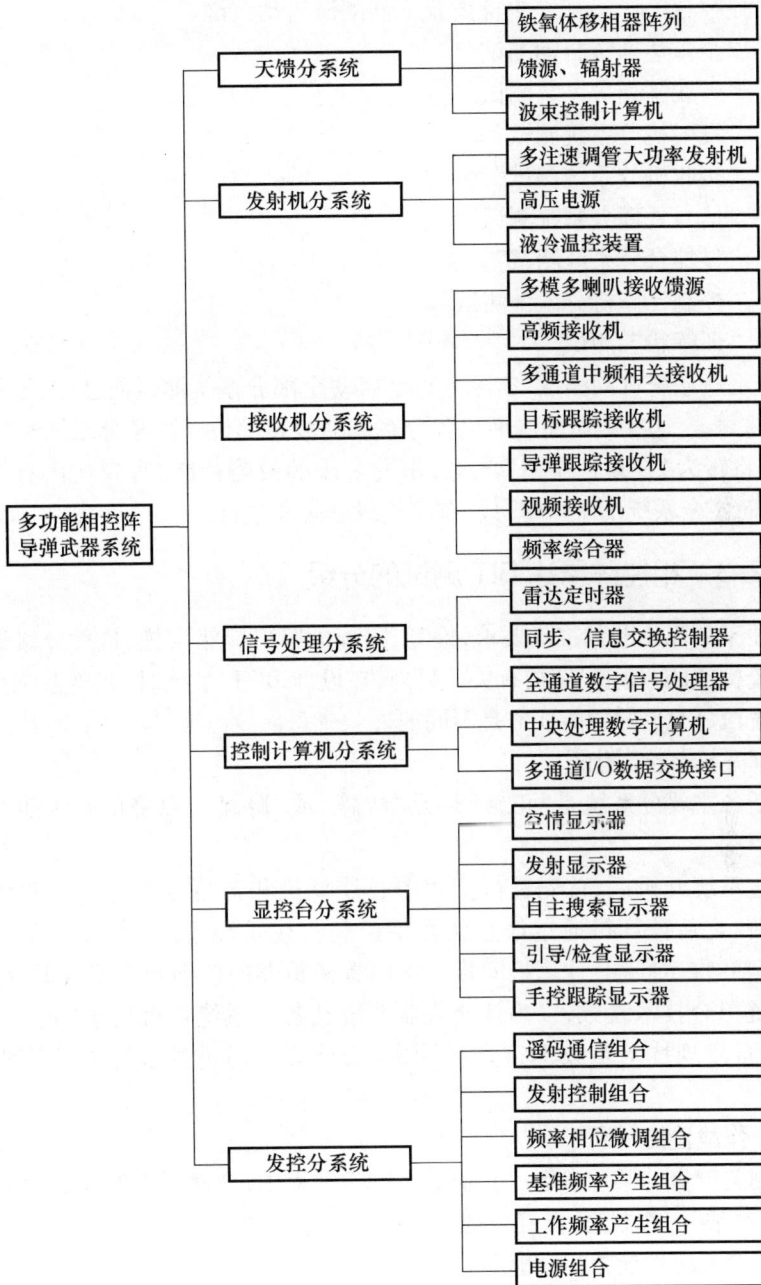

图 3 - 2　典型相控阵雷达系统"树形"体系结构

在"显控台"上,一般至少应设置下列测试启动按键。

（1）"全雷达系统自动测试"。

（2）"天线阵列分系统测试"。

（3）"发射机分系统测试"。

（4）"接收机分系统测试"。

（5）"信号处理分系统测试"。

（6）"显控台分系统测试"。

（7）"控制计算机分系统测试"。

（8）"训练状态测试"。

"全雷达系统自动测试"实际上只是启动全部分系统测试而已,关键是各个分系统的测试,这些测试能判断出各分系统的故障部位。当某分系统有"故障"时,系统将转为"修复性维修"状态,作进一步的故障诊断,直到找出有故障的LRU,从而使全系统的维护、排故,有序按级分阶段进行。

3.2.3　相控阵雷达 BIT 测试的分级

为便于故障诊断的准确要求,检测、隔离故障应分级实施,这种分级诊断往往与系统构成的"树形"结构有关。另外,在设计 BITE 系统时,武器系统在不同的工作阶段,BITE 的功能任务是不同的。

1. "开机自检"测试

判断各主要分系统是"正常"还是"故障"或"降级",以确认系统能否转入"作战"状态。

雷达系统开机后,首先进行雷达中心计算机和各自专用计算机软件的安全性检测,之后计算机通过信息状态字控制雷达系统进入"实时监控"状态,每隔一定的雷达周期,计算机安排一次内置模拟器的启动和采集数据分析,监测各系统组合技术参数,以确认全武器系统及各分系统是否处于"正常"工作状态,一旦发现技术参数不符合设计指标,计算机通过指示灯或计算机显示出来。

2. "作战监控"测试

监测关键点的某些参数,以确认"作战"过程中,全武器系统及各分系统是否处于"正常"工作状态,以确认此次"作战"的有效性。

3. "全系统性能指标"测试

在非"作战"期间或在作战前,希望对系统的一些关键性能指标有所了解,以及雷达系统中"实时监控"无法覆盖测试部分,如雷达各个频点的 S 曲线,是否满足跟踪的要求。例如,复合制导传感器的综合标校;又如,全系统的"模拟作战"等。计算机通过软件和专用模拟器安排"全系统性能指标"测试,适当时候,还应对某些指标参数进行调试,以保证设备处于最佳工作状态。

4. "故障诊断"测试

"故障诊断"测试是深层次的排故维修测试,此时武器系统已全面退出"作战"状态,转入"修复性维修"(或"预防性维修")状态,维修人员按已经初步报出的分系统故障及电子组合故障,调用与之对应的"维修程序",将故障进一步隔离,直到LRU,进行更换修复,使系统迅速恢复到正常"作战"状态,然后将故障LRU送至中继级甚至基地级维修站维修。本书以后各章将对各分系统这种检测维修作进一步介绍和讨论。

下面将先对前3种测试逐一进行描述。

3.3 相控阵雷达的"开机自检"测试

3.3.1 概述

"开机自检"测试是重要的BITE测试内容,它要判断各分系统功能是否正常、要对设备进行初始化装定。"开机自检"测试完毕时,应确认全系统能否投入"作战",或是"降级",或是"故障"。

"开机自检"测试开启各分系统的自检测试,不同的分系统具有不同的故障特点,而相应的自检测试电路也有很大差别,但每个分系统的开机自检测试都应进行以下几个方面的工作。

(1)确定故障分离的结构层次,有的分系统是以"电子组合"为主,有的分系统是以"功能模块"为主(如天线阵列),确定可更换单元是"电子组合"(如高压电源组合),或是"印制电路板"(如I/O接口板、中频对数放大板),或是"功能模块"(如移相器功能模块),是开机自检测试电路的首要问题。

(2)对各个结构层次的"故障模式"进行分析,确认必须检测隔离的"故障模式",一般应选取使设备丧失功能的、造成不安全因素的、人工较难查找的、出现频数较高的作为该设备的"故障模式"。

(3)根据确定的"故障模式",用分析和实验的方法,找出其对应的最重要的"故障特征",使其"故障特征"与"故障模式"完全对应。

就一般电子设备而言,"故障特征"可能是电压、波形、阻抗、频率、噪声、脉冲响应、概率密度、功率谱密度、温度等的故障特征。"故障特征"一经确定,接下来应考虑故障特征的提取方法,包括传感器的类型、传感器的精度和安放位置等。

下面就一些典型的分系统开机自检测试进行介绍。

3.3.2 无源相控阵天馈分系统"开机自检"测试

无源相控阵雷达的天馈分系统由"铁氧体移相器阵列"、"馈源、辐射器"、"波束控制计算机"等组成，其中最核心的设备是"波束控制计算机"和成千上万的天线单元(含铁氧体移相器)。无源相控阵有别于有源相控阵，其最大区别就是天线单元多是无源器件；相对比较而言，一致性较好，可靠性较高。但天线单元中铁氧体移相器及相应的驱动电路是最容易损坏的器件，当损坏数量到一定比例，天线阵列就不能正常工作，因而对移相器及相应的驱动电路的测试就是无源相控阵天线阵列测试的主要内容。图3-3所示为无源相控阵天馈分系统检测示意图。

设备开机时首先要对天馈分系统进行检测。其基本工作原理是，程序启动后，由中央处理数字计算机发送说明工作状态和天线波束指向的信息字(可多达24位)，然后由相位分布计算机算出天线各单元的相位分布，计算中需加一些修正量，如球面波前修正量、频率修正量、旁瓣对消修正量等，然后形成数字控制信号，输出至相控阵天线。

无源相控阵天线往往由多个天线单元(一般16个)组成一个模块，并由多个(16个)独立的移相器控制电路组成。此外，还有专门的控制插件组成检测系统，可记录下每一天线单元移相器的移相值，其原理是根据铁氧体移相器模块中的磁化脉冲宽度 Δt 是和移相值成正比。此脉冲经检查总线送到检查电路记录，然后再发送给数字相位计算机处理。

故障检查时，输入信息字代表要求的波束指向值，它可以来自检查程序，也可在面板上手动设置。然后由相位分布计算机算出相位分布，送至移相器的控制电路。宽度 Δt 与移相值成正比的磁化脉冲一方面去控制(磁化)铁氧体；另一方面由记录器记录。后者经放大后，送给数字相位计算机处理，并在面板上显示。根据经验，在移相器的输入端再并接一示波器(如图3-3中的虚线)，观察磁化脉冲的波形，将有助于区分是移相器控制电路的故障，还是铁氧体本身的故障。

按武器装备设计规定，天线单元故障数在出厂时不得超过总数的0.3%。由此可确定天线阵列的故障准则(以天线单元总数为10000个为例)：

(1) 当天线单元故障数 $N \geqslant 30$ 时，判天线阵列"故障"。

(2) 当天线单元故障数 $10 \leqslant N \leqslant 30$ 时，判天线阵列"降级"。

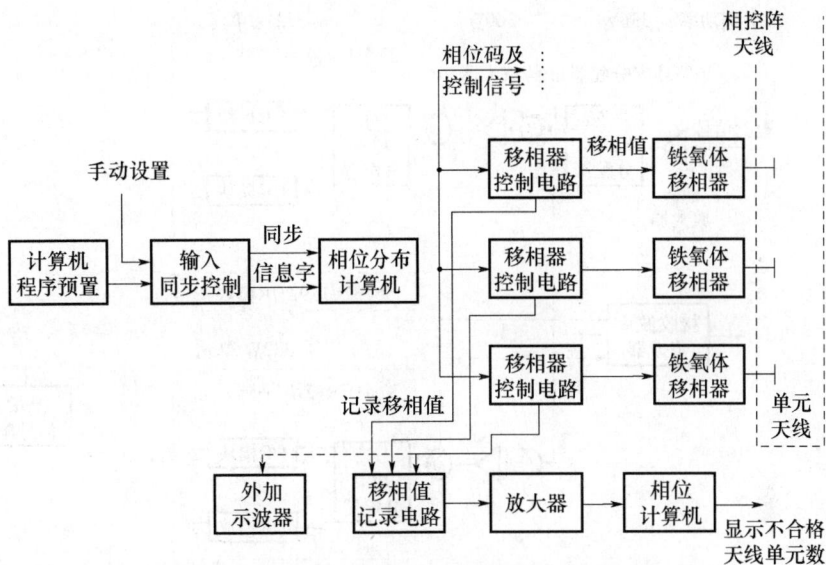

图 3 - 3 无源相控阵天馈分系统检测示意图

3.3.3 有源相控阵天馈分系统"开机自检"测试

在第 2 章中已经介绍,有源相控阵雷达的天线阵列由 T/R 模块组成,T/R 模块组件中既有发射功率放大器,又有低噪声高放(LNA)、移相器、波控电路等,众多的有源器件集中在天线阵列中,代替了发射机和接收机,因而对有源相控阵天线阵列的测试重点:T/R 模块的故障、各路通道幅相一制性、I/Q 正交性、增益等指标,进而对天线阵面的幅度和相位进行校准。另外,阵面的制冷、温度控制也应监测,以确保安全运行。

图 3 - 4 所示为有源相控阵天线阵列分系统测试示意图。

图 3 - 4 表明,有源相控阵由数千至万 T/R 模块组成,每个数字 T/R 模块通常包含数十路发射通道和接收通道,发射信号经过移相和功率放大后,最后经过环形器由天线单元向外辐射。各发射单元发射的信号在空间合成形成发射波束。

接收信号在接收通道经过环形器、限幅器、低噪声放大器、衰减器、移相器、滤波和混频后得到中频信号,再经中频采样、数字正交和光电转换后,用光纤网络送到数字波束形成器,最后在数字波束形成器中形成多个接收波束。

由于发射波束和接收波束是分别形成的,因而对发射通道和接收通道应分别测试。

45

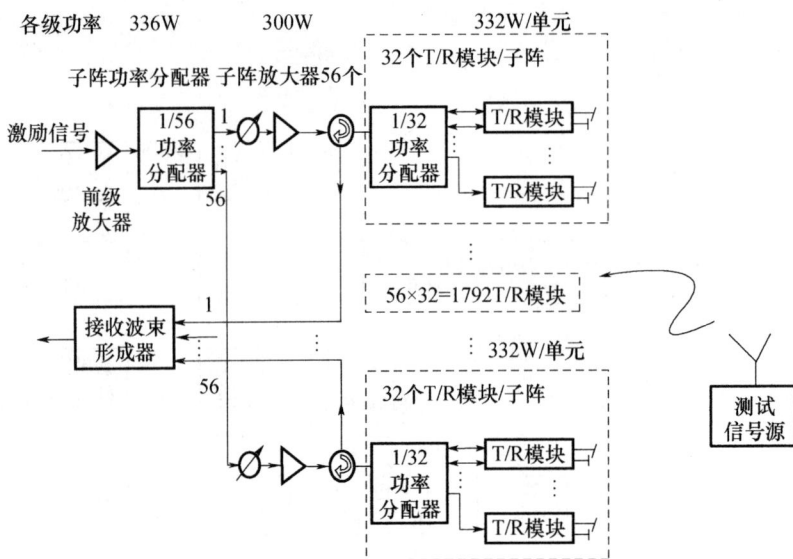

图 3-4 有源相控阵天线阵列分系统测试示意图

1. 接收通道的测试

接收通道的射频(RF)测试信号由空间辐射注入,设置在阵面前方的小型测试天线把 RF 测试信号注入到接收通道的 RF 输入端口,经 T/R 模块、功率分配器、环形器、接收波束形成器输出。

经接收波束形成器输出的信号已是全数字信号,将此信号送入中央控制计算机,可以对通道的指标参数进行分析计算,从而可得到通道的幅相一致性、I/Q正交性和增益等指标。测试结果不仅用于判断 T/R 模块是否有故障,还用于天线阵面的幅度和相位校准。

另外也可在接收波束形成器之前,经射频多路开关,把各个通道的 RF 信号,逐次接入专用的"幅相测试仪"或"网络分析仪",直接在 RF 上测试各通道的幅相参数,从而判断 T/R 模块的故障、各通道的幅相一致性、I/Q 正交性和增益等指标,进而对天线阵面的幅度和相位校准。

2. 发射通道的测试

对于发射通道,测试项目主要是输出 RF 功率信号的幅度和相位。激励信号经前级激励放大器,送入相应的各个通道,最后经 T/R 模块天线阵列辐射输出,通过设置在阵面前方的小型 RF 接收天线,接收阵面上任意一个发射通道输出的 RF 信号,将 RF 信号送入幅相测试仪,从而测量各路 RF 信号的幅度和相位,进而判断发射通道 T/R 模块的故障,以及各通道的幅相一致性。

另外,阵面分系统还要监测 T/R 模块的工作温度、电源的状态参数等,这些状态参数在阵面汇总后,送到雷达的监控终端,全面显示雷达阵面的工作状态,继而判断雷达阵面分系统是否可以转入"作战"还是"降级"或"维修"。

3.3.4 发射机分系统的"开机自检"测试

无源相控阵发射机分系统,其主要组成有多注速调管大功率发射机、高压电源、液冷温控装置等,其中最核心的设备是多注速调管大功率发射机。判断发射机最重要的参数是发射机输出功率,要检测发射机的工作状态,只要检测它的输出功率大小是否满足要求即可判定。发射机功率自检电路组成如图 3-5 所示。

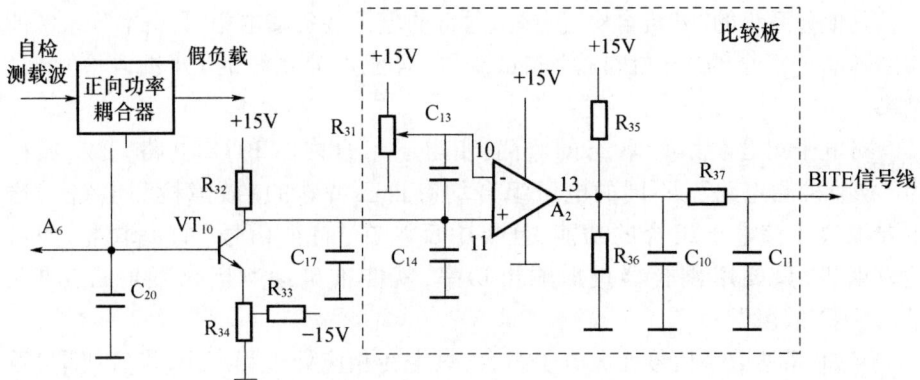

图 3-5 发射机自检电路

发射机输出的自检载波输入到正向功率耦合器,它的输出分为两路:一路送到发射机终端(假负载);另一路就是采样的发射功率信号馈给自检测电路,因正向功率耦合器内部已完成检波,因此送到自检电路的是负直流电压,其大小与发射机的输出功率成正比。

VT_{10} 晶体管组成直流放大器,其偏置电路是 R_{33} 和 R_{34},偏置电源为 -15V,其在 R_{34} 上分压后作为 VT_{10} 的正向偏置电压。VT_{10} 的负载是 RC 滤波电路(R_{32},$C_{17}C_{14}$)。当反映发射功率大小的直流电压输入后,VT_{10} 的集电极将输出放大和滤波了的正直流电压,加到由 A_2 构成的电压比较器。

A_2(10 、11 、13 脚)集成运放构成电压比较器,它的反相输入端接的是由 R_{31} 电位器对 +15V 分压后的正直流电压(比较器的参考电压),同相输入端接的是 VT_{10} 送来的检测直流电压。当检测直流电压高于参考电压时,比较器输出为高电平,它表示发射的载波功率符合原定要求;反之,若检测直流电压低于参考电压,则比较器输出为低电平,它表示发射功率过小,正向功率耦合器前的发射机存在"故障"。

R$_{35}$、R$_{36}$为电平变换电路,它保证 BITE 输出信号高电平为 5V,低电平约为 0V。R$_{37}$、C$_{10}$和 C$_{11}$为 RC 滤波电路,以抑制其他的干扰信号窜入到 BITE 信号线上。R$_{31}$为比较器参考电压调整电位器,由它可以调定发射功率是否满足要求的检测界限。

高压电源和液冷温控装置的自检电路比较简单,将三部分的"故障"合成后,就代表发射机分系统的开机自检测试报告,送中心计算机、显控台,存储备案。

3.3.5 其他分系统的"开机自检"测试

其他分系统的"开机自检"测试与通常的电子装备基本相同,由本分系统所属的各电子组合的"开机自检"测试结果,合成本分系统的"开机自检"测试结果。

对电子组合"故障"状态的监测,由电子组合内的 BITE 电路完成,通称为"故障检测电路",不同的电子组合均有自己特殊的"故障检测电路",这主要取决于该电子组合的功能,且集中反映在"特征信号"的提取上,如雷达发射机,只要用耦合器提取输出功率,就能准确地判断该发射机是"正常"还是"故障"。

又如,雷达数字信号处理电子组合,只需在相应处理程序中,设置所谓"看家狗"编码,而后按周期"捕捉"并"识别"编码,就能准确地判断该信号处理电子组合是"正常"还是"故障"。

各电子组合的"故障检测电路",由该电子组合的设计师,在"方案"和"电路"设计阶段,就可以准确地根据本电子组合的"功能任务"、"特征信号",设计出判断本电子组合是"正常"还是"故障"的"故障检测电路"了。此处不再一一描述。

3.4 相控阵雷达的"作战监控"测试

当雷达系统"开机自检"测试结束,全系统正常,即转入"作战"状态,此时还应进行"作战监控"测试,但这种测试应尽量减少测试项目,尽量少占用系统的时间,只监测某些关键点的参数或信号,表明系统正常即可。

表 3-2 列出几个典型分系统"作战监控"测试项目与"开机自检"测试项目的比较,即可说明问题。

表 3－2 "作战监控"测试项目与"开机自检"测试项目比较表

序号	测试项目	测试方式	
		开机自检测试（是/否）	作战监控测试（是/否）
1	有源 T/R 模块阵面分系统		
1.1	接收通道		
1.1.1	通道幅相一致性	是	否
1.1.2	I/Q 正交性	是	否
1.1.3	增益	是	否
1.1.4	同步时钟信号的功率	是	是
1.2	发射通道		
1.2.1	输出功率	是	是
1.2.2	输出相位	是	是
1.2.3	过温保护状态	是	是
1.3	电源		
1.3.1	输入和输出电压、电流	是	是
1.3.2	温度	是	是
1.4	外部接口功能测试	是	否
2	无源天线阵列分系统		
2.1	铁氧体移相器单元	是	否
2.2	同步时钟及接口	是	否
2.3	波控机	是	否
3	无源阵发射机分系统		
3.1	发射机输出功率	是	是
3.2	高压电源	是	否
3.3	致冷温度	是	否
4	信号处理分系统		
4.1	性能测试		
4.1.1	脉压	是	否
4.1.2	MTI	是	否
4.1.3	CFAR	是	否
4.1.4	目标检测提取	是	否
4.2	外部接口功能测试	是	否
4.3	CPU 的运算功能测试	是	否
4.4	存储器测试	是	否

3.5 相控阵雷达的"系统性能指标"测试[5]

相控阵雷达的"系统性能指标"测试,主要指全系统在功能正常时的关键技术特性,如各频点的 S 曲线测试、实时"模拟作战"测试等。测试系统性能指标时,必须有模拟目标回波和导弹应答信号的源。这些源国外有的雷达系统是利用前面所述的内置模拟源,作为 BITE 的一部分;有的雷达系统单独有标校车(标校塔),车上有信标机;有的是一个单独的微波源,测试时把它放在雷达天线前方某一固定位置,并对准阵面中心。具体描述如下:

3.5.1 雷达 S 曲线测试

在雷达中,S 曲线的检测是最重要的检测项目之一,是作战、打靶前必测的系统检测项目。S 曲线的优劣将直接影响雷达的角跟踪精度。S 曲线测试的经典方法是用一个微波激励源馈送信号至相阵天线以及和、差二支路接收机。调整差支路的衰减器和移相器(均为数控),直至得到的 S 曲线斜率和曲线正负最大值都满足要求为止。

据资料介绍,包括"爱国者"在内的欧美一些相控阵雷达,都用机内模拟源作激励源,并用计算机快速检查三点(正负最大值,零点),并能自动调正。因此,它是最重要的一项 BIT 检测。但俄罗斯的相控阵雷达用外置微波噪声源(平时放车内)作激励源,检测时放置在阵前方,并对准阵面中心,从广义上讲也是一项 BIT 检测。还有的国外雷达系统单独有标校车(标校塔),车上的信标机在遥控指令控制下,能逐次提供各个频点的射频信号,以模拟目标、导弹信号,就能测试 S 曲线。

雷达系统综合性能测试示意图如图 3-6 所示。

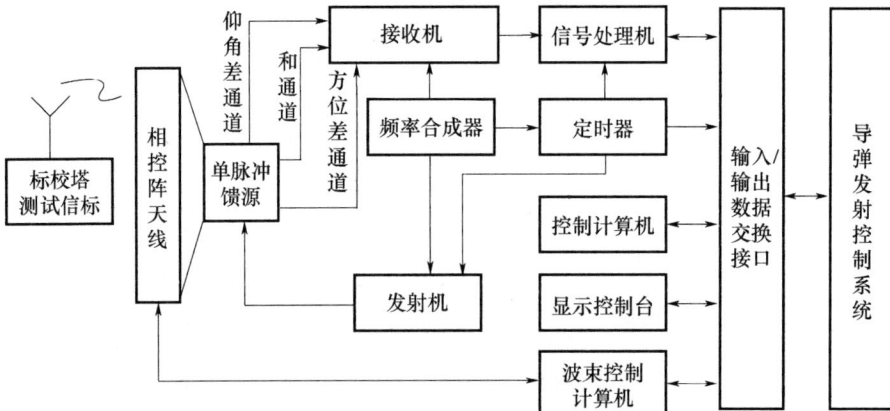

图 3-6 雷达系统综合性能测试示意图

图 3-7 中的实线为在某一频点测出的 S 曲线结果。对其 S 曲线斜率、S 曲线正负最大值、S 曲线过零点，都应落在图中规定的上下限线内，才算合格。否则，应查找原因，或进行系统调试，这是因为 S 曲线的优劣将直接影响雷达的角跟踪精度。

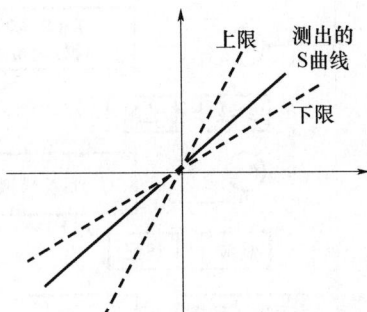

图 3-7　雷达 S 曲线测试结果与上下限

3.5.2　武器系统"模拟作战"测试

1. 利用标校塔信标机作"模拟作战"测试

用图 3-6 所示的配置，还可以进行武器系统"模拟作战"测试。标校塔信标机受遥控指令控制，逐次提供目标模拟回波和导弹应答信号，以便全面模拟整个作战过程。当防空导弹武器系统接收到预警目标指示后，首先由雷达锁定、跟踪来袭的指定日标，待目标进入拦截区即可发射导弹进行拦截。在初制导阶段，由初制导截获跟踪系统测量导弹坐标，并用遥控指令把导弹引入雷达精密跟踪制导波束，而后由雷达制导摧毁目标。除未发射真实的实体导弹外，其整个作战过程与真实过程一致。整个作战过程由武器系统的中心计算机控制，并能对一次完整的作战过程作全程记录，而后重放、评估等。

这种测试不但能检查全系统的实时作战过程，还能训练操作人员的作战能力，是一种节省资源的较好方式。图 3-8 所示为一复合制导体制的跟踪制导雷达必备的标校塔信标机示意图，用作战软件控制遥控指令就能对标校塔信标机配置出作战过程中目标和导弹的各种信号，从而摸拟整个作战过程。

2. 完全用内置 BITE 作模拟作战测试

现代雷达的指挥控制舱都是高度数字化的。它以中心计算机为核心，还常另外再配以一些专用计算机。其模拟器数量最多，如目标指示模拟器（模拟来

校准单元　传输电缆　标校模拟组合

Ku目标导弹模拟器

Ku偏置天线

Ku多普勒目标模拟器

Ku、Ka中心天线

检波　适配

Ka目标模拟器

检波　适配

X遥控接收天线

检波　遥控译码器时钟发生器　目标导弹回波及同步信号产生器

红外中心灯　电源

红外偏置灯　电源

红外位标灯　电源

微机及接口

电视灯　电源

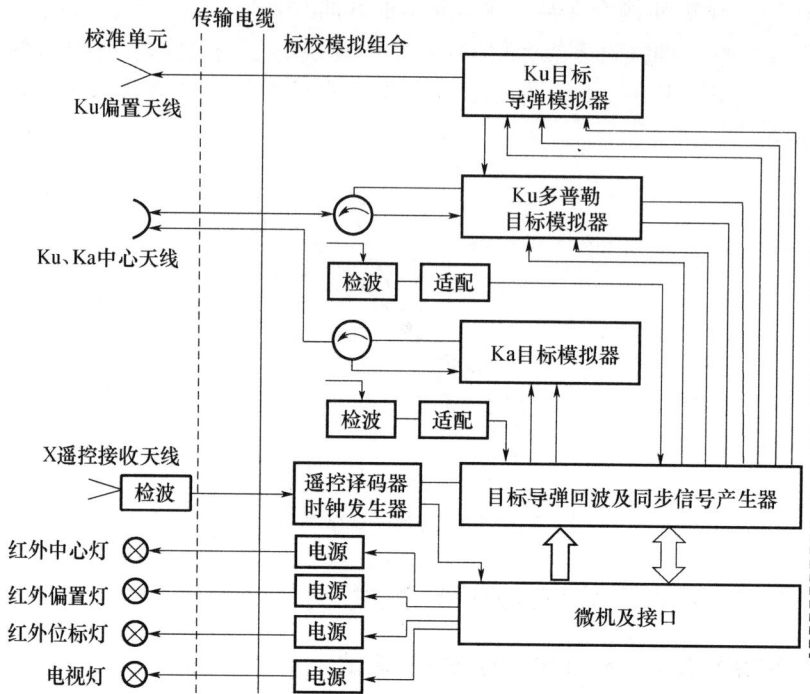

图 3-8　某复合制导标校塔信标机示意图

自上级指挥所目标指示设备的信号)、预警雷达模拟器(模拟来自预警三坐标雷达或低空补盲雷达的信号)、目标轨迹模拟器(主要为计算机算法)、导弹指令模拟器和导弹模拟器(完全由计算机算法完成)等。在 BITE 检测时,最关键则是以下两个模拟器。

(1)目标和导弹应答信号模拟器。一般有多套,可同时模拟多个(批)目标,其中有一套中可模拟多导弹应答信号(如导弹截获阶级模拟一发,引导阶段模拟多发),还可模拟各种干扰和目标随机起伏。可在给定目标的 $R,V,\theta(\phi_B$、$\phi_H)$坐标时,模拟多个目标的反射信号和多发导弹应答信号(如美国"爱国者"和俄罗斯 C-300 系统,可模拟 4 个目标,12 枚导弹。注意:后者无速度信息)。

(2)多普勒频率模拟器。可模拟多个目标速度信息(多普勒频率)。它通常是一个频率综合器,以保证精度。

对目标信号而言,整个 BIT 检测过程如图 3-9 所示(对导弹应答信号情况与此类似)。在检测前先要给定目标与导弹的坐标码,这既可由专用计算机内置数据给出,也可通过本模拟器面板设置后再由专用计算机算出。这里所说坐标码,包括距离 R 码,Σ、Φ_B、Φ_H 角度(图中以 θ 表示)的幅度相位码,频率代

52

码,速度 V 码等。

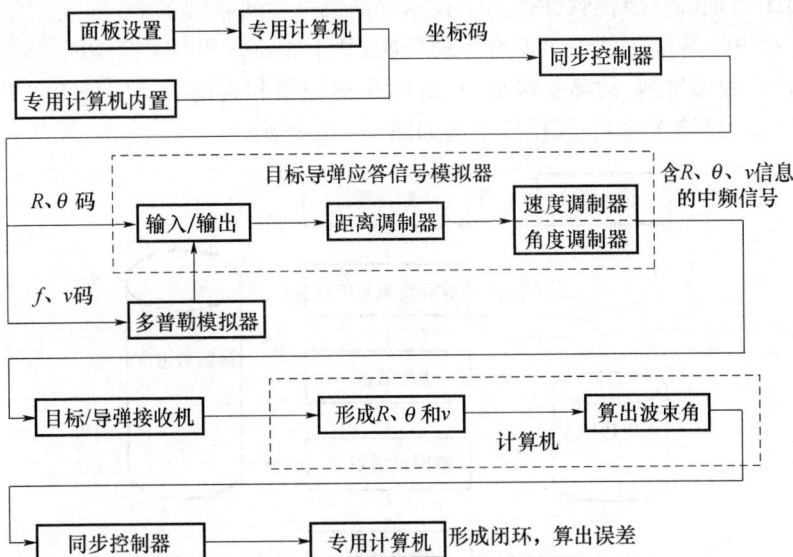

图 3 – 9　用内置 BITE 作模拟作战测试

在 3.2.1 节中已介绍通过自定义信息字内容可以自己灵活地设计或规定测试内容,从而扩展了 BIT 检测的功能。本书后面几章中(如第 7 章),将举实例说明在中继级和基地级维修时,如何通过自定义信息字后达到故障检测目的。

3.6　BIT 技术的新进展

随着信息化技术的发展和雷达技术的进步,BIT 技术也有了很多新进展。

1. 使用测试性预估软件在设计阶段对测试性指标进行预评估

可以使用 Express 软件(如美国 DSI 公司的产品)进行测试性指标预计。测试性指标预计在完成系统或分系统的测试性设计方案后进行,当预计的指标不能满足设计要求时,需要对测试点和测试项目进行调整,直到满足为止。

调整的方法包括增加或改变测试点位置、增加测试项目等内容。通过测试性指标预计,可以优化测试点的设置,消除不必要的测试点,从而使设计更加合理,使装备的测试性指标,在设计阶段就已满足军方的要求。

2. 强大的智能化软件把 BIT 技术提高到一个崭新的水平

传统的雷达 BIT 设计方法:主要利用分系统及电子组合实现故障检测和故障隔离,中央 BIT 的软件功能很弱,仅仅局限于显示来自分系统的诊断结果。但

53

是,随着信息化技术的进步,特别是智能化软件技术的发展,在现代雷达技术中,用于 BIT 处理的智能化软件把 BIT 技术提高到一个崭新的水平。

中央 BIT 智能化软件主要有下列功能:基于故障树和专家经验的故障诊断、虚警滤波、故障屏蔽、故障等级划分、故障历史记录和查询等。中央 BIT 智能化软件运行在显控终端上,其软件结构如图 3－10 所示。

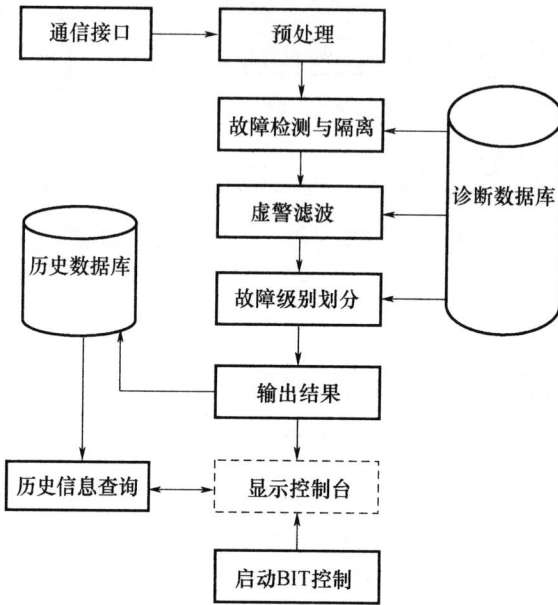

图 3－10　智能化 BIT 软件包结构示意图

软件处理功能的要点如下:

（1）雷达故障检测与隔离:根据实际采集到的 BIT 信息和诊断数据库,利用故障树和专家经验把故障隔离到 LRU。

（2）虚警滤波:根据预先确定的虚警判定准则,消除或降低虚警。

（3）故障级别划分:对检测到的故障进行故障级别划分。

诊断数据库是软件包中的关键。它用于存储系统和分系统的诊断模型、故障字典、专家经验、BIT 参数的预期值、虚警判定规则等信息,从而把整个雷达 BIT 技术提高到信息化系统的新领域。

3. BIT 逐渐发展为集状态监测、故障诊断、性能测试、控制决策于一体的综合系统

随着电子技术的发展,新一代的 BIT 系统将发展为一个集数据采集、性能测试、故障检测和诊断、隔离和定位、控制保护于一体的小型化、智能化、模块化、通用与专用结合的机电系统。它将大大提高武器设备的可靠性和测试性,应用前景广阔。[11]

参 考 文 献

[1] 周鸣岐. 武器装备机内测试分析、设计和试验验证技术概述[C]. 第17届测试与故障诊断技术会议录,2008.

[2] Dree R,Young N. Role of BIT in support system Maintenance and availability[J]. IEEE A&E System Magazine,2008,8:482 – 483.

[3] 杜舒明. 大型相控阵雷达的 BIT 设计[C]. 第19届测试与故障诊断技术研讨会论文集,2010.

[4] 郭衍莹,徐德忠,周鸣岐,等. 相控阵制导雷达检测维修技术研究和发展对策[C]//.第三届国防科技工业试验与测试技术发展战略高层论坛论文集,2011:141 – 144.

[5] 杨江平. 电子装备维修技术及其应用[M]. 北京:国防工业出版社,2006.

[6] 林玉琛,郭孝斌. 防空导弹武器系统维修工程[M]. 北京:宇航出版社,1994.

[7] 谢格. 防空导弹制导雷达跟踪系统和显示控制[M]. 北京:宇航出版社,1996.

[8] 李更祥. 嵌入式计算机应用于相控阵雷达机内测试设备的设计[J]. 计算机测量与控制,2001(9).

[9] 邓斌. 雷达性能参数测量技术[M]. 北京:国防工业出版社,2010.

[10] 顾德均. 航空电子装备修理理论与技术[M]. 北京:国防工业出版社,2001.

[11] 杨明,曾捷. 自动测试系统中的智能结构[J]. 电子测量与仪器学报,2009,23(6):93 – 97.

第4章 中继级与基地级维修的设备配置和维修技术

4.1 概　述

在第1章中已介绍了雷达三级维修体制,各级职责和分工。美国和中国的国军标都规定采用这种体制。不过有的国家,如俄罗斯,其导弹武器系统维修体制分为两级维修:基地级维修和基层级维修。但其基地级又分为固定式基地级和机动式基地级,实质上也是三级维修[1,2,5]。本章主要围绕三级维修体制,讨论中继级与基地级维修站职能、设备配置以及维修站的建设问题。后者包括维修站电子兼容设计,电子测试设备的设计和配置,以及微波暗室的设计和建立等。这些设计的基本原理可查阅有关书籍。本章着重从工程角度讨论适用于防空系统制导雷达维修站的设计方案。

4.1.1　中继级维修的职能和设备配置[6]

中继级,是指由指定的直接支持基层使用部队的维修单位(如导弹旅或师的维修中心、修理所)负责并执行的维修。基地级则是在基地或工厂对产品的各个需要维修的层次进行修理。其中中继级维修起承上启下的作用,其一般的职能流程图如图4－1所示。

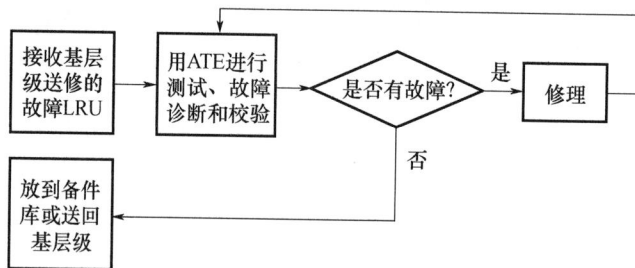

图4－1　中继级维修的一般职能流程图

中继级配有专业维修人员,其维修对象是LRU。维修工作内容如下:

(1)修复基层级(也称前沿级)送来的故障 LRU,故障隔离到内场可更换单元(SRU)。

56

（2）检测和计量基层级的测试设备。

（3）提供基层级所需的备件和消耗物质。

（4）快速支援基层级维修。

中继级维修站配备的设备如下：

（1）专用和通用的电子、机械、液压及光电自动测试设备（ATE）。

（2）计量设备。

（3）直接支援基层级维修的机动设备：电子维修车、机械维修车、备件车、标校车。

4.1.2　基地级维修的职能和设备配置

基地级维修应有专业技术人员队伍。其维修对象是系统及各分系统、软件。维修工作内容如下：

（1）大修。

（2）系统的测试、试验和改进。

（3）检测、计量、校准和修复各维修级的测试设备。

（4）支持前沿级和中继级维修。

（5）修复中继级不能修复的 LRU。

（6）提供售后服务和培训。

基地级维修应配置设备有：

（1）模拟设备。

（2）专用和通用的电子、机械、液压及光电 ATE。

（3）软件开发系统。

（4）仿真系统。

（5）校准和计量设备。

（6）直接支援前沿级、中继级维修的机动设备。

4.2　中间级与基地级维修站电磁兼容设计[12,13,17]

IEC 60050（161），《电磁兼容术语》中对电磁兼容性的定义："设备或系统在其电磁环境中能正常工作且不对该环境中任何事物构成不能承受的电磁骚扰的能力"。据此，则当电子设备在其电磁环境中能正常工作，不受干扰；或电气设备所产生的电噪声不干扰任何其他设备正常工作时，称这些设备是电磁兼容的，也就是说它们的电磁兼容性（EMC）是合格的。在雷达维修站，都有一些对电磁干扰敏感的部件；有些维修站还兼修火工品（导弹战斗部等）。如果电磁兼容性不合格,一旦出事故是非常危险的。因此,在设计和建设维修站时应同时进行电磁兼容设计。建成后首要任务是请监测电磁兼容的专业部门作检测和鉴定,并开出合格证书。当然在正式鉴定前,维修站可以用一些已有的测试仪器(如频谱仪、喇叭天线)和自制的设备(如夹具、探头)进行电磁兼容的粗测、摸底和故障排除。

电子设备消除电磁干扰的有效措施是接地、屏蔽和滤波。现代电子设备尤其是精密微波电子仪器对实验室的电磁兼容,主要是接地系统和供电系统提出很严格的要求。只有如此才能保证仪器正常工作和测试精度。不仅如此,接地和供电系统不良还会危及仪器的安全。据报道,国内外因实验室接地装置不良、供电系统不合理或技术人员操作不当而导致精密微波仪器故障甚至损坏的事故屡见不鲜。当然影响精密微波仪器甚至操作人员的安全,除上述因素外,还有自然界雷击、供电网上的瞬变、浪涌等。

4.2.1　接地问题

早在20世纪80年代,以HP为首的国外一些仪器大公司就提出,微波仪器的接地电阻应小于2.1Ω(见HP公司20世纪80年代的资料:Safety precaution checklist for sensitive electronic equipment)。每一台精密微波电子仪器都有合理的接地点。我国各单位几十年来的实际经验表明,这个要求是合适的。近几年来制定的一些有关国标或行业标准,或与此相当(见 MIL - HDBK - 263、MIL - STD - 16864、JEDEC - 625(EIA - 625);GB 50169—92、GB 2887—89、GJB 225—91等),或要求更高。不过近年来由于建筑和接地工艺水平提高,接地电阻达到1Ω以下(以及防雷击)一般已不成问题,而主要问题往往出在地线的引出、连接等环节。

1. 地线引入多个实验室的准则[20]

一个单位如有多个实验室,则最好各自单独从地下引线至实验室。最低限度也应分类,如分为精密仪器、一般电工仪器、计算机和大功率(如发射机)等四大类。分类由地下引入公共地线(图4-2)。微波实验室的地线切忌与其他室混用。当微波仪器很多时,还应考虑进一步分类(如大型精密的和档次较低的),分别引入地线。连接用钢带的一般规格为4mm×40mm。

2. 高楼引入地线地准则

四层以上实验室其地线引线将达15~20m以上,相当于一长天线,会从空间拾取干扰电波。克服措施可尝试在地线外套一铁管(注意与管内地线绝缘,二者间分布电容要小),并在铁管下端接地。

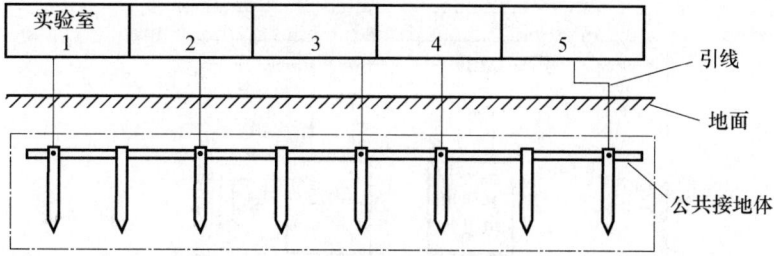

图 4 - 2　地线引入多个实验室的准则

3. 接地电阻的自行检测

可用专用接地电阻测试仪(如国产 ZC - 8),也可自行用电工仪表测,如图 4 - 3 所示。

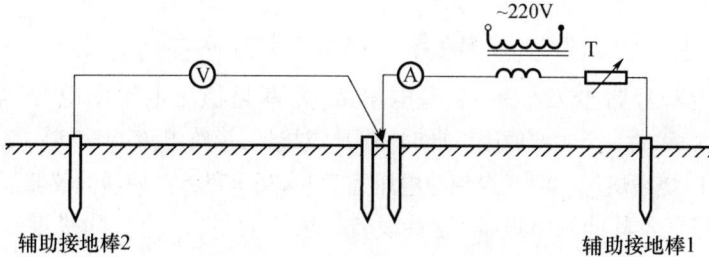

图 4 - 3　接地电阻测试方法示意

4.2.2　供电问题

1. 中线到地间电压问题

市电的中线(零线)从理论上讲应该是地电位。但是常常由于三相用电不平衡(中线有大电流),接地点较远且接地电阻大(按电力部门规程应小于 4Ω),以及干扰等原因使中线到地间存在电压 $V_{中地}$。如供电系统设计或配置不当,或线路中有电器设备发生短路、漏电等故障(但保险丝又没熔断),此 $V_{中地}$ 可至数十伏甚至 100V 以上,对仪器设备乃至人身安全构成危险。在一些精密微波仪器说明书中明确要求此 $V_{中地}$ 的峰 - 峰值应小于 5V。在这方面有关单位都有不少经验教训。现已达到共识:规定 $V_{中地}$(峰 - 峰) < 5V 是合理的。

2. 稳压电源和隔离变压器

实验室供电系统中,在微波或其他精密仪器前装接稳压电源和隔离变压器是不可或缺的,这样才能确保人身和仪器的安全,确保测试结果正确可信。但必须注意要有正确接法,这可用图 4 - 4 来说明。

注意:P 点只可接零,不可接地;S 点只可接地,不可接零。

59

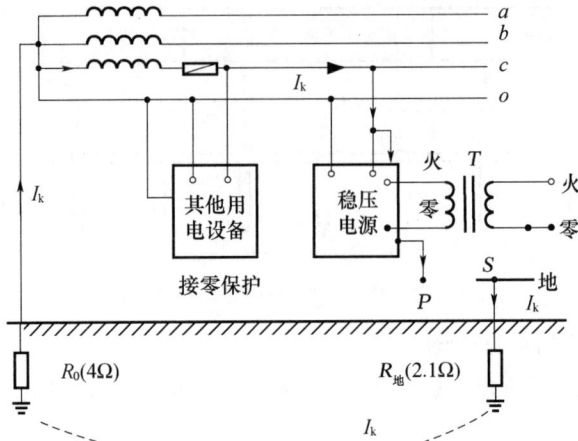

图 4 – 4 稳压器与隔离变压器的接法示意

（1）电源经常会发生短路、漏电事故；尤其是稳压电源漏电，经常是造成 $V_{中地(峰-峰)} > 5V$ 的一个主要原因。此时，若 P 点接地，短路电流 $I_k = 220/(2.1 + 4) = 36A$。不足以烧毁熔丝。但 S 点到地电压为 $2.1 \times 36 = 75.6V$，使微波仪器很不安全。

（2）将危及其他用电设备（这些设备一般均为"零保护"，即接零）。因零到地电压为 $36 \times 4 = 144V$，很不安全。

《北京地区电气工程安装标准》第 421 条明确规定："在同一变压器供电系统中不应将将一部分电气设备金属外壳采用接地保护，另一部分电气设备金属外壳采用接零保护。"

因此正确接法如图 4 – 5 所示。此时若稳压电源会发生短路，短路电流 I_{k0} 极大，将烧毁熔丝，而不会危及微波仪器。

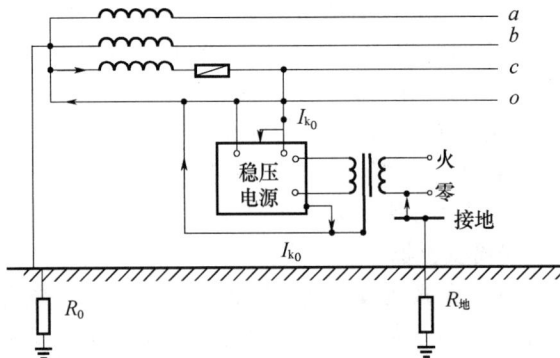

图 4 – 5 稳压器与隔离变压器的正确接法

60

4.2.3　电磁屏蔽室的建立

无论对中继级还是基地级,都需建立电磁屏蔽室,以屏蔽外界电磁干扰,保证测试和维修的正确性。目前,国内承做屏蔽室的厂商较多,可根据客户的要求设计和制造各种规格的电磁屏蔽室。

对屏蔽室的屏蔽效能一般要求如下:

(1) 磁场:14kHz 时应大于 75dB,150kHz 时应大于 100dB。

(2) 电场:200kHz ~ 50MHz,应大于 110dB;

50MHz ~ 1GHz,应大于 110dB;

1 ~ 18GHz,应大于 100dB。

屏蔽室的检测和验收,应根据 GB 12190—90 进行。

4.2.4　维修站的静电防护[12]

静电放电(ESD)按国家标准的定义:"具有不同的静电电位的物体相互靠近或直接接触引起的电荷转移",静电放电常常是损害电子元器件(尤其是半导体器件)甚至仪器的重要杀手。

静电放电的过程:首先在绝缘体上产生和积累电荷;然后通过接触和感应将电荷传到导体上;最后当此导体接近一接地金属物体时产生放电。

以人体为例,当人在地毯上行走时,感应的静电可达 1.5 ~ 35kV(与湿度有关);在塑料地板上行走时,感应的静电可达 250V ~ 12kV;坐在泡沫塑料椅子上,感应的静电可达 15 ~ 18kV。电荷随即传导至人身体上。人可视为导体,当人触及金属时就会放电。人体到地电容 C_b = 50 ~ 250pF,而人体电阻 R_b = 500Ω ~ 10kΩ。电荷存储在 C_b 上,为 0 ~ 20kV,然后经 R_b 放电。放电电流上升时间为纳秒级,下降时间 100ns 级,但峰值可达数十至数百安。一般情况下,人感觉不到小于 3500V 的放电,往往超过 25kV 时才有痛苦感觉。但电子元器件(尤其是半导体器件)往往只有几百甚至几十伏就已被损坏。

静电放电干扰机理是静电放电电流常有很高幅度和很陡上升沿,流经电子设备会造成故障或损伤。静电放电对电路产生干扰的机理可用图 4-6 来说明。图示静电放电产生的放电电流及其电磁场经传导和辐射耦合进入电子设备,引起电子设备故障或损毁,尤其是半导体芯片、集成电路等。静电放电有两种主要的破坏机制:一是 ESD 电流产生热量导致设备热失效;二是 ESD 感应出高电压导致绝缘击穿。有时这两种破坏同时在一个设备中发生,如绝缘击穿激发大电流,这又进一步导致热失效。

一些高端电子仪器,如精密微波仪器,尤其是微波功率计、微波频谱分析仪、

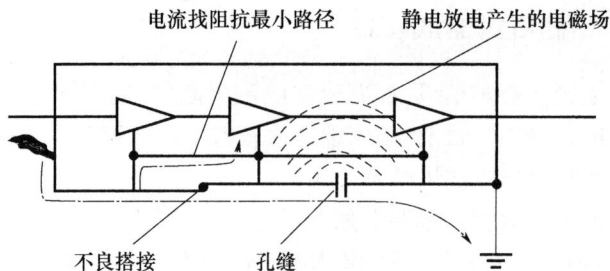

图 4 - 6　静电放电对电路产生干扰的机理

微波网络分析仪等精密仪器,比频率较低仪器更要求有有效的防静电措施。有效的措施是:仪器下垫一块接地金属板;手腕戴一能泄放静电(串一个 1MΩ 到地)的金属圈(防静电手环);不得用手摸精密仪器输入/输出插头的芯子,以及其连接同轴电缆的内导体(有的仪器手册规定:每天第一次将同轴电缆接至仪器时,应将内外导体短路一次);取 PCB 时应手持板的边缘等。有的单位实验室在进门口处放置金属放电棒或放点球,以保证进入人员身上不带静电感应,这一措施值得推广。

　　另外,在设计、装置检测维修电路时,可在一些关键电路或薄弱环节加保护电路。图 4 - 7 所示的钳位二极管保护电路被证明是很有效的且造价低廉,易于实施和推广。

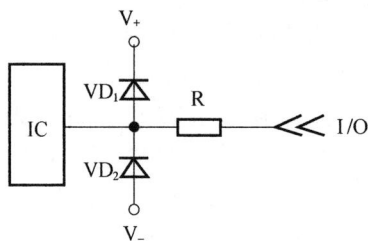

图 4 - 7　箝位二极管保护电路

4.3　基地级维修站的电子测试设备配置[8-10]

4.3.1　电子测试仪器

1. 基础电子测试仪器

重要的有数字万用表、数字电压表、示波器(模拟式,吉赫以下)、计数器、宽频电平表、常规信号发生器(带可扫描)、频谱仪、逻辑分析仪等。

2. 高端电子测试仪器

其含义和内容将在第 12 章中详加介绍。重要的高端电子仪器有微波矢量网络分析仪、频谱仪、信号发生器、功率计、噪声系数测试仪、频率计等微波仪器和数字存储示波器。

3. 程控仪器和模块

上述基础电子测试仪器,均可做成程控模块,并有产品。其中程控信号源模块,使用方便,易于与设备和自动测试系统对接,有条件时应多配置些。此外,还应配置些控制模块,如开关矩阵(表 4-1)、A/D 和 D/A 变换,程控电源和电子负载是不可或缺的。

表 4-1 开关矩阵种类和性能

矩阵形式	最大独立控制节点数	最高电压	最大电流	通道阻抗	可靠性	体积	成本	通用性	主要特点
继电器式	128×2	AC250V DC110V	常用≤5A	10mΩ~1Ω	机械:10^4~10^8 电气:10^3~10^6	大	中等	较好	难实现多路同时采集,可靠性较低
普通电子开关	128×32	±15V	10mA	几十欧至几百欧	10^{15}次	小	低	好	低压、低电流,通道阻抗大,有压降
插针式连接方式	96×96	≤±30V	500mA	0	最高	大	最高	好	被测单元的电源与信号通道分开
连接板	200×200	最高	最大	0	一般	一般	中等	最差	无通用性

注:1. 单板指标准 C 尺寸 VXI 总线仪器插件条件下;
   2. 以上继电器参数是目前自动测试设备中一般的参数值

4.3.2 自动测试设备的配置和维修站自行研发能力

自动测试设备(ATE),是指能自动进行功能和(或)参数测试、评价性能下降程度或隔离故障的设备。中继级和基地级需使用各类 ATE 和修理设备,对基层级送修的 LRU 进行修复性维修,使故障的 LRU 恢复到规定状态,它包括故障检测、故障隔离、分解、更换、再装、调准及检验等。在本书前言中曾经提到,一部相控阵雷达的 PCB 数量常以数千计,常比其他雷达如一般三坐标雷达多一个数量级,因此 PCB 的自动测试和故障检测极其重要。因此,ATE,尤其是 PCB 的

ATE 是基地级维修站的必备设备。

ATE 为了要进行本身测试、诊断和维修,也设计有 BITE。

有关自动测试设备的问题将在第 10 章详加讨论。这里先介绍一些重要概念和基本情况,便于设计和建造维修站时有所依据。

1. 通用 ATE 和专用 ATE 问题

导弹武器系统的 ATE 有通用 ATE 和专用 ATE。对于国产雷达,都有与之配套的 ATE,再加上资料齐全(如电原理图、维修手册等),维修工作比较顺手。而对当前我国一些进口雷达,其配套测试设备多是专用 ATE,每台设备需配备专用的人员,并且其备件价格昂贵,对操作人员的技能要求也高。这些不但耗费了国防费用,并且受制于人,影响装备的战斗力。

我国的一些维修工厂和研究单位通过多年努力,研制出一些通用 ATE(或采购通用 ATE 产品再经自己改进)来代替国外的专用 ATE,取得很好的效果。文献[1]通过对这种通用 ATE 和国外进口的专用 ATE 的系统效能进行分析得出,在典型情况下,通用 ATE 的系统效能比专用 ATE 高 1.2 ~ 1.8 倍,如图4-8所示。

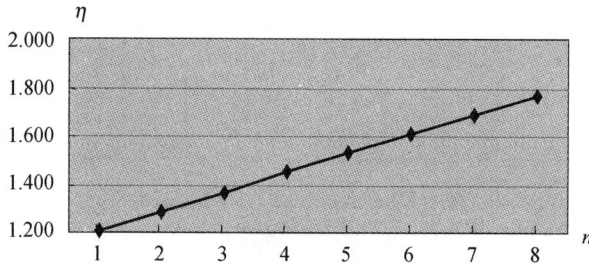

图 4-8　典型情况下通用 ATE 与专用 ATE 的系统效能
η—通用 ATE 和专用 ATE 的系统效能比;n—专用 ATE 数。

因此,我们认为必须大量采用通用 ATE 以提高自动测试的效能。

(1)应尽量用自行研发的或采购的(一般应加改进)通用 ATE 代替专用 ATE。

(2)通用 ATE 应优选符合使用要求的民品、标准产品,尽可能选货架产品(COTS)。

(3)通用 ATE 应选用标准化、系列化、模块化的产品。

目前,国内外已广泛采用 VXI 等总线的通用 ATE,满足上述对 ATE 的要求。一般地讲,由于军方购买了通用 ATE,诊断和修理故障 PCB 的费用不会超过购买该 PCB 费用的 25%,而若将故障件返回供货商,供货商的修理收费常高达 PCB 成本的 60%,因此,可以节省大量的费用。并且,由于修复时间短,减少了备件的数量和购买备件的费用,降低了后勤保障延误时间。

根据国内外资料和统计,单台 VXI 总线通用 ATE 为专用 ATE 费用的 1/10～1/3,一套专用 ATE 的费用为装备费的 1/10～1/4。用我国自行研制的 VXI 总线 ATE 代替俄罗斯进口的专用 ATE 或手动测试设备,费用可以减少 1/5～1/3,并且可以减少操作人员,降低 MTTR(平均修复时间)。

2. 基地级维修站应有研发 ATE 和相应软件的能力

必须指出,上面对通用 ATE 和专用 ATE 的讨论,并非说明专用 ATE 一无是处。相反,国外设计专用 ATE 的指导思想,有很多值得我们在自行研发通用 ATE 时学习和参考。国内广大雷达维修人员都知道,维修国外进口雷达时,如无配套的专用 ATE(有时因种种原因对方不予提供),再遇到资料缺乏、备件不足的情况,则维修难度将大大增加。以 PCB 板的维修而言,一部相控阵雷达的 PCB 可多达几千块。对于通用数字式 PCB 的 ATE,它们大都是基于比较成熟的 LASAR 数字电路故障仿真技术而设计的,用它来检测数字板,其故障检测率一般不难达到 85% 以上;如果有具体 PCB 电原理图等资料,或维修人员对电路比较熟悉,则故障检测率还可提高到 90%～95%。但对于通用模拟式 PCB 的 ATE,由于至今仍没有很成熟和实用的故障检测技术可依托,其故障检测率一般只有 40%～50% 或更低。如果有具体 PCB 电原理图等资料,或维修人员对电路比较熟悉,则故障检测率可提高至 50% 以上。但专用性强的模拟式 PCB 的 ATE,效果就要好得多。例如,乌克兰的 ДИАНА 专用测试台,因为是三坐标雷达设计人员自己研发的,用来维修三坐标雷达,效果很好。因此根据国内外经验,我们认为基地级维修站具有 ATE 和相应软件并发能力,是必要的和可行的。

对于主要维修国外雷达的基地级维修站,要做到这一点,首先应对雷达,包括其大量 PCB 进行反设计。反设计的目标是每块 PCB 都有三图一表:功能图、电路原理图、元件位置图和元器件表。有些单位自行研制"电子电路的计算机反设计系统",内有国外元器件数据库、典型电路库、针床等,有助于得到这三图一表。有了三图一表,设计一个专用 ATE,就不困难了。例如,ATE 是在外购通用 ATE 基础上改进的,更易收到事半功倍的效果。

4.3.3 微波发射机和接收机综合测试台

微波发射机和接收机综合测试台是基地级维修站必备大型测试设备,尤其是微波发射机,其维修专业性强,而且需要有一般实验室不具备的高压电源、高压脉冲调制器、微波管(备份)、调制管(备份)以及一系列微波大功率器件等。因此,有些单位自行研制一台发射机测试台,实质上就是一台和雷达中一样的发射机。它还配备一些必要设备,一是测试仪表,包括高压探头、峰值脉冲电压表、示波器、微波功率计等;一些大功率微波波导器件,如定向耦合器、隔离器、功分器、检波头等;二是几种等效负载,首先是微波大功率水负载,以防调试发射机整机时打火,微波泄漏,伤害工作人员;其次是调试调制器是等效负载(模拟微波管,需无感电阻);最后是高压电源负载。有关微波发射机和接收机综合测试台的设计问题,将在第6、7章中进一步讨论。

4.3.4 工具和常用器件

1. 返修时应用特殊工具

现代 PCB,大都采用通孔插装式组装(图4-9(a)),或表面贴装式组装(图4-9(b)),因此返修时还要用一些特殊工具。

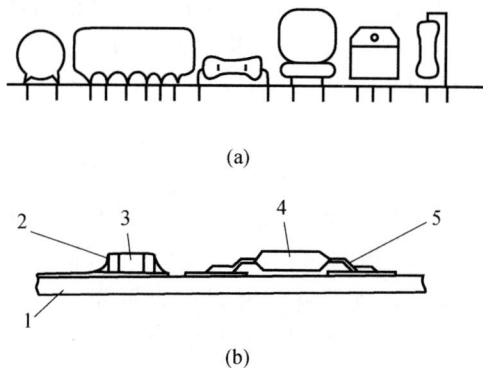

图4-9 现代 PCB

(a)通孔插装式组装;(b)表面贴装式组装。

1—基板;2—带脚;3—晶体管;4—分立元件;5—引线。

(1)感应式烙铁。

(2)热空气对流加热返修设备,包括手持式、固定式、传导加热式和真空吸锡泵等。

2. 微波接插件和常用器件

(1)微波同轴连接器,特别是最常用的 N 型、SMA 型、BNC 型、俄罗斯的CP-75型。

(2)常用微波器件,如检波头、功分器、匹配负载、隔离器、环行器、标准喇叭天线等。

4.4 基地级维修站电磁屏蔽室和微波暗室的建立[11,14,15]

电磁屏蔽室和微波暗室都是相控阵雷达基地级维修的必要设备，前者大家比较熟悉；后者的严格叫法应称为微波屏蔽暗室，也称无反射室，是指在屏蔽室基础上，再以微波吸收材料作衬里的房间。它能吸收入射到6个壁上的电磁能量，同时也避免了外界电磁干扰。

微波暗室主要用以模拟自由空间测试条件，它可构成微波内场测试系统，可以较小距离内实现对远场模拟和测量。它的典型用途：①测量天线特性（包括相控阵天线）；②测量雷达截面（雷达目标散射截面）的特性；③测试电磁兼容；④系统仿真调试；⑤部件射频仿真调试，如检测各种型号的雷达导引头，包括主动、半主动、被动等。它们的频率覆盖范围宽（如被动式导引头，为1.2～18GHz），必须在暗室里才能模拟自由空间的条件正确检测包括天线、接收功率密度阈值、测角跟踪特性、引信特性、天线罩特性、抗干扰性能等涉及导引头系统和分系统的主要性能、指标。

微波暗室的结构形式有好几种，但最常用是"全电波暗室"，或称"全封闭矩形暗室"，即暗室内六面均覆盖微波吸收材料。

4.4.1 微波暗室尺寸的选定

根据原航天部部标 QJ 1729—89 等文件，微波暗室尺寸关系如图4-10所示。首先要决定发射天线至待测天线之间距离 R。

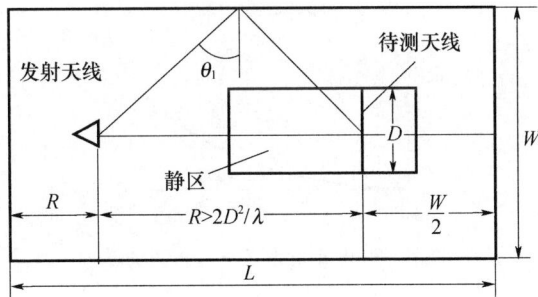

图4-10 矩形微波暗室尺寸的选择

为了使入射到待测天线口面的电波基本上是平面波（或相位基本上同相），不难证明要求 $R \geq 2D^2/\lambda$（此处 D 为发射天线与待测天线中最大口径）。

波暗室内天线一般都用标准增益天线，如喇叭天线。用四个喇叭天线，可覆盖 1.2~12GHz。喇叭天线的口径 D 与所需距离 R 的关系见表 4-2。

表 4-2　喇叭天线的口径 D 与所需距离 R 的关系

喇叭天线中心频率/GHz	D/m	λ/m	R/m
1.4	0.56	0.2	$2 \times (0.56)^2 / 0.2 = 3.1$
3.2	0.38	0.1	$2 \times (0.38)^2 / 0.1 = 2.8$
4.0	0.35	0.07	$2 \times (0.35)^2 / 0.07 = 3.4$
10.0	0.14	0.03	$2 \times (0.14)^2 / 0.03 = 1.4$

由表 4-2 可知,取 $R \geqslant 3 \sim 3.5\text{m}$ 为好。

根据下面公式选定暗室尺寸:长 $L \approx 2R$;宽 $W \approx \sqrt{3}R$;高 $H \approx \dfrac{\sqrt{3}}{2}R +$ 发射天线高度。

由于微波吸收材料尤其是做成尖劈状吸收材料(它对微波低端有良好吸收特性),长度常在 1m 以上,因此暗室尺寸宜选取较以上公式更大些。

此外尚需考虑吸波材料允许的入射角 θ(图 4-10)。当 θ 接近 90° 时,再好的吸波材料,吸波性能也大打折扣(图 4-11)。一般材料允许 $\theta < 50°$,个别好材料允许 $\theta < 70°$。由于 $W = R\cot\theta$,则当 $\theta = 70°$ 时,$W = R/2.75$。

式 $W = R/2.75$ 要小于前面的公式 $W \approx \sqrt{3}R$,因此前面公式和数据可放心使用。

在考虑材料允许入射角时,暗室高度也应等于宽度。当 $W \approx H$ 时,交叉极化性能也较好。

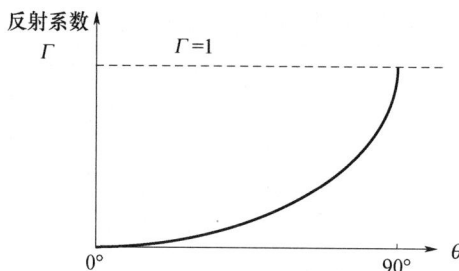

图 4-11　反射系数与入射角关系

4.4.2　对暗室电性能主要指标要求

1. 静区

指受干扰最小的区域,可满足远场测试条件,如图 4-12 中直径为 d 的柱状区,$d \geqslant D$。

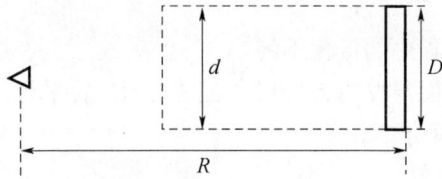

图 4 – 12　静区示意图

经验公式：

$$d \geqslant \sqrt{\frac{R\lambda}{2}}$$

在 1.4GHz 时：

$$d = \sqrt{\frac{3 \times 0.2}{2}} = 0.55\text{m}$$

在 10GHz 时：

$$d = \sqrt{\frac{3 \times 0.03}{2}} = 0.2\text{m}$$

2. 反射率电平

定义：Γ = 反射场/入射场（复数）。

在静区，反射电平的存在将对待测天线方向图产生影响，从而造成测量误差。

假定待测天线旋转到比最大入射场强低 AdB 的 θ 方向，此时：

入射场强为

$$E_D = E_{D0}10^{A/20}$$

反射场强为

$$E_H = E_{D0}10^{\Gamma/20}$$

所以场强测试误差为

$$\Delta E = 20\lg\left[1 \pm 10^{(\Gamma-A)/20}\right]$$

此即方向图最大测量误差。计算表明，若 $\Gamma = -40$dB，则测 -20dB 方向图的误差为 $\Delta E < 1$dB；测 -30dB 方向图的误差为 $\Delta E \leqslant 4$dB。

一般要求 Γ 为 $-45 \sim -60$dB。

3. 多路径损耗

由于路径损耗不均匀，使电磁波极化面旋转，造成接收信号的起伏。

以入射波方向为轴，旋转天线，若接收信号起伏 $< \pm 0.25$dB，就算合格。

69

4. 交叉极化度

指电磁波传播过程中的极化不纯。

将待测天线极化面与发射天线极化面先正交、后平行。若两种情况所测的场强比 < -25dB,就算合格。

5. 场强幅度不均匀

在静区,若沿轴线移动,接收信号起伏应小于 ±2dB;若沿横向和上下移动,接收信号起伏应小于 ±0.25dB。

6. 工作频带

其下限取决于 W 和吸波材料厚度,上限取决于暗室长度。

4.4.3　微波暗室的建造和管理

(1)微波暗室的具体设计和建造均需请专业公司进行,国内已有一些水平较高的专业公司。有些单位则聘请国外公司负责设计,如德国的法兰克尼亚公司等。建造完成后,需由国内一级计量单位校准,方可使用。

(2)在微波暗室内要配置一些仪器,其中最有用的是微波矢量网路分析仪(一个维修站若有两台微波矢量网路分析仪,应有一台长期放置在微波暗室),其他还需要微波频谱仪、信号源、功率计等微波仪器。

(3)微波暗室需要有专人管理,行政上可隶属于仪器室或计量室。应指定专人负责,制定规章制度,将微波暗室连同微波矢量网路分析仪等精密、昂贵的仪器一起严格管理起来。

4.5　维修站人员的电磁辐射防护问题

4.5.1　微波辐射对人体危害的机理

相控阵雷达是大功率微波设备,无论是操作人员还是维修人员都长期暴露于电磁辐射(电磁泄漏)环境中。因此,微波辐射到底对人体健康有无危害? 微波辐射的安全量(暴露限值)是多少? 如何检测和防治? 一直是广大维修人员关心的问题,应该说这个问题在某些部门尚未引起重视。当然这个问题专业性强,详细的介绍还应参阅有关专著(文献[21,22])。本书下面限于给读者一些概念,并介绍我国国标和国军标对微波辐射安全量(暴露限值)的一些规定和一般性防护措施。

微波辐射对人体的危害,目前国内外多数科学家普遍认为有两类:一是致热效应,就是微波能量对人体局部组织加热而造成伤害。例如,大家公认,人的眼睛和男性睾丸是两个最易受微波致热效应伤害的器官。二是非致热效应,是指人体局部组织并不升温而出现一些临床症状,如神经衰弱、内分泌失调、血象指标变化等;其机理还不很清楚,且因人而异。欧美国家在早先只承认有微波致热效应,而苏联和现在俄罗斯等国一直认为有两种效应,所以俄罗斯所订的辐射安全量卫生标准较高。后来欧美等国也逐渐承认有非微波致热效应的存在,但仍强调由于机理不清楚,不好作定量规定,所以它们所制定的辐射安全量卫生标准仍以考虑热效应为主,标准较低。我国于 20 世纪 80 年代组织了很多专家反复讨论,确认上述两种效应都存在,并结合我国情况制定了国标(GB 9175—88),该国标基本上是欧美和俄罗斯标准的折中。后来在国标基础上国防口也制定了部队有关的一些国军标,主要考虑了军事装备中微波功率常处于脉冲发射状态(如雷达和通信)。这些国标和国军标是各级维修部门必须遵循的准则。

需要指出,欧美定的标准虽然较低,但有两点很值得我们借鉴:一是他们执法很严格;二是人民(包括军人)自我保护意识很强。

4.5.2　我国我军制定的微波辐射安全标准

自 1988 年以来,我国曾先后制定过 4 个有关的国标:环境电磁波卫生标准(GB 9175—88),电磁辐射防护规定(GB 8702—88)、作业场所微波辐射卫生标准(GB 10436—89)、工业企业设计卫生标准(GB Z1—2002)等,其中最重要的是GB 9175—88,其主要内容见表 4 - 3。

表 4 - 3　环境电磁波卫生标准(GB 9175—88)

频率 MHz	单位	I 级限值	II 级限值
0.1 ~ 3	V/m	10	25
>30 ~ 300	V/m	5	12
>300 ~ 300000	$\mu W/cm^2$	10	40

该国标规定,II 级限值适于一般情况,I 级限值适于老弱病残孕易感人群。上述两个标准都是对长期工作(如微波企业每天工作 8h)而言,因此$40\mu W/cm^2$这一数值需要记住。至于短时间间隔辐射,应视具体情况适当放宽。

总装备部于 2004 年组织专家制定 GJB 5313—2004《电磁辐射暴露限值和测量方法》,并将此前所订所有有关国军标均由此国军标替代。这个国军标更适用于相控阵雷达维修站情况。暴露限值的具体规定见表 4 - 4。

表 4 - 4　国军标 GJB 5313—2004

频率/MHz		连续暴露 平均场强/（V/m）	连续暴露 平均功率密度/（W/m²）	间断暴露一日剂量/ （W·h/m²）
3 ~ 30	连续波	$82.5/\sqrt{f}$	$18/f$	$144/f$
	脉冲波	$58.5/\sqrt{f}$	$9/f$	$72/f$
30 ~ 3000	连续波	15	0.6	4.8
	脉冲波	10.6	0.3	2.4
3000 ~ 10000	连续波	$0.274\sqrt{f}$	$f/5000$	$f/625$
	脉冲波	$0.194\sqrt{f}$	$f/10000$	$f/1250$
10000 ~ 3×10^5	连续波	27.4	2	16
	脉冲波	19.4	1	8

表 4 - 4 中所谓连续暴露,是指作业人员在辐射区内连续受到 8h 以上辐射,若断续受到辐射称为间断暴露。表中最常用的数据为当 30MHz ~ 3GHz 连续波时允许平均功率密度为 $0.6W/m^2$,即 $60\mu W/cm^2$,而脉冲波时为 $30\mu W/cm^2$,均与国标中规定的 $40\mu W/cm^2$ 很近。

4.5.3　微波辐射的检测和防治

检测微波辐射(泄漏)最简便和最有效的办法是用一台微波漏能测试仪,它能直接读出被测点的微波泄漏值($\mu W/cm^2$ 或 V/m)。典型产品有国产青岛 41 所的 AV3941、国外的 HP8592A 等。

据原四机部调查报告,在微波作业现场,微波泄漏典型值见表 4 - 5。

表 4 - 5　微波作业现场中微波泄漏典型值

微波设备和元器件	微波泄露一般值/（μW/cm²）	微波泄露最大值/（μW/cm²）
大功率设备:	1 ~ 50	200
（1）系统无开口元件	100 ~ 300	2000
（2）系统有开口元件,负载匹配不佳		
（3）调试机器,输出开口	200 ~ 20000	> 1000
小功率设备:		100
（1）系统无开口元件	< 1 ~ 30	
（2）系统有开口元件	10 ~ 100	1000

1980 年,作者会同劳保部门对航天部一些微波作业研究所测试结果基本上与表 4 - 5 相同。

由此可得以下重要结论:

（1）有一般屏蔽措施的小功率设备(毫瓦级),对人体是无害的,但要注意防护眼睛和男性睾丸,必要时可戴微波防护镜和穿防护服。

（2）上百毫瓦级以上微波中小功率设备,人员应有防护措施,除经常检测外,人员戴微波防护镜和穿防护服都是必需的。

（3）微波大功率设备,如雷达、医疗设备等应有严格防护措施,并应设禁区,严禁在设备运作时进入。

关于微波防护服和防护镜,国内一些工厂均有生产,遵循的标准为美军标MIL-82296A。它一般用天然动物纤维(如蚕丝、绢丝)和直径约 0.05mm 的铜丝经特殊加工处理制成。铜丝对微波起反射作用,动物纤维起吸收衰减作用,其屏蔽效果等指标均需经有关质检部门确认。

参 考 文 献

[1] GJB 2961—97 修理级别分析[S].

[2] GJB 368A—94 装备维修性通用大纲[S].

[3] (美)防务系统管理学院. 综合后勤保障指南[S]. 国防科工委军标中心.

[4] (俄)安采利奥维奇 Л Л. 装备可靠性、安全性和生存性[M]. 唐必铭,译. 北京:宇航出版社,1993.

[5] 周鸣岐. 导弹武器系统维修级别与相应的测试设备[R]. 第 12 届测试与故障诊断技术会议论文集,2003.

[6] 周鸣岐. 制导武器综合保障一体化的系统效能分析[R]. 中国国防科学技术报告,制导武器综合保障一体化效益评估附件 B,2001.

[7] 林玉琛. 防空导弹武器系统维修工程[M]. 北京:宇航出版社,1994.

[8] 甘茂治. 军用装备维修工程学[M]. 北京:国防工业出版社,1999.

[9] 顾德均. 航空电子装备修理理论与技术[M]. 北京:国防工业出版社,2001.

[10] 刘瑾辉. 雷达维修工程学[M]. 武汉:空军雷达学院,1994.

[11] 戴晴. 黄纪军. 莫锦军. 现代微波与天线测量技术[M]. 北京:电子工业出版社,2008.

[12] GB/T 17626.2—1998 电磁兼容,实验和测量技术,静电放电抗扰度试验[S].

[13] 杨继深. 电磁兼容技术知产品研发和认证[M]. 北京:电子工业出版社,2004.

[14] 张祖稷,金林. 雷达天线技术[M]. 北京:电子工业出版社,2004.

[15] 徐德忠,翟红. 微波吸收材料发射率测量[J]. 宇航计测技术,2001(5):1-3.

[16] 卢永吉. 军用维修体制发展方向及关键技术研究[J]. 飞机设计,2008,28:73-76.

[17] GJB/Z 25—91 电子设备和设施的接地搭接和屏蔽设计指南[S].

[18] 李立功. 现代电子测试技术[M]. 北京:国防工业出版社,2008.

[19] 杨文麟,雷炳新,苏洋. 电波暗室综述[J]. 电波学报,2012(8):431-433.

[20] 郭衍莹. 微波实验室的安全措施和电磁兼容设计[R]. 航天科工集团北京航天测控公司(内部报告),2008.

[21] 刘文魁,庞东. 电磁辐射的污染及防治与治理[M]. 北京:科学出版社,2003.

[22] 郭衍莹. 微波辐射对人体健康的影响、检测方法及其防护[R]. 航天科工集团北京航天测控公司(内部报告),2008.

第5章 相控阵雷达天馈系统特点 及其检测维修

天馈系统是相控阵雷达的关键部件,也是整个雷达测试维修的重点。据国内外报道,其经费约占整个雷达成本的 30% 以上。它不仅技术含量高,而且维修难度大。在相控阵天线生产阶段和维修阶段,要把天线上数千个甚至上万个单元的微波相位、幅度调到一致,是一个非常复杂的技术问题,也是一项巨大工程。因此,国内外有不少专家专门研究和从事相控阵天线的测试问题。自从 20 世纪 80 年代出现矢量网络分析仪后,相控阵天馈系统的测试进入一崭新时代。在国内外,雷达界和电子测试界都有这样一种说法:"没有矢量网络分析仪,就没有现代的相控阵雷达。"[18]

不同国家的相控阵天馈系统的结构和关键技术有很大差别。俄罗斯的天馈系统采用了很多独特设计:首先采用空间馈电;设计高水平的多模单脉冲五喇叭馈源,不仅可以压低空间馈电时旁瓣,减少泄漏,并且改善"和差"矛盾;利用收发正交极化来提高收发隔离;收发不同圆极化使铁氧体可一次配相等。这些都给各国的雷达专家留下深刻印象。了解美俄天馈系统不同的结构特点和关键技术,是天馈系统设计人员、测试人员和维修人员必备知识。

本章着重从物理概念出发,结合国外相控阵雷达特点介绍天馈系统的基本工作原理和设计准则(这些知识是维修人员必须具备的),详细的数学推导请参考有关专著。对天馈系统的测试方法尤其是关键技术(如微波相位测量误差的消除;如何用聚焦场法作天线远场测试以节省场地;构建以网络分析仪为核心的测试系统等)则将重点详细阐述,最后介绍天馈系统的维修方法。

5.1 概 述[1,7]

1. 组成

相控阵雷达天馈系统主要由相控阵雷达天线、各种馈线(包括各种波导和同轴电缆等)以及一些微波元器件等组成。

2. 相控阵天线技术特点

(1)天线波束快速扫描能力,主要取决于电控移相器的设置和反应时间,对于铁氧体移相器可以达到微秒级。

（2）天线波束形状的捷变能力，它是通过相位加权实现天线波束形状的捷变能力。

（3）天线在空间功率合成能力，可以将各阵元发射功率在空间直接合成起来，形成巨大发射功率，也可以在接收时将各阵元接收微弱功率合成起来，得到较大的接收信号。

（4）相控阵天线可以与各种功能的雷达共同形成多种雷达功能，如多普勒雷达技术等。

（5）可以构成多波束能力，这样各个波束可以分别对准不同的目标。

（6）相控阵雷达可以分散布置的能力。

3. 相控阵天线的工作特点

（1）实现多目标搜索、跟踪和多种雷达的功能，可以跟踪加搜索，可以边搜索边跟踪，可以分区搜索，可以集中能量工作方式。

（2）可以实现高速搜索数据率和高速跟踪数据率能力。数据率的定义为在1s内对数据采样的次数，单位为次/s，也可用数据率的倒数表示（即对数据采样时间间隔来表示）。

（3）大功率孔径乘积的实现与可变功率孔径乘积的实现。为了提高雷达的作用距离和分辨力，一般采用高功率发射和增大天线孔径乘积办法，相控阵天线能满足大孔径（即波束窄，意味着大孔径），另外变化孔径也很容易。

（4）相控阵天线孔径与各种雷达天线共形能力。共形阵是指阵列单元位于曲面上的阵列天线。平面相控阵很容易推广到曲面上，与其他雷达结构能共形。共形相控阵扫描范围可将平面相控阵的二维 ±60° 扩展到半球乃至 3/4 个球域。它与运动载体的表面共形，能保持原装平台的性能，同时具有隐蔽和伪装功能，使雷达载体的有限空间充分利用，提高设备结构强度，减小体积和重量。

5.2 相控阵天线基本原理

5.2.1 相控阵天线基本组成

在第 2 章中已作介绍，相控阵天线是采用电控移相的天线阵；其波束扫描完全用电子方法控制每一辐射单元后面的移相器的相位来实现。因此，其基本组成为电控移相器、阵元辐射器和馈电网络，其中移相器更是关键性的器件。

1. 电控移相器[2,12]

目前，用于相控阵雷达的电控移相器主要有两类：一类是铁氧体移相器；另一类是 PIN 管移相器。前者承受功率大,且损耗、体积、重量随频率升高而减少,故多应用于 S 波段以上较高频段。国内外用于制导的相控阵雷达几乎都工作在 C 波段以上,因此都采用铁氧体移相器。在 S 波段以下,由于 PIN 管移相器开关速度快,温度稳定性好,体积小,重量轻,使它成为首选,因此国外某些指挥系统中相控阵搜索雷达(目标指示雷达)采用 PIN 管移相器。

1) 铁氧体移相器

铁氧体电控移相器的工作机理是:通过电磁波和铁氧体中自旋电子间的相互作用,导致铁氧体磁导率改变,从而改变电磁波的相位。放在矩形波导中的铁氧体,其相移与铁氧体长度成正比。但由于铁氧体磁导率是各向异性的,是一个复杂的张量而不是标量,因此磁导率的大小和由它产生的相移取决于电磁波的传播方向,这一特点就与 PIN 管移相器可以互易的特性有很大的不同。

在铁氧体外绕以磁化线圈,通上脉冲驱动电流后会使磁化状态改变;在改变以后不需要再加保持电流,靠铁氧体的磁滞现象就能维持在已改变了的状态,即它能栓定在新状态的剩余磁通值 B_r 上。铁氧体电控移相器可做成数字控制式。老一代铁氧体移相器产品,在铁氧体棒上,缠以不同长度的磁化线圈(不同的移相值),激励不同的磁化线圈就可得到不同的相移值。这种铁氧体电控移相器目前在新一代相控阵雷达中已极少见,新一代铁氧体电控移相器有两大特点。

第一个特点是通量激励式。它只有一个磁化线圈,靠改变激励脉冲电流大小(也有的国外雷达,靠改变激励脉冲宽度)得到不同的磁化场 H_1、H_2、H_3,从而得到不同的剩余磁通量 B_{r1}、B_{r2}、B_{r3},分别对应不同的相移值,如图 5 - 1 所示,此即所谓通量激励。用单个铁氧体段就能得到 360°的差相移,这样将使移相器的结构大为简化。

第二个特点是双模。这是一种利用铁氧体微波法拉第效应的互易式移相器。所谓双模,是指它利用了纵场磁化和横场磁化的结合。图 5 - 2 所示为结构示意图,其中心部分为铁氧体棒(相移段),它只支持圆极化波的传播。棒的表面镀以金属,形成圆波导。磁轭上绕以激励线圈,通以脉冲电流后产生磁场,即"置位";铁氧体中的圆极化波便产生所需相移,再加反向消除脉冲后,铁氧体退磁,即"复位"。

对于由左边入射的线极化信号,需先借助左端的非互易极化器转化成圆极化,非互易极化器是 1/4 波长的铁氧体片。波通过铁氧体移相后再由右端第二个非互易极化器把移相后的圆极化波转换回线极化。同样由右边入射的线极化回波需先经非互易极化器转化为圆极化波,再移相;由于极化旋向和波的传播方向正好与上一次相反(由左到右的发射波如为右旋,则由右到左的回波为左旋),所以波从右到左传播的相移值与上一次是一样的(雷达术语称为"一次配

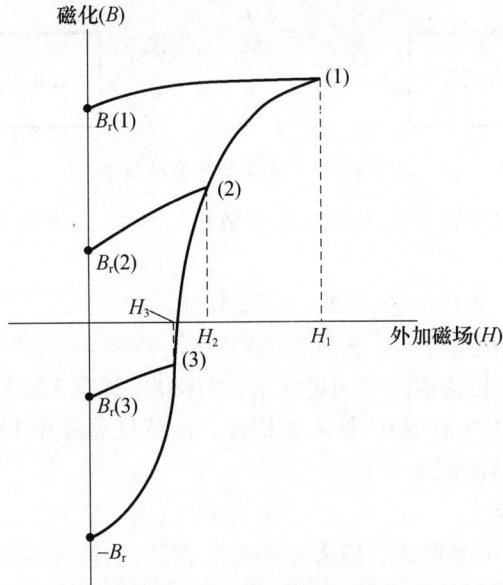

图 5-1 通量激励式移相器

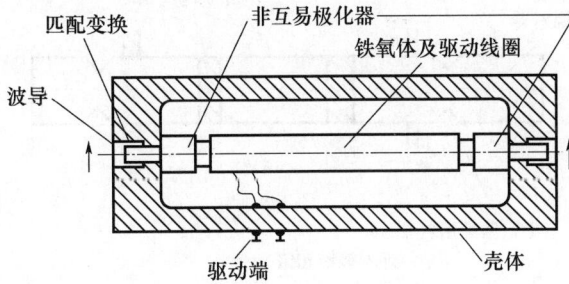

图 5-2 双模铁氧体移相器

相")。这一特性被一些制导相控阵雷达利用,大大提高了天馈系统和整个雷达的性能。

一个 X 波段双模铁氧体移相器的典型性能:插入损耗 0.6dB;开关速度 <20 ~ 40μs;体积 4.06cm × φ1.22cm;带宽约 10%;峰值功率 1kW,平均功率 100W。

2) PIN 管移相器

PIN 管移相器有多种形式,如开关式、加载式、反射式等,但搜索用相控阵雷达中最常用的为开关式。

开关式 PIN 管移相器的原理如图 5-3 所示,它可在微带线上实现。基于信号时延的长短不同,通过微波开关(由 PIN 管的通/断作用来完成)可构成不同移相值。

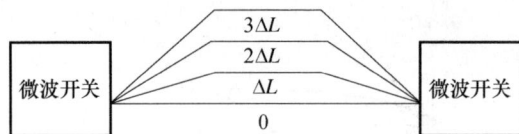

图 5 - 3　开关式 PIN 管移相器

微波开关选通的移相器分别接参考路和延迟路,两者电长度的差值就是移相量。其移相量为

$$\Delta\phi = 2\pi\Delta l/\lambda_g \qquad (5-1)$$

式中:Δl 为两通路长度差;λ_g 为延迟线内波长。

一般情况,4 种相移值即可满足要求,即 180°(对应 $3\Delta L$)、90°(对应 $2\Delta L$)、45°(对应 ΔL)、22.5°(对应 0)等 4 类相移。微波开关采用 PIN 管,虽耐功率较低,但体积小、质量轻、耗电少。

2. 阵元辐射器

阵元辐射器有很多形式。但大型相控阵雷达内,阵元辐射器和铁氧体移相器常做成一体,做成开口介质圆波导形式。图 5 - 4 为国外雷达典型实例。

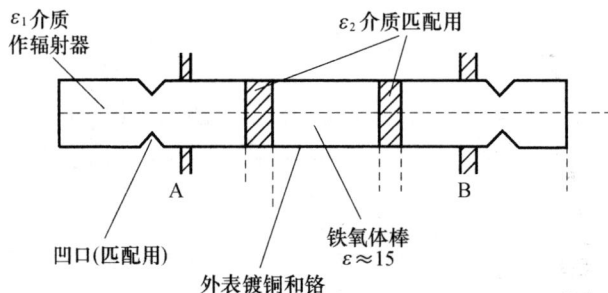

图 5 - 4　阵元辐射器和铁氧体移相器一体化

在支柱 A 与 B 间,铁氧体棒和介质棒外表都镀铜后再镀铬,外表涂三防漆。铁氧体外加磁轭,磁轭上绕 3 组线圈形成归零、反馈和配相的功能。

辐射阵元有一些重要技术指标,包括方向图、增益等。

1)方向图

方向图是表征天线产生或辐射的电磁能量(或功率)在空间分布的一个性能参量。天线的辐射特性可以用场强(或功率)方向图、相位方向图和极化方向图三者来全面描述,但通常主要用场强(或功率)方向图表述。完整的方向图应该是一个三维空间图形,实际工作时只要将方向图在水平和垂直两个正交平面中展示出来就十分清晰了,而且天线的方向图都是在直角坐标或用极坐标中采用归一化的形式(相对于最大值的形式)绘制出来。天线辐射的场强(或功率)

78

在空间的分布,除了用上述的曲线或曲面表示外,还用函数形式表示,也称方向性函数,或方向图函数。

方向图绘制出来以后,可用许多参数表征它的特点,包括主波束(主波瓣)的宽度(又分为半功率宽度和主波瓣宽度),以及副瓣和后瓣等参数。

由于相控阵雷达都采用单脉冲测角,因此还有所谓"和方向图"和"差方向图"。在"和方向图"中最大幅度的地方对应于"差方向图"的零点值,该零点的深度称为"零深"。对于精确跟踪雷达,此深度要求达到30dB以上。"差方向图"中要求确定方向图的斜率K,该斜率表示变化一个角度时其电平的变化值。这个斜率K值是雷达系统性能的一个重要参数。因为"和波束"和"差波束"不能同时达到最佳状态形成所谓"和差矛盾",这在后面还要介绍国外雷达如何解决此"和差矛盾"。

另外,还有零点值漂移,零漂会影响雷达的指向误差。零漂的产生来自频漂(频率漂移产生的),以及波束扫描后波瓣变宽产生的零点漂移。

2)增益

天线增益定义有两种数学描述方法。

(1)方向性增益:辐射功率相同时,把天线在方向(θ,φ)的辐射强度$\phi(\theta,\varphi)$与理论点源(即各向同性天线)的辐射强度之比定义为方向性增益$D(\theta,\varphi)$,用公式表示为

$$D(\theta,\varphi) = \frac{\phi(\theta,\varphi)}{P_t/4\pi} \tag{5-2}$$

式中:P_t为天线的辐射功率;$\phi(\theta,\varphi)$为天线在方向(θ,φ)的辐射强度(单位立体角的辐射功率)。

(2)功率增益:当天线的输入功率相同时,把天线在(θ,φ)方向的辐射强度与理论点源的辐射强度之比定义为功率增益$G(\theta,\varphi)$,用公式表示为

$$G(\theta,\varphi) = \frac{\phi(\theta,\varphi)}{P_0/4\pi} \tag{5-3}$$

式中:P_0为天线的输入功率。

实际上,在上面第二种定义的公式中右边分子和分母同乘上辐射功率P_t后,即

$$G(\theta,\varphi) = \frac{\phi(\theta,\varphi)}{P_0/4\pi}\frac{P_t}{P_t} = \frac{\phi(\theta,\varphi)}{P_t/4\pi}\frac{P_t}{P_0} = \eta \cdot D(\theta,\varphi) \tag{5-4}$$

式中:$\eta = \dfrac{P_t}{P_0}$为天线的辐射效率。

式(5-4)表明,天线的功率增益是等于天线的辐射效率乘以天线的方向性增益。由此可见,天线的功率增益定义更加完整地给出了天线特性,它不仅表征天线辐射能量集中的程度,而且还考虑到天线本身损耗引起辐射能量的减小。

一个天线的功率增益若取对数,其数值以 dB 计。有些参考文献中,将天线的功率增益写为 dBi,后面英文 i 表示天线的功率增益是针对各向同性(isotropic)天线而言的,也就是针对理想点源而言的,这是为了区别低频天线的功率增益写为 dBd(针对半波振子定义的),所以对于低频天线的功率增益 dBd 中 d 不能省略,因为 dBd = dBi + 2,否则不正确。对于微波天线的功率增益,往往简写为 dB。

3. 馈电网络[23]

相控阵雷达的馈电方式主要有空间馈电、强制馈电、有源相控阵三大类。

1) 空间馈电

空间馈电又称光学馈电系统,它和强制馈电相比,主要优点是消除了多路耦合器和馈电线,因而减少了损耗,简化了阵列结构,减少整个天馈系统的重量和费用;同时它不用旋转接头,不用把波导末端打开,免受外部污染。尤其是可做成折叠式阵列,便于运输和拆卸检查。但长期来,直至 20 世纪 90 年代中,"欧美雷达专家都忽视或拒绝采用"[23],反对的理由是空间馈电技术还不够成熟:用简单的喇叭馈源不能精确地控制照射。如要产生泰勒照射或贝叶斯照射,则在阵列边缘可能产生旁瓣和泄漏。因而 Barton 认为:"西方雷达界这种态度把先进的空间馈电技术全部留给俄罗斯的工程师们,他们精力充沛地进入这个领域"。俄罗斯的科技人员设计出的多模馈源喇叭,旁瓣小,泄漏少,双向反射损耗在 0.1dB 数量级,完全可以满足空间馈电要求,而且有着广阔应用前景。

空间馈电又分为透射式和反射式,如图 5-5 所示。

对于透射空馈,由馈源送出的电磁波照射到透镜孔面,由收集阵面各辐射单元接收,再由辐射阵面各辐射单元辐射出去。以适当方式改变各移相器的相对移相量,就可以实现波束扫描。对于反射空馈,馈源送出的电磁波由阵面单元接收后经移相器传送到短路板,全反射后再次移相,最后仍有该阵面单元辐射出去。目前在防空导弹系统领域,对大型相控阵制导雷达,大都采取透镜式空间馈电;对中小型相控阵雷达,大多采取强制式馈电;而某些大型搜索用二面阵相控阵雷达,则采取反射式空间馈电。

空馈中由于馈源辐射是球面波,经过透射或反射后,必然会存在因路径差而产生的附加相位差,需要配相的计算机作出一定修正,以便抵消路径引起的附加

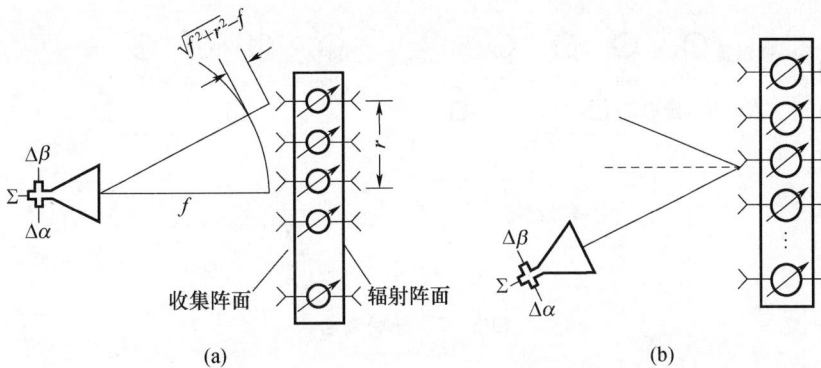

图 5 - 5　空间馈电

（a）透射空馈；（b）反射空馈。

相差。空馈方式的优点是雷达结构保持不变，即收发设备到馈源不用改变，只要做一个移相器天线阵面即可，因此制造较简便。

2）强制馈电

又称为传输线馈电，或分支馈电。中小型相控阵雷达，大多采取这种馈电方式。由功率源到阵列元之间还采用一定数量的微波耦合元件和传输线，常见的强制馈电方式有以下两种。

（1）中心串联馈电。高频信号从主馈线中央，以行波方式沿着主馈线向左右两个方向传输，经定向耦合器依次给阵元馈电。调节耦合器就可以调节到各阵元的功率大小，实现所谓振幅加权，以降低副瓣。其中的移相器可以放在各支路或串在主馈线中。

对于采用单脉冲测角的相控阵跟踪雷达，则大多采用中心串联馈电方式（图 5 - 6）。因为在中心两侧同相馈电就可得到"和波束"，反相馈电就可得到"差波束"。美国某些大型相控阵雷达，如"宙斯盾"的 AN/SPY - 1，就是采用这种馈电形式。

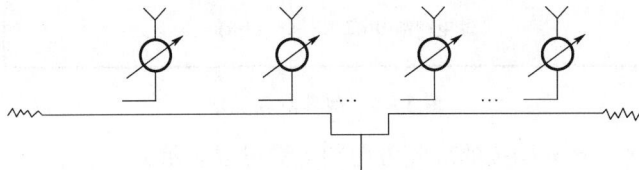

图 5 - 6　中心串联馈电

（2）并联馈电。并联馈电如图 5 - 7 所示，某些国外车载相控阵雷达采用这种馈电方式。

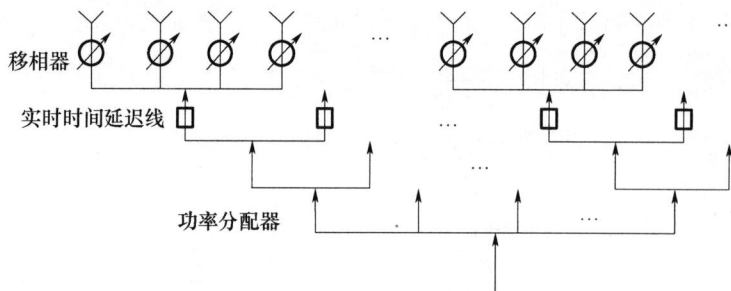

图 5-7 并联馈电

5.2.2 相控阵天线扫描原理

1. 线阵天线扫描原理

相控阵的基本原理已在第 2 章中作了介绍,这里用不太复杂的数学关系——方向图(性)函数来进一步阐明其机理。首先分析线阵情况,一个相控线阵扫描原理可用图 5-8 表示。

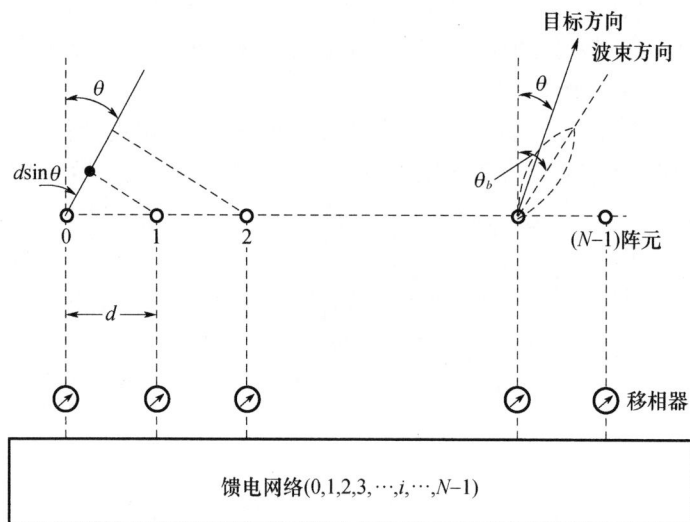

图 5-8 线阵扫描原理

一般由 N 个阵元构成的线阵方向图函数可以表示为

$$F(\theta) = \sum_{i=0}^{N-1} f_0(\theta)\alpha_i e^{ji(Kd\sin\theta - \Delta\varphi_b)} \qquad (5-5)$$

式中:$Kd\sin\theta = \Delta\varphi$ 为相邻阵元的空间相位差;$Kd\sin\theta_b = \Delta\varphi_b$ 为相邻阵元的阵内

82

相位差,这是使天线波束最大位置在 θ_b 方向所需阵元间的馈电相位差,θ_b 也称波束指向角度;$K = \dfrac{2\pi}{\lambda}$ 为相位传播参数;α_i 为各阵元激励电流,而激励电流的相位为 $i\Delta\varphi_b$,并假定各阵元激励电流相同(均匀激励时 $\alpha_i = 1$);$f_0(\theta)$ 为单个阵元方向函数。

当各阵元相同且为各向同性辐射时,式(5-5)简化为

$$F(\theta) = \sum_{i=0}^{N-1} e^{ji(Kd\sin\theta - \Delta\theta_b)} \tag{5-6}$$

式(5-6)说明由 $(0,1,2,\cdots,N-1)$ 个线阵元组成的辐射线阵方向图函数是用级数求和的形式表示的。为了清析和更加明确表述最终结果(合成后的方向图函数),下面推导用复指数形式的表达式,即分别导出幅度(复指数的摸)和相位的表达式。

为了方便,令 $x = \Delta\varphi - \Delta\varphi_b = \dfrac{2\pi}{\lambda}d(\sin\theta - \sin\theta_b)$,则式(5-5)可写为

$$F(\theta) = \sum_{i=0}^{N-1} e^{jix} \tag{5-7}$$

利用等比级数求和公式,则式(5-7)可写为

$$F(\theta) = \frac{1 - e^{jNx}}{1 - e^{jx}} \tag{5-8}$$

再利用尤拉公式,式(5-8)写为

$$F(\theta) = \frac{1 - \cos Nx - j\sin Nx}{1 - \cos x - j\sin x} \tag{5-9}$$

将式(5-9)写为复指数形式,即为

$$F(\theta) = |F(\theta)| e^{j\varphi(x)} \tag{5-10}$$

感兴趣的是模值(方向图函数的幅度值),即

$$|F(x)| = \left| \frac{1 - \cos Nx - j\sin Nx}{1 - \cos x - j\sin x} \right| = \frac{\sqrt{(1 - \cos Nx)^2 + \sin^2 Nx}}{\sqrt{(1 - \cos x)^2 + \sin^2 x}} = \frac{\sqrt{2 - 2\cos Nx}}{\sqrt{2 - 2\cos x}}$$

$$= \sqrt{\frac{2\sin^2 \dfrac{Nx}{2}}{2\sin^2 \dfrac{x}{2}}} = \frac{\sin \dfrac{Nx}{2}}{\sin \dfrac{x}{2}} \tag{5-11}$$

$$|F(\theta)| = \left| \frac{\sin \dfrac{N\pi}{2}d(\sin\theta - \sin\theta_b)}{\sin \dfrac{\pi}{2}d(\sin\theta - \sin\theta_b)} \right| \tag{5-12}$$

当 $\frac{\pi d}{\lambda}(\sin\theta - \sin\theta_b) \approx 0$ 或 $\theta - \theta_b \approx 0$ 时，也即 $\sin\left[\frac{\pi d}{\lambda}(\sin\theta - \sin\theta_b)\right] \approx \frac{\pi d}{\lambda}(\sin\theta - \sin\theta_b)$，同时当 N 很大时(阵元数很大)式(5 - 12)可写为

$$|F(\theta)| = N\left|\frac{\sin\dfrac{N\pi}{\lambda}d(\sin\theta - \sin\theta_b)}{\dfrac{N\pi}{\lambda}d(\sin\theta - \sin\theta_b)}\right| \qquad (5 - 13)$$

式(5 - 13)就是许多教科书上给出的相控阵天线辐射方向图的幅度公式，此式的形式就是著名的辛格函数。当 $\frac{Nx}{2} = 0$ 时，辐射方向图函数有最大值。也就是意味着 $\sin\theta - \sin\theta_b = 0$，即在 $\theta = \theta_b$ 时方向图达到最大值。

由于 $x = \Delta\varphi - \Delta\varphi_b = \frac{2\pi}{\lambda}d(\sin\theta - \sin\theta_b)$，故有 $\Delta\varphi_b = \frac{2\pi}{\lambda}d\sin\theta_b$，所以 $\theta_b = \arcsin\frac{\lambda}{2\pi d}\Delta\varphi_b$。

上式表明，改变相邻阵元之间的相位差 $\Delta\varphi_b$，就能改变 θ_b，即可以改变天线波束的最大指向。如果连续地改变相移，则相控阵天线就可以实现连续的扫描，当然也可以数字离散地扫描。

2. 线阵天线波束的性能

1) 线阵天线波束的宽度

对于辛格函数形式，简写形式为 $\frac{\sin x}{x}$，当 $x = 1.39$ 时，$\frac{\sin x}{x} = \frac{1}{\sqrt{2}}$，因此可得到方向图半功率点的宽度。因为 $\frac{Nx}{2} = 1.39$，所以得出 $\sin\theta - \sin\theta_b = \frac{1.39}{N\pi}\frac{\lambda}{d}$，如果令 $\theta = \theta_b + \frac{1}{2}\Delta\theta_{0.5}$($\Delta\theta_{0.5}$ 代表半功率宽度)，考虑到 $\sin\theta = \sin\left(\theta_b + \frac{1}{2}\Delta\theta_{0.5}\right) \approx \sin\theta_b + \cos\theta_b \cdot \frac{1}{2}\Delta\theta_{0.5}$，最后得出

$$\Delta\theta_{0.5} \approx \frac{1}{\cos\theta_b} \cdot \frac{0.88\lambda}{Nd} \quad (\text{rad}) \qquad (5 - 14)$$

如果用度数表示为

$$\Delta\theta_{0.5} \approx \frac{1}{\cos\theta_b} \cdot \frac{51\lambda}{Nd}(°) \qquad (5 - 15)$$

或

$$\Delta\theta_{0.5} \approx 51 \cdot \frac{\lambda}{D} \cdot \frac{1}{\cos\theta_b} \qquad (5 - 16)$$

式中：$D = Nd$ 为天线口径。考虑到馈源照射锥削引起的波束变宽，系数 51 常取 60～75。

当阵元间距 $d = \dfrac{\lambda}{2}$ 时：

$$\Delta\theta_{0.5} \approx \frac{1}{\cos\theta_b} \times \frac{102}{N}(°) \qquad\qquad (5-17)$$

由式（5-17）可看出，线阵的天线波束的半功率宽度是与天线的扫描角 θ_b 的余弦成反比，也就是说扫描角（也称指向角，下同）θ_b 越大，波束的半宽度就会越宽；而当扫描角等于 60° 时，会使波束展宽达到 2 倍。

当扫描角 $\theta_b = 0$ 时，式（5-17）变为

$$\Delta\theta_{0.5} \approx \frac{102}{N}(°) \qquad\qquad (5-18)$$

式（5-18）表明，线阵天线波束的半功率宽度近似与阵元数目 N 成反比，即阵元数目越大，则波束的半功率宽度越窄。

2）线阵天线波束的零点位置

线阵天线波束的零点位置取决于

$$\frac{1}{2}N\left[\frac{2\pi}{\lambda}d\sin\theta - \Delta\varphi_b\right] = p\pi$$

式中：p 为整数 $p = \pm 1, \pm 2, \cdots$，其中 p 为零点位置的序号，第 p 个零点位置用 $\theta_{p.0}$ 表示，故有

$$\sin\theta_{p.0} = \frac{\lambda}{2\pi d}\left(\frac{2p\pi}{N} - \Delta\varphi_b\right)$$

当天线不扫描时，$\theta_b = 0$，故 $\Delta\theta_b = 0$，当用第 1 个和第 2 个零点位置 $\theta_{1.0}$ 和 $\theta_{2.0}$ 分别以 $\sin\theta_{1.0} = \dfrac{\lambda}{Nd}$ 和 $\sin\theta_{2.0} = \dfrac{2\lambda}{Nd}$ 表示，或写为 $\theta_{1.0} = \arcsin\dfrac{\lambda}{Nd}$ 和 $\theta_{2.0} = \arcsin\dfrac{2\lambda}{Nd}$。

3. 平面相控阵天线

平面相控阵天线是指天线阵元分布在平面上，天线波束在方位和仰角两个方向上均可进行相控扫描的阵列天线。实用的相控阵雷达，如 C-300 的 30H6、"爱国者"的 AN/MPQ-53 等都为平面相控阵天线。

天线的阵元按照等距离矩形格阵排列，如图 2-2 所示的典型平面阵列天线图。图中在方向上是用方向余弦表示，即 $\cos\alpha_x, \cos\alpha_y, \cos\alpha_z$，用两维波束指向角表示。相邻阵元之间的所谓空间相位差是用沿着 y 轴（水平方向）和沿着 z 轴（垂直方向）表示，分别为 $\Delta\varphi_1 = \dfrac{2\pi}{\lambda}d\cos\alpha_y$ 和 $\Delta\varphi_2 = \dfrac{2\pi}{\lambda}d\cos\alpha_z$。分析平面阵列是

在线阵的基础上进行的,其方向图函数可以表示为 $|F(\theta,\varphi)| = |F_1(\theta,\varphi)||F_2(\theta,\varphi)|$,表明平面相控阵天线的方向图可以看成两个线阵方向图的乘积。$|F_1(\theta,\varphi)|$ 是水平方向线阵的方向图,$|F_2(\theta,\varphi)|$ 是垂直方向线阵方向图。

5.3 美俄相控阵天馈系统的技术特点和关键技术

在第 2 章中已概括性地介绍了美俄两国相控阵雷达各自的特点,其中提到,俄罗斯的相控阵雷达采用高 PRF 的脉冲多普勒体制,而美国则采用低 PRF 的 MTI 体制。不同的体制,天馈系统就有不同的结构。在本章前面还提到,俄罗斯和美国的天馈系统先后采用空间馈电方式,而且都采用双模铁氧体移相器,现将两者有关关键技术和解决措施进一步介绍如下。

5.3.1 收发隔离问题[11,15]

俄罗斯相控阵雷达采用高 PRF 的脉冲多普勒体制,遇到的第一个技术关键,是收发隔离问题。根据雷达原理,雷达的接收机和发射机之间必须要有一个收发开关作"隔离"装置,使雷达在发射时接收机被短路,发射信号直接去天线并发射至空间,雷达在接收时回波信号则直接输入至接收机而不去发射机。如无此收发开关作"隔离"装置,或开关效果(隔离效果)不理想,则泄漏的发射功率很容易将接收机高放管等器件击穿。传统上雷达接收机用气体放电管作收发开关(如美国的"爱国者")。在雷达发射时,发射机高功率脉冲信号使气体放电装置被击穿和电离,通向接收机被短路,保护它不被烧毁。在接收时,气体放电管已经恢复,回波信号输入至接收机,而不是去发射机。它的插入损耗也较小,所以是一种比较理想的收发开关。但当脉冲重复频率太高,到几百千赫后,脉冲与脉冲间时间仅几微秒,间歇时间太短,气体放电管击穿后还来不及恢复,下一个脉冲又接着而来,放电管根本无法跟上雷达工作,等于把接收机封闭。因此,在高脉冲重复频率时如何解决收发隔离问题是个技术难题。相控阵雷达的脉冲发射功率可高达几百千瓦,欧美等国传统上用砷化镓微波晶体管作高放,但它只能耐 1W 以下泄漏功率。也就是说,为了避免发射机的泄漏功率把接收机微波放大管击穿,收发之间必须有 60dB 以上隔离,而且收发开关的反应速度要快(微秒级),插入损耗要小,这就很难找到理想的器件。俄罗斯一反欧美的做法,采用电真空器件——回旋加速波静电放大器(CWESA)作接收机高放。这种静电管最早还是美国人发明的,后来因低噪声微波半导体管出现而弃之不用。俄罗斯在此基础上做了改进,降低了噪声(X 波段时噪声系数约 2.4dB,略高于砷化镓晶体管高放的 1dB),而发挥其耐高功率特点(X 波段时能经受输入超过

5kW 的峰值功率和 150W 的平均功率），也就是说把对收发隔离的要求降至 25dB 以下。它的恢复时间约 20ns，远小于放电管。用作高放，这在全世界是独一无二的。这个问题将在第 7 章中进一步讨论。

另一个措施是天馈系统本身利用极化变换技术使天线收发波不同极化，从而达到增加收发隔离效果，并且加快了雷达工作节奏，有利于脉冲重复频率的提高，其原理可用图 5-9 的示意图来说明。从雷达发射馈源到相控阵天线采用空馈方式。发射信号原是水平极化波，当遇到极化滤波器时它被全反射，而不进入接收馈源。接收波则是垂直极化波，可通过极化滤波器进入接收馈源。发射波和接受波极化正交，因而达到收发隔离效果。其隔离度不难达到 25~30dB 以上，好于一般微波环行器和限幅器，而且由于无收发开关，减少了接收的前端损耗。

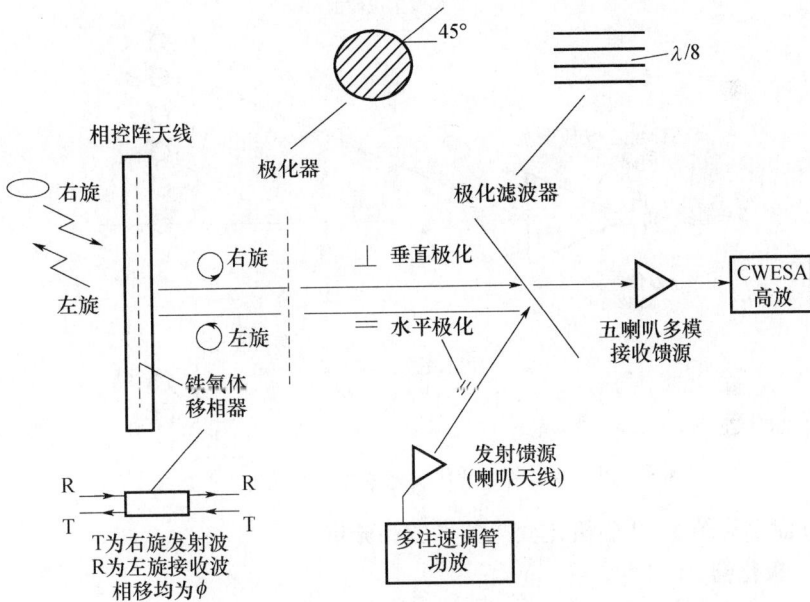

图 5-9 俄罗斯制导雷达收发隔离原理

美国和俄罗斯都采用双模铁氧体移相器，它只响应圆极化波，只要它的入射波和回波都是圆极化，且互为正交（如图 5-9 中发的是右旋，收的是左旋），移相器对来回电波移相二次，只需一次设置（一次配相）。"爱国者"和 C-300 不同处是前者在空间转播的是线极化波，因此移相后还需将圆极化变换成线极化再发射；同理接收时还需先将线极化变换成圆极化。但 C-300 空间传播的就是圆极化（发射为右旋圆极化；由于飞机等目标散射特性，回波中将既有左旋圆极化波分量，也有右旋极化波分量；接收时取其有用的左旋圆极化波），所以省去了上述步骤,加快了工作节奏,有利于为进一步提高脉冲重复频率。不过这种体制也带来缺点,就是它不能像一些常规雷达那样利用圆极化来反云雨干扰。

不过俄罗斯有些车载防空用相控阵雷达,天线发射/接收采用垂直极化。因此和"爱国者"一样虽也是一次配相,但在移相器铁氧体二端各加一非互易极化器,把线极化转化成圆极化,然后才能做到一次配相。

相对而言,美国的"爱国者"的收发隔离问题就较容易解决。不过它也有它的"绝招",就是收发馈源分开放置,以增加收发隔离效果。图 5-10 是"爱国者"PAC-2 系统应用的,收发馈源分开空间馈电的原理示意图[7]。这种方法可获得 25~30dB 的首发隔离效果。但要注意,由于收发电波的光程差,波控机对移相器相位的控制,应作相应修正(补偿)。

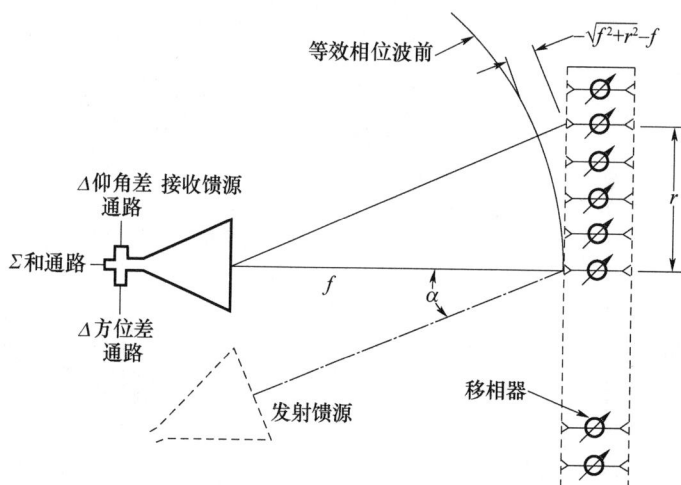

图 5-10 美国制导雷达收发馈源分开空间馈电原理

下面再对图 5-9 中极化变换器件做些分析。

1. 极化器

极化器又称变极化器件,结构示意如图 5-11(a)所示。它的功能是将线极化波变成圆极化波。它由一组扁平的金属片构成一个球面,金属片与水平面构成 45°放置。

任何一个入射的电磁波的电场矢量总可以看成两个矢量之和,即电场的垂直分量和水平分量之和。由于垂直分量通过极化器的相速不变,而水平分量通过极化器的相速(或相位滞后)取决于金属片的间距和片的厚度。可以适当选择片尺寸使得在极化器输出端得到的电场垂直分量和水平分量的相位差为90°,这样电场的两个分量的矢量之和在空间是旋转的,故形成圆极化波。

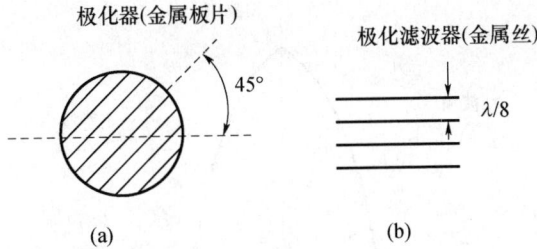

图 5 – 11　极化器和极化滤波器

2. 极化滤波器

极化滤波器的功能是保证水平极化波被反射、垂直极化波通过,结构示意如图 5 – 11(b)所示。它由一组横向拉紧的金属丝组成,丝间距为 $\lambda/8$,在极化滤波器的边缘上安装齿形片,用于降低旁瓣的辐射电平。极化器和极化滤波器都是结构件,易于变形,其工艺和校准水平会影响到雷达收发隔离指标。维修时应检查有无机械安装方面变动和有无变形,如发现有异状,必须进行校正和固定。

5.3.2　空间馈电中的接收馈源问题[13,19]

前面提到,空间馈电的一个关键技术是如何用喇叭馈源精确控制照射,当照射到阵列边缘时只产生低的旁瓣和小泄漏。俄罗斯技术人员设计的多模馈源喇叭天线成功地解决了这一问题,同时也解决了单脉冲接收时"和差"矛盾问题。由于我们缺乏有关资料,这里只能介绍后一技术问题。

1. "和差"矛盾和最佳波束的概念

雷达理论表明,单脉冲接收机的"和"和"差"通道相当于分别接收来自"和波束"和"差波束"的信号。图 5 – 12 所示为"和差"波束,图中左右二差波束之差可构成一条"S 曲线",S 曲线在 $\theta = 0°$ 处斜率 K 表征单脉冲测角的增益,是单脉冲雷达的一项主要指标,也是雷达检测的一项必测指标。

"和差"矛盾就是指"和波束"和"差波束"不能同时达到最佳状态的矛盾,理想情况是"和波束"和"差波束"同时达到最佳,即增益同时都达到最大,实际上这种情况很难完全做到。用图 5 – 13 来说明,图 5 – 13(a)表示"和波束"达到最佳,此时喇叭 A、B 同相激励形成"和波束",波束的 1/10 功率点落在抛物面反射面口的边缘处,即绝大部分辐射能量在"口面角"内,称最佳波束,馈源尺寸为喇叭 A、B 之和。但如用同样尺寸的馈源,产生的差波束就不是最佳(喇叭 A 和 B 反相激励才能形成"差波束",这喇叭 A 或 B 仅仅是最佳照射的 1/2 口径,波束一大部分超出口面角)。要使差波束达到最佳,则应将馈源尺寸大

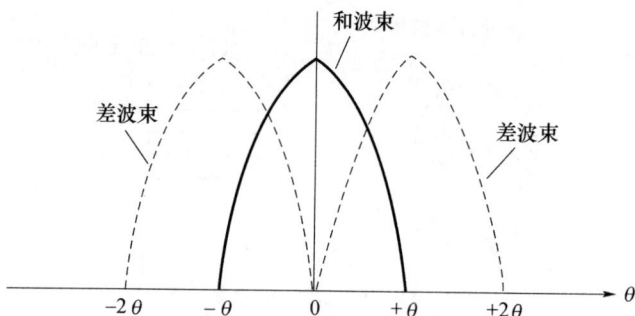

图 5 - 12   "和差"波束

1 倍,即把喇叭 A 和 B 的口径尺寸都增大 1 倍,如图 5 - 13(b)所示;但此时喇叭 A、B 同相激励形成"和波束"时,由于口径太大,又不是最佳,这就是"和差矛盾"的来源。

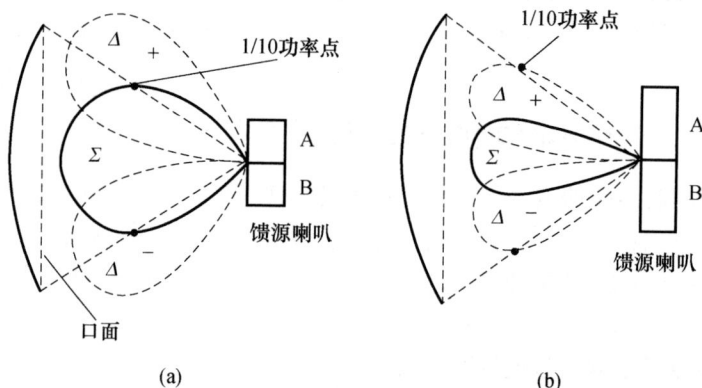

图 5 - 13   最佳照射和"和差"矛盾

2. 解决"和差"矛盾的思路

为了同时满足"和差"波束都达到最佳,这时要求在俯仰、方位两个主平面内,"差"波束馈源的口径为"和"波束口径馈源的 2 倍,如图 5 - 14 所示。图 5 - 15(a)表示理想馈源的口径场分布。"和模"在两个主平面都是偶对称的钟形分布,两个边缘电场很弱,相当馈源口面缩小。"差模"在一个主平面上为奇对称,在另一主平面应与"和模"类似。实际上要想"和差"都达到最佳是不可能的,但可以采用多喇叭(5 个喇叭或 12 个喇叭等)以及多模馈源来近似,接近最佳。

在图 5 - 15(b)的 5 个喇叭馈源中,中心喇叭仅作为发射用,并同时提供接收"和"信号,上下两个喇叭提供仰角差信号,左右两个喇叭提供方位差信号。

90

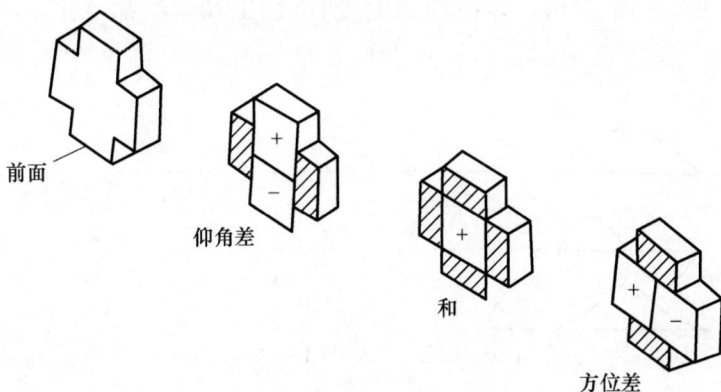

图 5 – 14 满足"和差"波束最佳的馈源分布

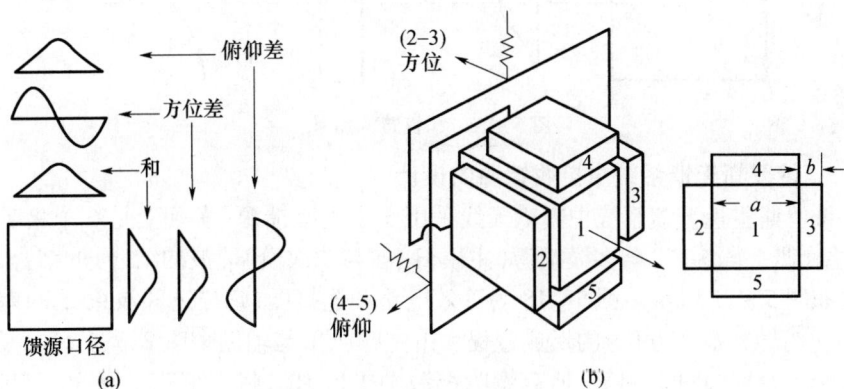

图 5 – 15 5 个喇叭馈源场

在一个主平面内,形成"差波束"的每一个喇叭的口径比中心喇叭尺寸要小(如图 5 – 15 中 b 小于 a),故它的初级方向图较宽,但是对应的两个喇叭之间距离较远,故它们的阵方向图较窄,两者相乘的结果可以使总的方向图对于主口径能接近最佳照射。其缺点是形成"差"波束的两个喇叭的相位中心相距较远,使交叉电平很低,"差波束"的分离角太大,故"差波束"的差斜率很低,引起跟踪灵敏度降低。

解决"和差"矛盾另一办法是应用多模馈源,它是在一个喇叭口内同时存在几个不同模式的场。例如,在一个口径内同时存在 7 个模式,其中 4 个简并模并成两个组合模(EH_{11} 和 EH_{12}),故称为 5 模馈源。仰角差模用 EH_{11},方位差模用 H_{20},和模由 H_{10}、H_{30}、EH_{12} 组合而成。其结果是和模在两个主平面都达到最佳状态,两个差模在奇对称面达到最佳,但在偶对称面不是最佳。5 模馈源结果如图 5 – 16 所示。多模馈源的设计、加工和调试都要比多喇叭馈源复杂。

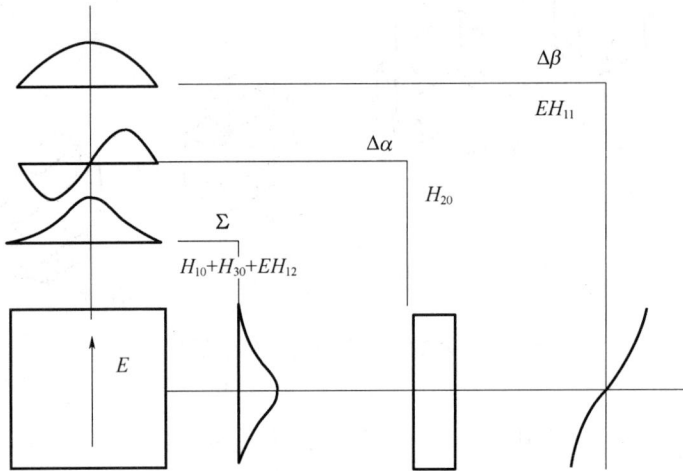

图 5 – 16　5 模馈源结果

3. 俄罗斯天馈系统中接收馈源的设计

俄罗斯雷达天馈系统中喇叭天线采用 5 个喇叭馈源(实际上是 6 个喇叭馈源,主喇叭一隔为二)与多模馈源(主模 H_{10} 波与二次模 H_{20} 波的结合)的结合,其结构如图 5 – 17 所示。图 5 – 18 为等效电路和连接图,它描述和波束 Σ 和差波束 Φ_B(俯仰)、Φ_H(方位)的形成过程。由主喇叭 1 与辅助喇叭 2、3、4、5 构成的馈源场的原理同图 5 – 15。所有喇叭都激励主模 H_{10},将主喇叭一隔为二,起到增强俯仰方向差波束的作用。但由于喇叭 2 和喇叭 3 的相位中心相距较远,差波束分离角较大,S 曲线斜率下降,因此采用多模馈源方法来改进。对方位方向主喇叭又激励高次模 H_{20},主喇叭 1 内上下层激励的 H_{20} 同相相加,再与喇叭 2 与喇叭 3 激励的反相信号叠加,最后形成较为理想的方位波束。

5.3.3　美国雷达专家对俄罗斯雷达天馈系统的评价[23]

在第 2 章中提到,美国几位雷达专家认为,俄罗斯相控阵雷达的特点可概括为"高性能、低成本、低损耗(Hi Performance,Low cost,Low RF loss)",在设计上则有"独特的设计方法"。在文献[23]中美国专家用肯定的口吻提到,是"俄罗斯的设计师在 20 年前就认识到防空导弹系统中的相控阵年雷达主要作用是指导和拦击,而不是多功能",也是俄罗斯设计师们首先采用空间馈电方式。美国的设计师们则是然后来才认识这些问题。在文献[23]中,Barton 以列表形式,将俄罗斯"栅盘"(C – 300 中的 30H6 相控阵雷达)天馈系统的损耗(表 5 – 1)和美

92

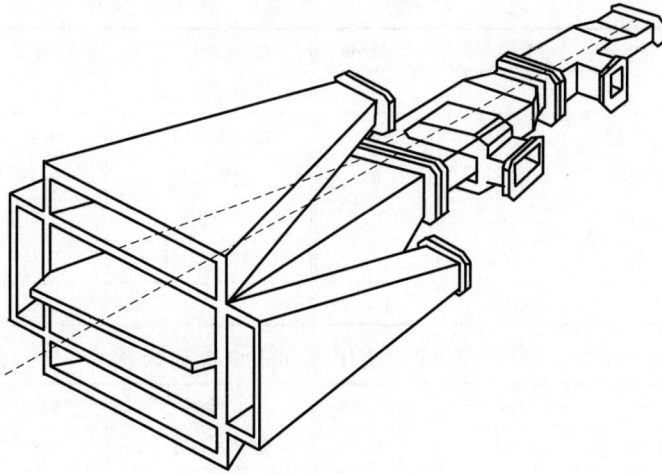

图 5 - 17　5 喇叭天线结构示意

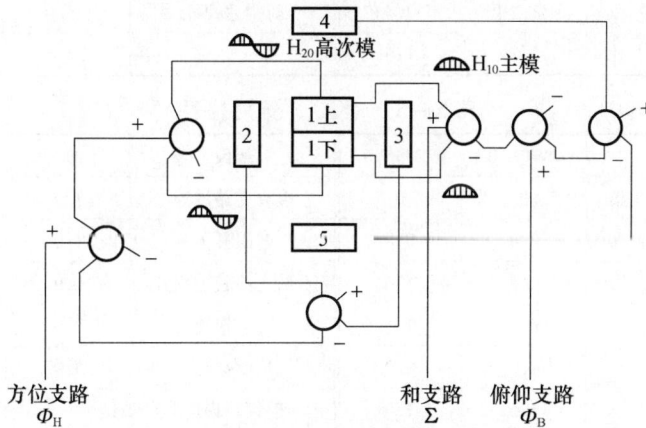

图 5 - 18　5 喇叭天线等效电路和连接图

国空间馈电阵列系统(表 5 - 2,典型雷达就是"爱国者"的 AN/MPQ - 53)以及子阵列系统的损耗(表 5 - 3,典型雷达就是"宙斯盾"的 AN/SPY - 1)做了比较。由表可见,三者的损耗分别为 4.4dB、7.4dB 和 12.0dB,即俄罗斯较美国的分别优越 3dB 和 7.6dB。不过 Barton 同时指出,这不适用于有源干扰环境情况,因为此时阵列对干扰的旁瓣响应超过了接收机的噪声,但即使在这种情况中,Barton 仍认为,俄罗斯仍较美国的分别优越 1.0dB 和 4.6dB,也是很有意义的。

表 5-1 俄罗斯"栅盘"天馈系统损耗

部　件	单向/dB	双向/dB	部　件	单向/dB	双向/dB
铁氧体环行双工器	0	0	发射支路波导	0.8	0.8
固态接收机保护器	0	0	接收支路波导	0.4	0.4
列馈电网络	0	0	发射损耗	2.4	
行馈电网络	0	0	接收损耗	2.0	
照射泄漏	0.8	1.6	射频总损耗		4.4
移相器	0.8	1.6			

表 5-2 美国空间馈电阵列损耗

部　件	单向/dB	双向/dB	部　件	单向/dB	双向/dB
铁氧体环行双工器	0	0	发射支路波导	0.8	0.8
固态接收机保护器	0.4	0.4	接收支路波导	1.0	1.0
列馈电网络	0	0	发射损耗	3.4	
行馈电网络	0	0	接收损耗	4.0	
照射泄漏	1.2	2.4	射频总损耗		7.4
移相器	0.8	1.6			

表 5-3 美国子阵列损耗

部　件	单向/dB	双向/dB	部　件	单向/dB	双向/dB
铁氧体环行双工器	0	0	接收支路波导	1.0	1.0
固态接收机保护器	0.4	0.4	阵面开关	1.0	2.0
列馈电网络	0.8	1.6	发射支路其他损耗	1.9	1.9
行馈电网络	0.8	1.6	发射损耗	7.0	
移相器	1.0	2.0	接收损耗	5.0	
发射支路波导	1.5	1.5	射频总损耗		12.0

5.4　天馈系统的测试

5.4.1　天线系统测试项目和测试方法概述

天线系统检测项目分为两大部分:第一部分是天线辐射特性的测试;第二部分是电路特性的检测。

1. 天线辐射特性测试项目

（1）天线波束指向误差。

（2）天线方向图测试项目：天线指向角精度；天线波束宽度与指向角的关系；方向图与指向角关系；波束零点，副瓣位置及电平；扫描特性（和差方向图、增益降低、零漂等）。

（3）天线的增益特性。

（4）收发隔离和极化损耗等。

2. 天线电路特性检测项目

（1）天线输入阻抗或驻波等。

（2）天线馈线损耗等。

实际天线检测最重要项目是天线方向图和增益两项。

3. 相控阵天线测试方法概述

无论是在研制阶段或是生产阶段，当相控阵天线装配好之后，由于各组成部件机械加工误差、装配误差、部件老化更换和环境温度改变等因素，各单元通道的初始幅相产生差异，因此必须对天馈系统进行校准。在维修阶段，也需要对有故障的或准备大修的天馈系统进行检测、校准。相控阵天线的检测，主要检测其天线的方向特性（方向图）是否符合要求，并进行标校。标校的目的是保证天线三轴（光轴、电轴、机械轴）合一（重合）。目前，美俄等少数先进国家（包括我国）在研制、生产和维修阶段时都利用专用的测试系统在微波暗室内来进行近场测试，少数有条件的基地级维修站在基地级维修时也进行这种近场测试。近场测试的优点是便于对庞大的天线阵进行调试、改进和维修，不过它是根据对每一天线单元测出的场强数据来推算（而非直接测得）整个天线远场的辐射特性（方向特性），其理论根据（电磁场唯一性定理）和严格的推算公式可参阅有关专著[6,9]，本书不再赘述。

至于远场测试，可以采用和测常规反射面大天线一样方法进行，可直接测得整个天线远场的辐射特性（方向特性），但远场测试首先必须有足够大的场地，而且不便于对天线阵进行调试、改进和维修。大量实践证明，一个合格的相控阵天线，其近场测试和远场测试的数据是非常吻合的。

中国航天科工集团第二研究院（简称航天二院）的一些专家曾提出聚焦场法[9]，可在远小于远场的聚焦场内进行测试，也可得较高的测试精度，很适于一些中小单位试用。无论那种测试，网络分析仪是必备仪器设备，正确、熟练和巧妙使用网络分析仪（尤其是软件设计）至关重要。

5.4.2　天线系统近场测试[9,17,25,27]

在微波暗室中近场测量相控阵天线方向特性，国内外一些单位都有大型精密测量系统。图5-19(a)是这种测试系统的原理框图，这是一套高精密的大型设备,非常壮观,当然也较昂贵,所以只用于工厂、研究所和少数有条件的基地级维修。图 5 – 19(b)是美国 RCA 公司在测 SPY – 1 相控阵天线时情况,测试在大型微波暗室进行,对系统中的各设备有以下很严格的要求。

(1)信号源:频率稳定度优于 10^{-7},日稳定度优于 10^{-7}/天。

(2)幅相接收机:目前都用微波矢量网络分析仪,其动态范围 80dB,测幅精度优于 ±0.05dB/10dB;分辨率 0.01dB;测相精度优于 0.5°;分辨率 0.1°。

(3)平面扫描二维探头采样架:大型精密机械,可以上下左右移动架上的场强探头,对准每个天线的单元,测量近场的场强。探头移动时定位误差小于 0.01λ(X 波段时为 0.3mm),分辨率 0.01mm,此外还要有三维定位精度的严格要求。

(4)天线安装机构:可微调天线状态和到探头之间距离。天线安装机构要保证天线口面与采样架探头运动平面的平行度,探头到天线口面的距离由采样架系统精度保证。

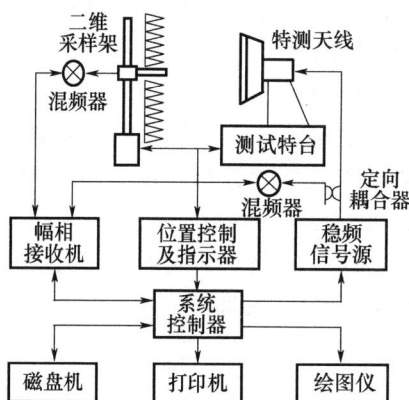
(a)

(b)

图 5 – 19 相控阵天线近场测试系统

(a)原理框图;(b)实际系统(美国 RCA 公司[28])。

天线系统近场测试就是在阵面逐个天线单元测出其场强的幅相值。测量时将探头采样架上的探头(探测天线)移动到待测天线单元的正前方时,只打开该待测天线单元通道使其工作,其余单元通道均不工作,此时幅相接收机或矢量网络仪测得 S21 幅相值即为该通道的初始幅相。该测试系统的工作流程如图 5 – 20 所示。

在测试时要上下左右移动场强探头,精确地对准每一个天线单元,测其近场

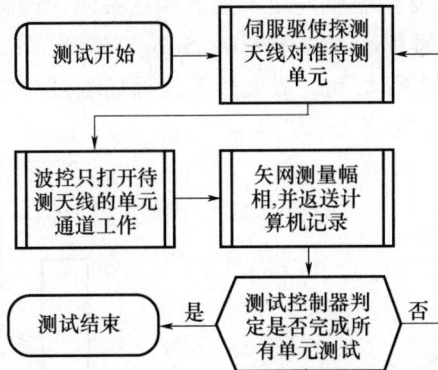

图 5-20　相控阵天线近场测试系统工作流程

场强矢量值,然后根据电磁场唯一性定理和公式推出远场天线的方向图。

微波暗室可以做成半开放式,微波暗室中有吸收材料能将辐射出的无用电磁波吸收掉。另外,要求静区尺寸,即在此区域内的波前的相位误差或幅度起伏为,相位误差 $\Delta\phi \leqslant \pi/8$;幅度起伏 $\leqslant 0.2\mathrm{dB}$,主要由被测天线的尺寸和测试精度要求确定。

上述相控阵天线的近场测试系统,很多单位用的是国外引进的专用设备(图 5-19)。这些大型精密设备技术先进,精度很高(尤其是采样架和安装机构),因而测试精确,使用方便,系统测相误差可自行校正。但价位也高,有这种设备的单位只是很少数。不过据了解目前国产的二维探头采样架和天线安装机构的水平也很高,已可与国外的媲美。在此基础上若再自行配置一些微波仪器,自行设计以矢量网络分析仪为中心的测试系统(或者选购国外公司用微波仪器配套的测试系统,如 HP85301、2058E 等),再自行设计软件,则这种系统也能进行和完成图 5-19 所示的天线近场测试,并测出天线方向图。

至于对一些小型的相控阵雷达(如俄罗斯车载防空导弹系统中的跟踪雷达),国内有些单位利用国产的采样架组建小型近场测试系统[24]。其工作原理和上述一样,只是规模较小。另外,它利用近场测试得到的数据作为相控阵天线外场检测的依据,在天线阵面外增加一个固定的开口波导天线作为监测天线(距离固定不变)。此监测天线在发射状态时测出每一天线单元的幅相值,再与近场测试的数据相比较,就可实现实时对相控阵天线进行阵面监测。

5.4.3　天线系统远场测试

远场测试,其条件是两个天线之间的径向距离应 $\geqslant 2D^2/\lambda$,其中 D 为被测量天线口径(有些文献提出应 $\geqslant 2(D+d)^2/\lambda$,其中 d 为发射天线的口径,已有文献证明,加这个 d 没有必要),也就是使入射波到达被测天线口面的最大相位差小于或等于 $\pi/8$,其幅度锥削小于或等于 $0.25\mathrm{dB}$。

相控阵天线远场测试时,和一般大型天线远场测试一样,采用"斜式法",其原理如图 5－21 所示。

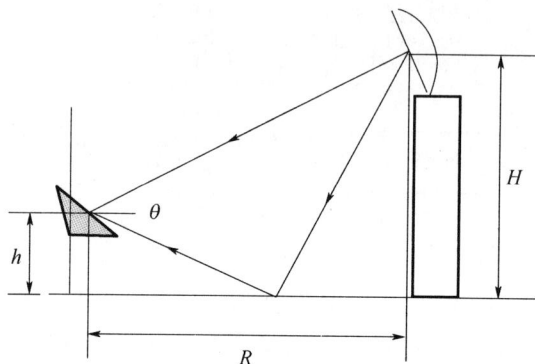

图 5－21 "斜式法"原理

被测量天线离地面高度为 h 的转台上,被测量天线中心在转台中心点上,源天线离地面为 H 的高度上并有变极化的转台。选择高度 h 和 H 的原则是使地面反射影响最小,选择角度 θ 的计算公式为

$$\theta = \arctan\left\{\frac{2H}{R}\Big/\left[1 - \left(\frac{H^2}{R}\right) + \left(\frac{h^2}{R}\right)\right]\right\} \qquad (5 - 19)$$

式中:R 为两天线的水平距离;θ 为收发天线斜距离与发射天线入射到地面经反射后到达被测量天线(反射线)之间的夹角。

这种方法要求地面反射点避开被测量天线方向图的副瓣区,是将被测量天线放在地面附近,对于大型天线的安装十分方便,缺点是天线后瓣影响较大,但是对于窄波束天线的测量很适合。

测试设备主要有收发设备、测量转台、数据处理设备等。

(1) 发射设备:由信号源、变极化转台和发射源天线等组成。对信号源要求能程控(频率和功率可调),输出功率稳定,30min 内的频率稳定度至少达到 10^{-4} 量级,精密测量要求达到 10^{-7} 量级;幅度变化小于 $0.25\mathrm{dB}$。常用抛物面天线或角锥喇叭天线作为发射源天线,将它固定在能变极化的转台上,极化能任意面取向或可以连续旋转。

(2) 接收设备:一般接收设备有两种形式:一种为检波放大式,或称非相参接收机,只能测天线的幅度方向图;另一种为外差接收机式。一般为相参接收机,它动态范围大、灵敏度高。另有一路参考信号接收机,可测幅度和相位方向图。相位检测是用矢量网络分析仪或幅相接收机进行。

（3）转台及控制设备：安装被测量天线的转台应有两根正交的转轴，以便测量不同的方位角和俯仰角平面的方向图。有程控设备更好，否则需要手动调节。

（4）数据处理设备：包括将接收信号转变成归一化幅度方向图和相位方向图的计算程序，并能记录测试条件和参数，测试结果的打印设备等。若采用天线自动测量系统，它的功能齐全，典型指标为：频率范围 0.1 ~ 40GHz；幅度范围 60 ~ 80dB；幅度误差 ± 0.05 dB/10dB ± 0.1dB；相位误差 ± 0.4° ± 0.1°；角度指示误差0.01°的水平量级。

5.4.4 聚焦法测量天线

聚焦法测量天线是航天二院专家提出和推荐的方法[9]，优点是针对相控阵天线，在聚焦区中远远小于远区距离下，测量天线特性所得到的结果与远场区所得到结果几乎完全一样，而测量距离只有远场情况所需距离的1/30，甚至更短。这就大大节省了天线测试场地，在一些场地受限制的基地站，可以参考此法，有应用和推广价值。

下面简单介绍其原理，数学推导和复杂公式被省略。聚焦法就是在天线口面人为地给定某种相位分布，抵消由于在有限距离引起的口面相位差，从而使聚焦场变成远区场，故可以在聚焦区进行测量。

现在用线阵为例说明聚焦场原理，设线阵面与 x 轴重合，中心处在原点 O 上，如图 5 – 22 所示。

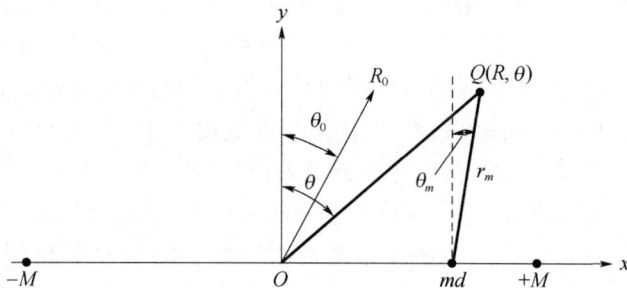

图 5 – 22　线阵几何

线阵的远区场可写为

$$E_0(\theta) = \frac{\exp(-jkR_0)}{R_0} \sum_{-M}^{M} I_m^0 f_m(\theta) \exp[jKmd(\sin\theta - \sin\theta_0)] \quad (5-20)$$

式中：$f_m(\theta)$ 为单元（阵元）方向图；I_m^0 为单元的辐射分布；θ_0 为扫描角；d 为单元

间距；m 为阵元数。

若采用 i 位数字移相器，则 $\Delta = 2\pi/2^i$（i 为移相器的位数，若 $i=4$，则 $\Delta = 22.5°$）。将 Δ 带代入式（5-20），可以重新写出远区场的表达式，此处省略。

下面再求近区场，如图 5-22 中 $Q(R,\theta)$ 点为观察点，Q 点处于天线单元的远区场，第 m 个单元与 Q 点距离为 r_m，给第 m 个单元配以相位 ϕ_m 后，可以写出 Q 点的场表达式（此处省略）。通常由于单元间耦合与远区场不同，单元的方向图因角度不同，各单元至 Q 点距离也不同，故会引起误差。当在 $\theta = \theta_0$ 处聚焦，对于后者公式中作某些限制，当选取距离 R 大于 $4L$ 时，D 为天线口径，作出上述限制后，馈源使得远区场表达式与聚焦场表达式一致。这些都是在相控阵天线配相十分方便的基础上，通过多次实践，测试数据和结果表明，聚焦场测量相控阵天线与远区场测量结果几乎相同，但可大大节省测试场地，因此很有实际意义，值得推荐。

5.5 微波电缆的相位稳定问题以及相位测量误差的校正[21,22]

天馈系统中有很多地方要用射频电缆。例如，在图 5-19 中，在采样探头与测试设备间要连接较长的微波电缆。另外，有些大型相控阵雷达，不是采用空间馈电，而是采用传输线馈电（强制馈电），如美国的"宙斯盾"制导雷达等，其天馈系统一般都有微波信号监测系统（注："爱国者"和 C-300 空间馈电雷达，无此监测系统）。它的波导（或同轴）主馈线都有定向耦合器可以注入或引出监测信号，每一路检测信号都要通过较长微波电缆（一般为同轴软电缆）与检测设备（网络分析仪等）连接。相控阵雷达及其天馈系统是高度相位灵敏的电子系统，必然要求这些电缆在工作或测试过程中具有很好的相位稳定性；否则就会引起测试误差。但在工作和测试过程中，由于温度变化，或因移动位置导致微波电缆承受反复弯曲、振动、冲击、扭转等机械引力，都会产生幅相变化，尤其是相位变化。实验表明，在 S 波段，这类幅度误差可达 ±1dB，而相位误差可达 ±10°以上，当频率更高时，误差更大。我国学者殷连生早在 1981 年就提出用"双电缆法"或"交叉换位"法来校正一个微波大系统相位测量误差，后又有学者在他基础上提出如何用以消除天线近场测试的测相误差，这些方法后来曾为国内一些单位引用和进一步改进。近年来，国内外厂商首先研制和生产出多款稳相微波电缆，并已在相控阵雷达雷达、军用电子战装备、计量设备等领域获得广泛应用。本节下面首先介绍殷连生法的原理和思路，然后再讨论实际测试中的具体校正方法，最后讨论新式稳相微波稳相电缆在校正相位误差中的应用。

5.5.1 微波大系统相位测量误差的校正[3]

用图 5-23 来说明微波大系统相位测量误差的校正原理和思路。假定被测件 a 端离测试设备较远，需连接较长电缆 L_1，且调试过程中该电缆需经常移动，是测量误差的根源。被测件另一端 b 离测试设备近，且固定不变，可视为固定误差项。为了校正测量误差，需配置另一长电缆 L_2，以及 4 个单刀双掷微波开关 A、B、C、D。整个校正过程分三步进行。第一步将开关 A 置于 1，开关 C 置于 2，开关 D 置于 1，则测出的相位读数 ϕ_1 应是被测件的 ϕ_t 加上电缆 L_1 的相移 ϕ_{L1}。第二步将开关 A 置于 2，开关 B 置于 1，开关 D 置于 2，开关 C 置于 2，则测出的相位读数 ϕ_2 应是被测件的 ϕ_t 加上将电缆 L_2 的相移 ϕ_{L2}。第三步将开关 A 置于 1，开关 B 置于 2，开关 C 置于 1，并将开关 D 的 1、2 两端短路，则测出的相位读数 ϕ_0 应是电缆 L_1 的相移 ϕ_{L1} 加上电缆 L_2 的相移 ϕ_{L2}。显然被测件的相移为

$$\phi_t = (\phi_1 + \phi_2 - \phi_0)/2 \qquad (5-21)$$

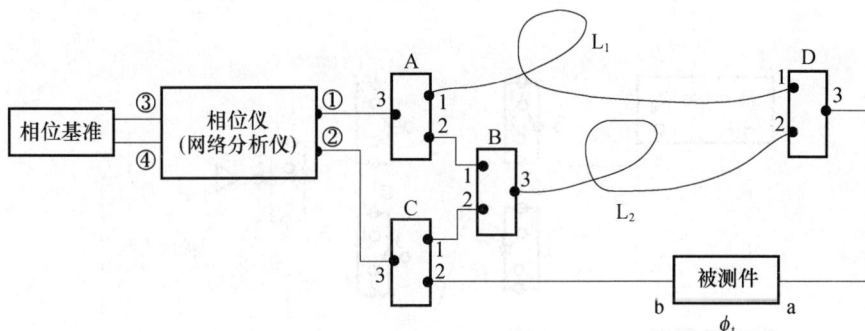

图 5-23 微波大系统相位测量误差校正的原理

式(5-21)表明，不论电缆 L_1 的相移 ϕ_{L1} 和电缆 L_2 的相移 ϕ_{L2} 如何变化，ϕ_t 值保持不变。当然这里忽略了 4 个微波开关带来的误差。但实验表明，只要开关的隔离度大于 30dB，驻波小于 0.1dB，则其引入幅度误差不大于 0.1dB，相位误差不大于 1°。

5.5.2 天线近场测量系统及其测量误差的校正[4-6]

自行设计的天线近场测量系统，大都是外购成套微波仪器和探头，自行开发软件和设计采样架，其工作原理与图 5-19 相同。测试同样应在微波暗室内进行，图 5-24 为简化的原理框图。自行设计的系统，接收机灵敏度也可达 -100dBm 以上，动态范围大于 70dB。但由图 5-24 可见，连接微波探头的软电缆，在测试过程中不可避免地要移动甚至弯曲，会带来附加幅度和相位的测量误差，这就需要用前述的方法和思路来加以校正。图 5-25 介绍的校正方法需在

系统中增加一根软电缆、一个功分器和 5 个单刀双掷微波开关。对微波开关的
技术要求同前。

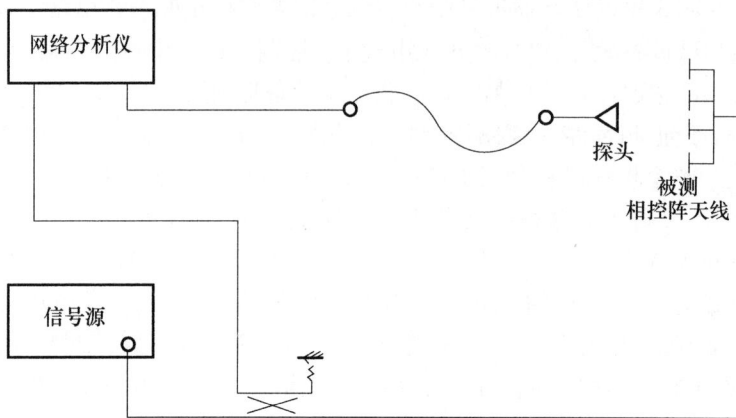

图 5-24　相控阵天线天线近场测量系统简化框图

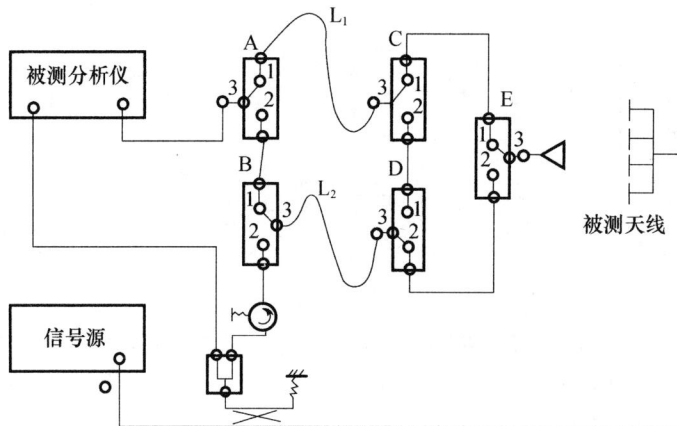

图 5-25　天线近场测量系统自校装置

　　仿照前述方法,对图测量系统应进行 3 次测量,3 次测量时各开关位置、相
位仪读数以及测量的相移都列于表 5-4 中。

表 5-4　自校过程开关状态和相位关系

测量次数	开关状态					相位仪读数	测量的相位
	A	B	C	D	E		
第一次	3→1	3→2	3→1		3→1	ϕ_1	$\phi_t + \phi_{L1}$
第二次	3→2	3→1		3→2	3→2	ϕ_2	$\phi_t + \phi_{L2}$
第三次	3→1	3→2	3→2	3→1		ϕ_0	$\phi_{L1} + \phi_{L2}$

102

5.5.3 内场静态监测系统及其测量误差的校正[16,17]

图 5 – 26 所示为国外文献介绍的内场静态监测系统,可用于工厂、实验室调试时监测各天线单元(包括移相器)幅相一致性。系统也以网路分析仪为中心,通过检测馈线和定向耦合器监测每一路主馈线的幅相特性。它既可监测相控阵雷达发射状态时性能,也可监测接收状态时性能。它不需另配置检测信号源,而就以雷达自身的频率源(频率综合器)作监测源。监测时与波控机配合,还可判断移相器是否正常,各路幅相是否一致。

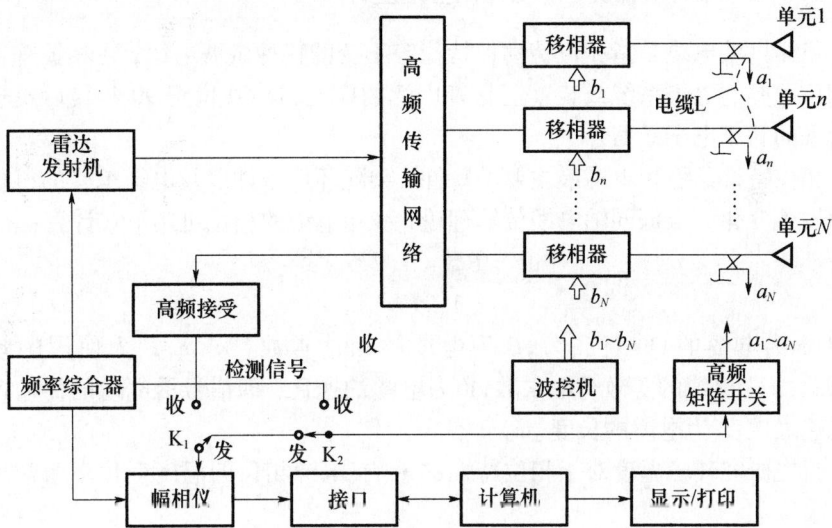

图 5 – 26   内场静态监测系统框图

由图 5 – 26 可见,检测馈线是和主馈线一一对应的。相位检测结果自然包括二者相移之和。检测馈线的任何移动都会影响检测结果,因此误差校正首先是将此二相移项分开。这可以用前面介绍的"双电缆法",但用"交叉换位"法更为方便。此法是在图 5 – 26 中在第 1 路和第 n 路定向耦合器口间另接一根电缆 L,通过检测信号的交叉换位即可达到目的。

将收发开关置于"收",检测信号先后通过第 1 路和第 n 路,先后测得的相移为 ϕ_n 和 ϕ_1,二者均包括主馈线和监测馈线的移相值,即

$$\phi_1 = \phi_{主1} + \phi_{监1}$$

$$\phi_n = \phi_{主n} + \phi_{监n}$$

再接上电缆 L,由矩阵开关控制,将检测信号经第 n 路检测馈线由第 1 路定向耦合器送至第 1 路主馈线。令此时测得的相移为 ψ_1,再将检测信号经第 1 路检测

馈线由第 n 路定向耦合器送至第 n 路主馈线。令此时测得的相移为 ψ_n，显然

$$\psi_1 = \phi_{主1} + \phi_{监n} + \phi_L$$
$$\psi_n = \phi_{主n} + \phi_{监n} + \phi_L$$

式中：ϕ_L 为电缆 L 的相移值。由上两式即可得 1、n 两路馈线的相移差，即

$$\phi_{主n} - \phi_{主1} = \left[(\psi_n - \psi_1) + (\phi_n - \phi_1) \right] / 2$$
$$\phi_{监n} - \phi_{监1} = \left[(\psi_1 - \psi_n) + (\phi_n - \phi_1) \right] / 2 \qquad (5-22)$$

由此达到校正目的。

5.5.4 稳相微波电缆的原理和应用

稳相微波电缆是指相位特性保持稳定不变的特种微波电缆，在相控阵雷达等相位敏感的电子系统或装置上有着广泛的应用，是 20 世纪 90 年代后迅速发展起来的新型电子元器件。

相位特性是稳相电缆最主要的特性，会随环境条件以及电缆承受的机械应力而发生变化。根据同轴电缆传输理论，稳相电缆的相位可用下式计算：

$$\phi = \beta L = 1.2 FL \varepsilon^{1/2}$$
$$= 1.2 FL / V_y$$

式中：ϕ 为电缆的总相位（°）；β 为电缆的相移常数（°）/m；F 为使用的频率（MHz）；ε 为电缆的等效介电常数；V_y 为电缆的速比，即信号沿电缆的传输速度与光速之比；L 为电缆的长度（m）。

首先研究环境温度对于相位特性的影响，电缆相位的温度变化率通常可用下式表示：

$$\psi = \Delta\phi / \phi \Delta T$$

式中：ψ 为相位变化率（1/℃ 或 1/℃·GHz）；ϕ 为电缆的总相位（°）；$\Delta\phi$ 为环境温度变化 ΔT 所引起的相位变化（°）。

相位变化率有两种表示方法，其中 1/℃·GHz 是频率归一化的相位变化率，它与使用频率无关，因而较常采用。

当电缆的环境温度发生变化时，如温度升高时，电缆中金属导体的长度会受热膨胀而增大，使电缆相位增大；相反，电缆内的介质材料会受热膨胀，使电缆的等效介电常数下降，即电缆的传输速度加快，从而使电缆相位减小。在普通结构的同轴电缆中，介质热胀冷缩引起的相位变化要比导体热胀冷缩引起的变化大一个数量级，因此两者不能相互抵消，使电缆的总相位随温度有较大的变化。在稳相同轴电缆中，通过选择线膨胀系数较低的介质材料，并且采用特殊设计的电缆结构，可使上述两者变化接近相等，从而制得相位变化率极小的相位补偿电缆。

下面再研究电缆受机械应力时的相位变化。当电缆承受反复弯曲、振动、冲

击或扭转等机械应力时,其导体或电缆内部结构会发生永久变形,从而也会使电缆的总相位发生变化。为满足军用电子装备对于相位稳定的极高要求,通常要测定稳相电缆在承受弯曲、振动等机械应力作用前后的相位变化,并且要求这一变化小于几度,这是十分严格的要求,特别是在毫米波的极高频率下更是如此。因此,稳相电缆在结构上要有高度的稳定性,或需要设计各种形式的恺装来满足这一特殊的稳相要求。

从 20 世纪 90 年代后,世界各国都大力开发和研制各种新型稳相电缆产品,特别是致力于开发包括连接器在内的高性能稳相电缆组件。先进的稳相电缆组件,不仅在宽广的温度变化范围内相位几乎保持不变,且能承受上万次反复弯曲而仍保持很好的稳相特性,此外还要求其抽入损耗及驻波特性也保持高度的稳定性。有些稳相电缆组件还要求相位匹配,即各个电缆组件的绝对相位也保持一致,其相互之间变化不允许大于规定值。

考验稳相电缆承受机械应力能力的方法,目前还没有一个国际或国内标准。一般方法是厂方规定一个最小允许弯曲半径指标,将电缆按此半径反复弯曲90°或45°,检查电缆相位变化值。我国稳相电缆的研制起步较晚,但也有一些产品。由附录表可见,当前国外生产的稳相电缆完全可满足相控阵雷达的要求,但价格也较昂贵,损耗也较低损耗微波电缆为高,而且当前的一些相控阵雷达大都还使用一般微波电缆。因此,从维修角度而言,还得要用前面介绍的方法来校正相位误差,但稳相电缆肯定是一个重要发展方向。

5.6 相控阵天馈系统的维修

5.6.1 天线阵面的维修

在第 3 章中已经介绍,基层级维修在开机自检时即可通过 BITE 检测出天馈系统的故障,定位至 LRU。天馈系统的 LRU 主要为移相器及其激励电路,以及波控机的 PCB(后者将纳入数字信号处理维修部分来讨论)。但天馈系统有一个大问题,即其性能指标,包括天线辐射特性、天线电路特性等常随时间而逐步下降,而且基层机维修根本没有能力将其测出,所以一些相控阵雷达系统都规定要将天线定期送基地级维修站作预防性维修和修复性维修。预防性维修的第一步是对天线进行全面检测,然后再有针对性地进行修复性维修。

1. 天线阵面主要修理内容

(1)阵面、线缆容易损坏,走线复杂,数量大,采用逐个排查、修理。

(2)天线罩随着时间会逐渐老化或损坏,直接影响天线增益和指向误差。

(3)阵面升降液压系统必须修理,修理后的倾角位置(如有的雷达为58°±

$4.5'$)必须复位。

（4）天线系统损坏的部件修理或更换,应有单元测量台,对天线单元性能测量、检测、更换等。

（5）馈源组件防雨罩、微波罩等老化需要更换,特别是喇叭口的防雨罩需要更换。

（6）发射机波导密封系统充气的检查、密封橡胶和法兰盘上的密封圈老化更换。

（7）有条件应对天线系统进行测试。

2. 维修理的重装

在天馈系统修理后往往需要对馈源重新安装,这一工作需要特别小心。雷达一个阵面有收/发两个馈源,馈源安装时,注意馈源中心间距离和倾斜角都要精确调好。馈源的安装相对阵面轴心线有严格要求。因这些相对位置在出厂前调好后,不允许再动。

另外,注意馈源与阵面的相对关系,尤其是阵面倾角。出厂时阵面再对大地坐标调好,一般允许其角度误差为 $\pm 4.5' \pm 2'$。阵面如不能恢复原来倾角值,就会产生指向误差。

阵面升降和支撑靠两个液压千斤顶,其定位精度要求严格,多次升降误差小于$20''$。

阵面左右两个支撑杆(液压、千斤顶)不平衡也会对阵面倾角造成误差。这一误差使计算机计算波束指向时应作补偿。俯仰角波束指向角补偿一般为 $-1.0'$,方位面倾角面上的扭转为 $+3.0'$。如果修理后阵面倾角改变,其补偿值也要改变。

5.6.2 天线单元的维修

1. 天线单元结构

天线单元包括辐射源、移相器及驱动电路器。其中移相器和驱动电路既是天馈系统中重要的关键部件,也是高故障率的部件,是维修的重点。至于辐射器,由于它和移相器做成一体,所以无论检测时,或有故障需更换时,与移相器一起处理。

移相器,无论是铁氧体的或是 PIN 管的,在出厂前都有厂方开具检验证书,说明失效移相器的数量(一般只千分之几,远小于允许值)。但由于其数量众多,随着工作时间增加会不断出现故障和失效。一般来说,移相器(及其驱动电路)故障诊断可以采取如下步骤。

（1）在 BIT 级维修中就可以判断哪一级移相器有故障。这在第 3 章已作了详细介绍,但还不能判断是移相器本身还是驱动电路有故障,有经验的维修人员可以从示波器波形作出初步判断何者故障可能性最大。

（2）若初步判断是驱动电路的故障，可进行检测和维修。这种维修既可在雷达舱内进行，也可把该故障组件取下在维修站（点）进行。

（3）若初步判断是移相器本身的故障，需用矢量网络分析仪检测其微波性能。有些单位，如航天二院23所已经研制出专用天线单元微波参数自动测试系统（见《航天雷达》2008年1期）。

铁氧体移相器的常见故障是因振动或温度变化而断裂。这可以用微波胶黏结，恢复原样，一般能继续使用。有时则为移相器外表金属涂覆脱落，就需要送工厂电镀和返修。如果是移相器微波性能变坏或失效，只有更换备件。PIN管移相器的常见故障是PIN管本身击穿或开关特性变坏，一般都要求更换备件。

2. 天线单元移相器激励电路检测和维修

典型的移相器激励电路如图5-27所示，图中寄存器、码—脉宽变换器和输出级都用集成电路。

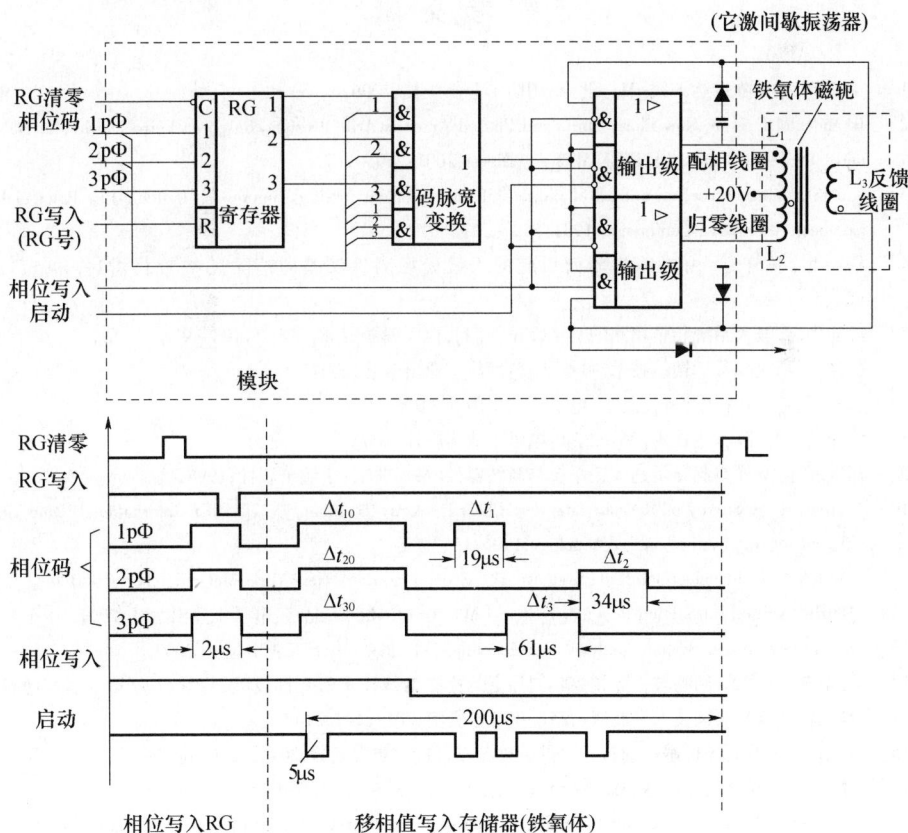

图5-27　移相器激励电路及相关波形

107

铁氧体移相器的移相值为 $\Delta\Phi = kU\Delta t$，其中 k 为系数，U 为控制绕组电压，Δt 为控制绕组的磁化脉冲宽度。这一宽度取决于送来的标准时间 Δt_1，Δt_2，Δt_3。例如，$\Delta t_1 = 19\mu s$ 对于 $45°$；$\Delta t_2 = 34\mu s$ 对应于 $90°$；$\Delta t_3 = 61\mu s$ 对应于 $180°$。而 $\Delta t = A \cdot \Delta t_1 + B \cdot \Delta t_2 + C \cdot \Delta t_3$；$A,B,C$ 为二进制的 1 或 0。整个激励电路的工作分为三步进行：第一步将相位码存入寄存器（RG）；第二步将相位码变成 Δt_1，Δt_2，Δt_3；第三步则将脉冲宽度 $\Delta t = A \cdot \Delta t_1 + B \cdot \Delta t_2 + C \cdot \Delta t_3$ 的信号触发"它激间歇振荡器"，脉冲馈电的磁化电流将铁氧体移相器磁化，产生移相值 $\Delta\Phi = kU\Delta t$。

当有故障时，问题往往出现在集成电路上，尤其是输出级，间歇振荡器的几个绕组较少出现损坏。在 BIT 检测时，会自动记录各脉冲宽度（它与移相器值成正比），最后由计算机判定此天线单元是否正常。

参 考 文 献

［1］ 束咸荣. 相控阵雷达天线［M］. 北京：国防工业出版社，2006.

［2］ Iskander M F, et al. New Phase Shifts and Phased Antenna Array Designs Based on Ferroelectric Materials and CTS Technologies［J］. IEEE MTT – S Digest，2001；259 – 262.

［3］ Yin Liansheng. A precise mithod of phase shift measurement for large microwave system［J］. Proc. 11th European Microwave Conference，1981；523 – 527.

［4］ 杨乃恒，林守远. 由电缆运动而引起的天线近场测量误差的消除［J］. 现代雷达，1995，17（2）：55 – 58.

［5］ 殷连生. 微波大系统相位精测的交叉换位法［J］. 电子学报，1987，15（2）：93 – 97.

［6］ 殷连生. 相控阵雷达馈线技术［M］. 北京：国防工业出版社，2007.

［7］ 黄槐. 制导雷达技术［M］. 北京：电子工业出版社，2006.

［8］ 张光义. 相控阵雷达技术［M］. 北京：电子工业出版社，2006.

［9］ 熊继衮. 防空导弹制导雷达天馈系统与微波器件［M］. 北京：宇航出版社，1996.

［10］ Corey L E. A Survey of Russian Low Cost Phased – Array Technology［C］. IEEE International Symp. on Phased – Array Systems and Technology，1996；15 – 18.

［11］ Skolnik M I. IntrodnctiontoRadarSystems［M］. Second Edition. New York：MeGraw – Hill，1980.

［12］ Merrill Skolnik. Introuction to Radar Systems［M］. Third edition. 北京：电子工业出版社，2007.

［13］ Barton D K. Radar System Analysis and Modeling［M］. 北京：电子工业出版社，2007.

［14］ 郭衍莹，徐德忠，周鸣岐，等. 相控阵制导雷达检测维修技术研究和发展对策［C］//第三届国防科技工业试验与测试技术发展战略高层论坛论文集，2011；141 – 143.

［15］ 郭衍莹. 俄罗斯扬长避短创新开发雷达技术［J］. 地面防空武器，2011，42（2）：33 – 35.

［16］ 谢格. 防空导弹制导雷达跟踪系统和显示控制［M］. 北京：宇航出版社，1996.

［17］ Millman G H. Monitoring and Calibraion of Active Phased Array［C］. IEEE1985 In ternationnal Radar Conference；45 – 51

［18］ 方葛丰. 高端电子测量仪器技术发展及对策［C］. 第三届国防科技工业试验与测试技术发展战略

高层论坛论文集,2011:25-28.

[19] 丁鹭飞,耿富录.雷达原理[M].第4版.西安:西北电讯工程学院出版社,1984.

[20] 张明友.雷达系统[M].北京:电子工业出版社,2006.

[21] 戴睛.黄纪军.莫锦军.现代微波与天线测量技术[M].北京:电子工业出版社,2008.

[22] 国防科工委科技与质量司.无线电电子学计量[M].北京:原子能出版社,2002.

[23] Barton D K. Recent Developments in Russian Radar System[C]. IEEE International Radar Conference, 1995:340.

[24] 王晓鹏,赵海明,等.基于近场测试的相控阵天线自动化校准与阵面监测方法[J].微波学报,2012 (8):229-231.

[25] 付德民,郑会士.由近场测量确定相控阵天线的幅相分布[C].天线与微波技术重点实验室学术论文选集,1996:183-218.

[26] Aumann HM,Fenn A J,Willwerth F G. Phased array antenna calibration and pattern prediction using mutual coupling measurement[J]. IEEE Trans. Antennasand Propagation,1989,37(7):844-850.

[27] Charles Shipey,Don Woods. Mutual Coupling based Calibration of Phased Array Antennas[C]//. IEEE International Conference on phased array systems & technology,2000:529-532.

[28] Skolnik M. Radar Handbook[M]. 2nd ed. New York:McGraw hill,1990.

第6章　相控阵雷达微波发射机特点及其测试维修

6.1　发射机维修工作的特点

发射机是相控阵雷达的一个重要组成部分。从原理和电路上讲,大型相控阵制导雷达仅有一个中央发射机,它与一般全相参大功率雷达发射机没有太大的区别。因此,在雷达总体设计阶段,它往往不被看作是重点技术关键,但它是一个高故障率的电子设备,而且是一个维修起来专业性强、难度较大的设备,因此在维修保障工程中,它倒成了重点技术问题。实际上雷达发射机的维修工作有一系列特点,需要维修人员特别注意。

第一个特点是国内外相控阵雷达发射机的大功率放大器采用不同的微波功放管。例如,美国"爱国者"采用前向波管,俄罗斯采用多注速调管等,我国的测试维修人员对这些新型电真空器件都比较陌生,因此首先要熟悉这些器件的工作原理、具体电路和维护方法。微波功放管是整个发射机的核心,且价格昂贵,不能有丝毫马虎。

第二个特点是发射机中不仅电路种类很多,而且相当复杂。在一部大型相控阵雷达发射机中,既有高压直流电源、大功率微波电子管、大功率调制管,又有小功率模拟电路、数字电路、混合集成电路;既有复杂的冷却系统、充气系统、钛泵系统,又有各种各样的控制保护电路。一部高水平的相控阵雷达发射机有一套完整的、可靠的保护电路,如输入电压缺相保护、风冷液冷流量过低保护、钛泵保护、高压保护、调制脉冲保护、天馈系统驻波保护、波导打火保护、撬棒打火保护、输入激励功率低告警、输出功率低故障告警等。发射机还有非常严格的加电程序和关机程序(一般加电程序为冷却系统,充气系统,低压电路,高压电路,调制电路,微波激励;而关机程序为微波激励,调制脉冲,高压电路,低压电路,充气系统,冷却系统)。在维修操作中,稍一不慎,还有可能酿成事故(损毁设备、仪器甚至人身事故),因此对它的维修工作不仅要十分重视,而且要十分谨慎。维修前首先应对发射机概况、框图、电路图、发射机的状态参数以及机内各种保护电路的机理等都要有一个请楚的了解。如果雷达配有"发射装置常见故障及排除方法"等手册,维修人员必须认真仔细阅读。只有对上述要求都达到了,才能提高维修工作效率,迅速找到发射机故障所在。

第三个特点是故障的诊断和排除都需要维修人员在现场实时判断和进行。在第 3 章中提到,在基层机维修时,通过 BITE 可以判断发射机的故障:①发射功率不合格;②高压电源有故障;③液冷温控部分有故障。但此时总不能把整个发射机,或者整个高压电源,或者整个液冷温控部分都当作 LRU 送上一级维修站,这就需要维修人员在现场通过观察和检测,作出判断来缩小故障范围,甚至对故障准确定位。另外,发生打火现象,这是发射机常见的一种故障,其中微波发射管发生打火的可能性最大,调制管及其高压电路也都是打火的根源。有的打火,时断时续,时有时无;有的打火,发生概率较低,并不影响(或暂不影响)雷达工作或作战。这说明并不是一有打火就需要替换备件,并将故障件送上一级维修站,这就需要维修人员在现场通过观察和检测,判断打火的根源、性质、严重程度、能否继续(或暂时维持)工作。发射机的任何主要部分替换,都是一件麻烦和耗时的工作。

另外,维修人员在操作前,还应仔细检查测试环境的电磁兼容情况。在第 4 章中已作了介绍,发射机在设计时已对其本身的电磁兼容做了周密的考虑。但在发生故障后,电磁兼容有可能恶化,尤其是接地。系统中的直流电路接地、脉冲电路接地、悬浮电位地、信号电路地、安全地等,在正常时各电路都各自单点接地,各接地线上不能出现电流回路,即零电流接地。而在有故障时,只要其中之一虚焊或接触不良,就有可能形成电路回路,造成地线干扰。

维修人员在任何时刻都不能忘记严格遵守高压操作规程,注意安全与防护。当发射管工作时,切勿靠近高压部分,以免遭到电击。另外,一般功率速调管,特别是单注多腔大功率速调管的阳极电压、收集极电压都很高,高速运动的电子轰击靶(收集极、管体等)时,会产生 X 射线,在测试大功率速调管时,必须注意人身防护。还要特别注意遵守精密微波仪器操作规程。

至于在基地级维修站,最好的维修发射机的设备是自行研制一台发射机测试台,实质上就是一台和雷达中一样的发射机。它还配备一些必要设备:一是测试微波大功率和直流高压的仪表,包括高压探头、峰值脉冲电压表、示波器、微波功率计等;需配一些大功率微波波导器件,如定向耦合器、隔离器、功分器、检波头等。二是几种大功率等效负载,尤其是微波大功率水负载,以防调试发射机整机时打火时微波泄露,伤害工作人员;调试调制器时用的等效负载(用以模拟微波管,需用无感电阻);高压电源负载。

以下将依此讨论各分系统的基本概念、技术特点和测试维修技术。需要特别强调的是,所有分系统中,保护人身安全的控保系统尤其应受到重视。因为对测试维修工作而言,设备安全固然重要,而人身安全更为重要。所以,在发射机控保系统设计的全过程,必须贯彻这一理念。而测试维修人员也只有熟知控保系统,才能安全、正确、快速地排除发射机出现的故障。不过在雷达发射机中控保系统一般并不独立设计出来,而是与各分系统密切结合,这就要求测试维修人员在了解各分系统时(尤其是高压和微波分系统)同时了解各分系统如何完成控保任务,确保人身安全。

6.2　国外两种典型的相控阵雷达发射机

在第 2 章中提到,国外相控阵雷达发射机的结构有所不同。首先是微波功率放大管,尽管大家都使用电真空器件,但美国大都使用阴影栅行波管或前向波管放大器,而俄罗斯大都用速调管尤其是多注速调管放大器。俄美两国的微波电真空器件技术都是世界一流的,这是促使它们雷达等军事技术快速发展的一个重要因素。

6.2.1　两种微波电真空器件的工作原理和基本特性[1-3]

微波电真空器件是一种既"古老"又新颖的重要电子器件,它出现于 20 世纪 40 年代,近年来它在技术上得到迅速发展,这完全是近代科学及军事与电子技术发展的需要所促成的。在今天,它仍是雷达等军事装置尤其是发射机中不可或缺的核心部件。目前,大功率的雷达发射机包括相控阵雷达发射机,其发射管无一例外使用电真空器件。美国与俄罗斯的电真空技术,尤其微波、毫米波电真空器件水平很高,是促使它们雷达等军事技术快速发展的一个重要因素。尤其是俄罗斯,它始终不懈地发展微波电真空器件技术,它的一些大功率微波发射管(如多注速调管)水平甚高,可与美国同类产品(用正交场微波放大管)相比。除发射机外,在其相控阵雷达其他部分尤其是微波振荡源等,也有采用微波电真空器件,水平并不比用半导体器件的差(俄罗斯的毫米波回旋管一直在世界上是领先的),而我国的微波电真空产业与国外比有相当大差距。美国的中大功率微波发射管,以及毫米波电真空器件,对中国是严格禁运的,其目的就是要制约我国尖端武器的发展。

微波电子管在雷达发射机中通常按电子运动轨迹和换能特点来分类,可分"O"型管和"M"型管两大类。"O"型管来源于法文 TPO(行波管),这类管子中的电子进入相互作用空间内,电子运动轨迹基本上是线性的,故也称"直线束微波电子管",包括速调管、行波管、返波管等,它采用了与电子注同轴的直流磁场来电子聚束。"M"型管也源于法文 TPOM(磁控行波管),其特点是直流电场与磁场的方向相互垂直,而且两者又都与电子注方向垂直,故也常称为"正交场微波管",如磁控管(谐振式)、前向波管(非谐振式)等。

在大功率制导雷达发射机中,美国大都使用阴影栅行波管或前向波管放大器,而俄罗斯大都用速调管放大器。前向波管的增益相对行波管和速调管而言要低一些,但它有工作电压低、频带宽、效率高和相位稳定性好等优点。俄罗斯的新型多注大功率速调管也可与美国阴影栅行波管放大器比美。下面重点介绍读者比较陌生的多注大功率速调管和前向波管。

1. 前向波管

正交场前向波管功放具有输出功率大、体积小、带宽宽(达 10% ～ 15%)、工作电压低(同样的输出功率,工作电压不及速调管的 1/2)、相位稳定性好等优点,尤其是相位稳定性好,使它能广泛应用于相控阵等先进雷达。这是由于大多数前向波管都采用冷阴极,无需灯丝加热,而是依靠高频激励使阴极发射电子并激发二次电子倍增,使管子迅速建立正常工作电流。冷阴极没有发射衰落现象,因此脉内相位特性很稳定,相位噪声可达 −130dBc/Hz 水平。前向波管的缺点是增益较低,因为它工作于"饱和"状态,实际上是一种高效率饱和放大器,因而增益就较低,一般为 12 ～ 15dB。

前向波管的种类很多。据报道,美国的先进雷达,广泛应用阴极激励前向波管功放,因为它有增益较高、噪声低的优点。这种微波管结构复杂,阴极微波输入(慢波结构)端需与高压隔离,而输出端需与阴极慢线结构输入端阻抗匹配(接匹配负载)。图 6 – 1 所示为其结构示意图。

由图 6 – 1 可见,微波激励功率从阴极输入,便在阴极表面建立起微波场,它以指数关系向阴极方向衰减。这样较小的输入功率就可使阴极启动,从而提高了管子的增益。

除了阴极激励前向波管功放外,还有一种"B 类前向波管功放",在国内外中小型相控阵雷达中也得到应用。这种前向波管工作于高压直流状态(称为"直通运用"),无需大功率调制器,只需一小功率熄火脉冲调制器实现控制极调制,特别适用于各种复杂脉冲编码调制雷达,以及分支馈电的相控阵。不足处是打火率较高,尤其是大储能电容时易于损坏管子。20世纪 80 年代我国就研制出 S 波段的 B 类前向波管,应用情况良好。

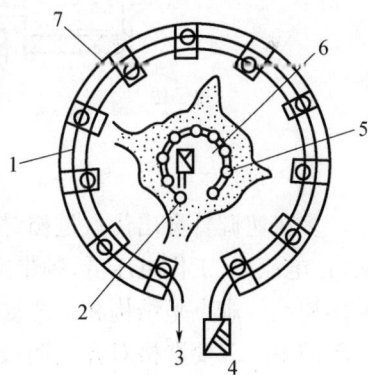

图 6 – 1　阴极激励正交场放大管示意图

1—慢波结构;2—空间电荷;3—高频输出;
4—匹配负载;5—阴极周期结构;
6—高频输入;7—阳极。

2. 多注速调管[2,6]

俄罗斯生产的大功率雷达发射机大都用多腔速调管和多注速调管。多腔速调管功率大、增益高,但存在缺点:①电压高(几万至几十万伏);②频带窄(4%～6%,因采用高Q腔);③噪声较大(因电子多次通过网栅)。俄罗斯研发的多注大功率速调管,是在一个单独的真空管内采用多个(6～36个)带控制栅极的电子注,每个电子注有对应的阴极和电子注通道,但输入腔、谐振腔、飘移腔、输出腔是公共的。每个腔在对应的电子注处都有间隙,使电子注通过,并与射频场相互作用。在给定电压下可得较大电子注电流和高的脉冲功率,图6-2所示为其结构示意图。它的灯丝采用多组并联,激励功率通过波导将被放大的微波信号馈送到速调管射频输入腔(第一个谐振腔)。在相互作用的缝隙中建立交变电场,它使电子周期性地加速或减速,形成电子的速度调制,使得进入漂移空间密度均匀的电子注周期性的疏密变化,形成电子注群聚。群聚中心的电子将遇到最大的减速场,于是把它在直流电场获得的能量转交给高频场,随着电子注的不断前进,高频场的振幅将逐渐增大,并通过射频输出窗将功率馈送出去。而经过输出谐振腔缝隙的电子落在收集极上,剩余的动能转化为热能,耗散在收集极上。

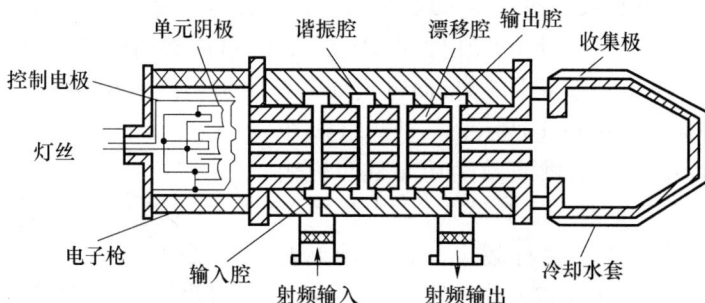

图6-2 多注速调管内部结构示意图

多注速调管突出优点是相对同等功率量级的单注多腔速调管和栅控行波管而言,电流大,工作电压低,频带宽,效率高,可采用控制栅极调制和永磁聚焦,因而体积小。难点是结构和工艺复杂(如电子注阴极、控制极、谐振腔、飘移腔、输出腔的中心线要严格对齐),阴极发射电流大寿命短。表6-1为S波段大功率多腔速调管与多注大功率速调管实例比较。

表6-1 两种S波段大功率速调管性能比较

速调管类型	波段	输出脉冲功率/kW	平均功率/kW	带宽/%	效率/%	电压/kV	电流密度/(A/cm²)
多腔速调管	S	100	10	5	30	30	5
多注速调管	S	100	10	10	40	20	>5

114

表6-2为一般大功率速调管(包括行波速调管)与多注大功率速调管性能比较。

表6-2　一般大功率速调管与多注大功率速调管性能比较

速调管类型	频率	L波段峰值功率/MW	平均功率/kW	峰值时阴极电压/kV	带宽/%	增益/dB	效率/%	调制方式
一般速调管	UHF－Ka	5	L:1MW X:10	L:125	1～10	30～65	20～65	阴、栅、阳调均可
多注速调管	L－Ku	0.8	L:14 X:17	L:32	1～10	40～45	30～45	栅调或阴调

注:二者的热噪声水平均为－90dBc/MHz

6.2.2　两种微波发射机的原理框图

1. 采用前向波管的雷达发射机

美欧相控阵雷达发射机大都应用正交场管,尤以前向波管居多。实际应用时,为了确保稳定工作,前向波管的增益不宜调至最大。一般情况,大功率管的稳定增益控制在12～13dB;中小功率管增益控制在13～15dB。图6-3所示为国外常见的三种放大链组成框图及各级增益分配。

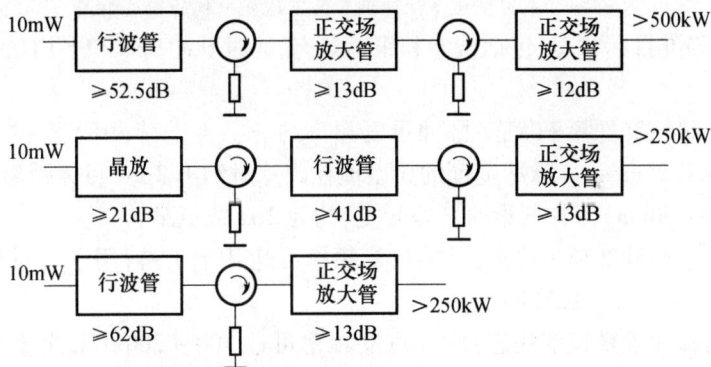

图6-3　正交场放大链三种组成方案

2. 采用栅控多注速调管的雷达发射机

图6-4所示为其组成框图[4]。对其中的调制和高压电源,将在本章后几节进一步讨论。

6.3　发射机的状态参数

根据雷达系统工作模式和自适应(或人工干预)来调整其状态参数,维修人员在维修前应熟悉在雷达各种工作状态下的发射机参数。以下以典型相控阵雷达发射机为例,给出其在各种状态下参数变化情况。

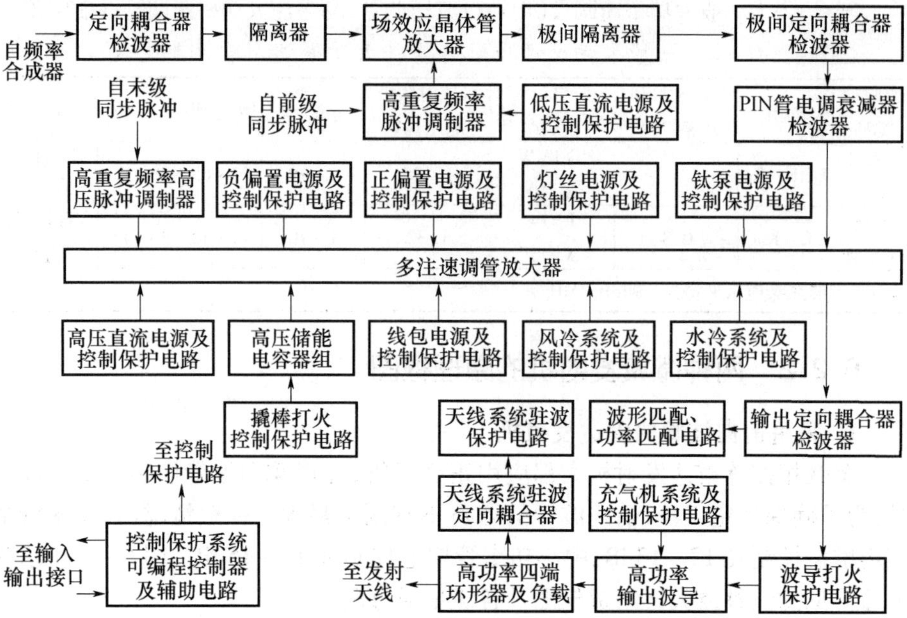

图6-4 采用栅控多注速调管的雷达发射机的组成框图

（1）瞄准目标状态，包括搜索和跟踪状态，此时脉冲功率和平均功率都调至额定值。

① 低脉冲重复频率状态：脉冲重复频率约一二十千赫；用于对付航速较低的目标（<1.0km/s）。脉冲宽度的典型值在跟踪时约1.2μs（目标距离>70km）和0.6μs（<70km）。在搜索时脉宽较宽，约为2μs或更窄。

② 中脉冲重复频率状态：脉冲重复频率可达几十千赫；用于对付中航速的目标（>1.1km/s）。脉宽同上。

③ 高脉冲重复频率状态：脉冲重复频率可达100～200kHz；用于对付高航速目标（>1.4km/s）。脉宽典型值：0.6μs。

（2）瞄准导弹状态，为准连续波状态。指令常为FSK调制（如±3MHz分别代表"1"和"0"）或PSK调制。平均功率要比上一状态小3dB。采用窄脉冲：脉宽0.4μs左右。

（3）截获导弹状态（导弹起飞阶段），发射功率要减少20dB，防止弹上接收机过载。

（4）照射状态，具有多种工作状态，其中：

① 目标照射状态：时间很短（毫秒级），但平均功率最大。

② 发射控制指令状态：高脉冲重复频率状态，脉宽0.5μs左右。

③ "小功率状态"：发生在以下情况，即波导内有击穿打火现象存在时；两个

116

收发通道轮换工作时;根据需要发射机进行小功率发射时。小信号状态发射机输出功率约需下降20dB。

6.4 微波电子管功率放大管的维护

6.4.1 大功率速调管的维护

大功率速调管是发射机的核心部件,不仅价格昂贵,且有些速调管还需依赖国外进口。因此,其维护工作必须十分重视,且应慎之又慎。

以下描述的大功率速调管失效原因和维护准则,同样适合于前向波管。

1. 大功率速调管失效或故障的原因

大功率速调管是一个很结实的器件,在合理使用情况下,使用期完全有可能达到并超过设计给出的寿命指标。决定其寿命的主要部分是阴极,达到寿命期时,阴极的发射材料耗尽,发射电流迅速下降,而使管子正常失效。但在实践中,常因下列一些因素而使管子提前失效,寿命缩短。

1) 机械原因

大速调管的高压等引线一般用硅胶固定在管上。在运输和安装过程中,如对这些引线随意拉扯,或接插微波电缆时用力过大,都会使管子受力,严重时使管子损坏。

2) 没有严格执行有关安全措施

打火是造成损坏阴极、影响寿命的直接原因。不可能完全消除打火现象,但应尽最大努力防止打火的发生,对此应严格遵循技术说明书(或权威部门制定的规范)中对管子存放、安装、检测、运行等一系列保障安全的要求。

当然打火也不一定都发生在微波管。发射机内波导、电缆等接头处也是容易发生打火的地方,特别是在高海拔、潮湿、波导内气压不足等场合,这些地方打火往往导致微波管也打火。

3) 电源系统的瞬态过载

这也是常见的导致微波管打火的一个原因,防止的方法是靠电源系统中的瞬态抑制和浪涌吸收装置。

4) 操作不当

例如,天馈系统因接触不良等原因导致失配(驻波增大),吸收负载连接不可靠,调试时空载或负载很轻等,有些是属于维修人员技术不过关造成的。因此,防止微波管打火也是一项系统工程。

2. 保障微波管安全和延长寿命的三个环节

第一个环节是备份管的存放。一般来说,使用速调管发射机的单位大多都有备份速调管。备份管的存放和轮换使用势在必然,备份管既保证了有备无患,轮换使用又可延长其使用寿命。

存放前要进行必要的维护保养,对收集极散热片及管体各部位的积尘加以清洁、干燥处理后,妥当地存放在干燥、通风、无振动和不会被其他物体伤及的地方。倘若存放时间在半年以上,要定期以离子泵施泵以消除泄漏至管内的空气。长期存放的多注大功率速调管因存放条件不理想,使用时更易打火。

第二个环节是安装及安装后的调整。速调管的安装与调整应严格按说明书执行,这里不加赘述。但必须加以强调的是,安装后的速调管必须先进行"老炼"以消除残留气体(加灯丝,逐步加阴极电压)。首先,要较长时间地低压预热和施泵使离子泵电流完全达到正常值,待冷却系统正常后再低压预热;然后,加高压,高压最好是先加半高压运行一段时间后再加满高压。在调整的过程中,输出腔的耦合环必须放在耦合最大的位置,这一点至关重要,否则后果严重。必须注意的是吸收负载(水负载)必须连接可靠。

第三个环节是运行安全。为了使速调管能安全运行,除各级电压准确稳定、各级连接可靠、冷却系统必须正常运行,包括强迫风冷的风量和水冷系统的水位、水质、流速、流量、水流方向、进水温度等必须符合技术说明书中的要求。充气波导的气压值应在要求的范围内。在假负载运行时,应注意水负载的流速或流量是否达到要求。

各种针对速调管安全而设置的保护电路,如收集极过流、离子泵过流、收集极过热、腔体打火、高频输出电路的打火、腔体风压开关及聚焦电流及体电流过载等保护电路可靠是必不可少的。这些保护电路乃至发射机其他部分的保护电路的工作状态都要经常检查,万万不可心存侥幸。

至于如何延长速调管的使用寿命,实际上前面谈到的轮换使用和保证安全是保证其使用寿命的关键。当然轮换使用操作得当才能收到效果,否则适得其反。另外,可采取的一项技术措施是将速调管的灯丝电压适当调低,这是因为灯丝的原设计电子发射效率有一定的储备,适当调低依然可以满足束电流的要求,实际上灯丝的寿命就是速调管的寿命。但调低的幅度要视速调管的使用时限和工作状态而定,一般不得超过额定电压的5%。反之,灯丝电压过低,灯丝发热不足,就会使灯丝中毒而降低寿命。

6.4.2　B类前向波管的维护[2]

上面谈到的维护准则同样适用于大功率前向波管。要说明的是,一般大功率前向波管由于采用恒流调制器,在前向波管因某种原因打火时,它给不出大的打火电流,因此一般认为其发射机的打火概率小于速调管发射机的打火概率。

采用B类前向波管的发射机的打火率就较高。由于它是直流运用,当管子起弧时,一般必须使用撬棒保护电路,除非储能电容很小,否则打火能量易于将微波管损坏,所以 B 类前向波管大都应用于中小发射机场合。

发生 B 类前向波管打火现象增多的原因往往在于熄火脉冲不正常。熄火脉冲虽然功率不高,但对其幅度、电流、波形、定时关系等都有一定要求。正确的熄火脉冲能迅速清除管子中通往漂移区的多余电子,防止微波管内产生杂模,还能改善射频脉冲的后沿等。如果熄火脉冲上述参数达不到规定要求,前向波管会发生失控现象,严重时前向波管以及高压电源都会发出"咕咕"叫声。从示波器上可见,熄火脉冲和射频包络上下跳动微波功率计读数缓缓下降,但高压保护电路并不动作,此时应赶紧将高压关闭,并对熄火脉冲组合仔细检查、维修。

6.5 调制功放级典型电路和检测维修[1,2,4]

6.5.1 浮动板调制器典型电路

在雷达发射机中,脉冲调制器的功能是为大功率微波发射管提供高压视频调制脉冲。现代雷达发射机不仅要求脉冲调制器完成功率转换功能(直流功率转换为微波功率),而且由于对发射波形要求越来越严格,还要求脉冲调制器有良好的波形控制功能。

调制器的种类很多,但在相控阵雷达中,发射管大都采用的是栅极调制,由于栅流甚小,调制器为容性负载,因此一般都采用"浮动板调制器",其原理如图 6-5 所示。图中 V_1 为接通管,V_2 为截尾管,平时两管均不通,负偏压加至微波管栅极,使其截止。前沿脉冲来后 V_1 导通,对分布电容 C_0 充电,使浮动板接近地电位,微波管导通,形成脉冲前沿和顶部。后沿脉冲来后,V_1 关闭,V_2 导通,C_0 迅速放电,微波管又被截止。

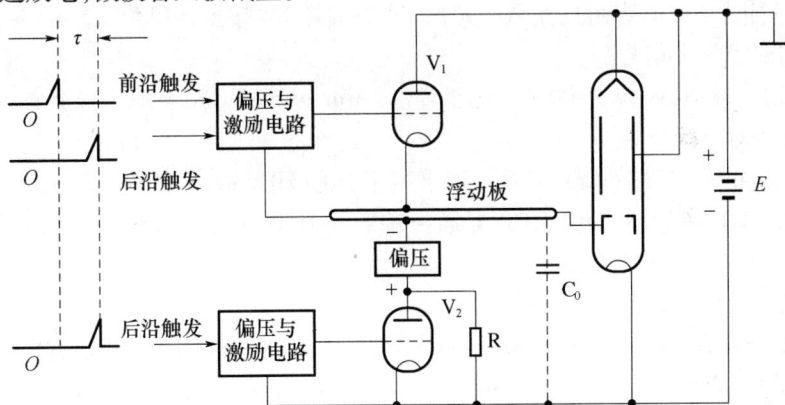

图 6-5 浮动板调制器电原理图

图 6-6 是苏联早期生产的某大型雷达中浮动板调制器的电原理图,后常被俄罗斯其他雷达广泛引用。它较图 6-5 有很大改进,主要是加上起截尾作用的比较管 $Л_1$ 以及由晶体管组成的控制电路板 фГ127M,调制管为两个 5.5kV 的 ГМИ-42Б(20 世纪 60 年代我国曾生产过此型号管子)。下面简述其工作过程。

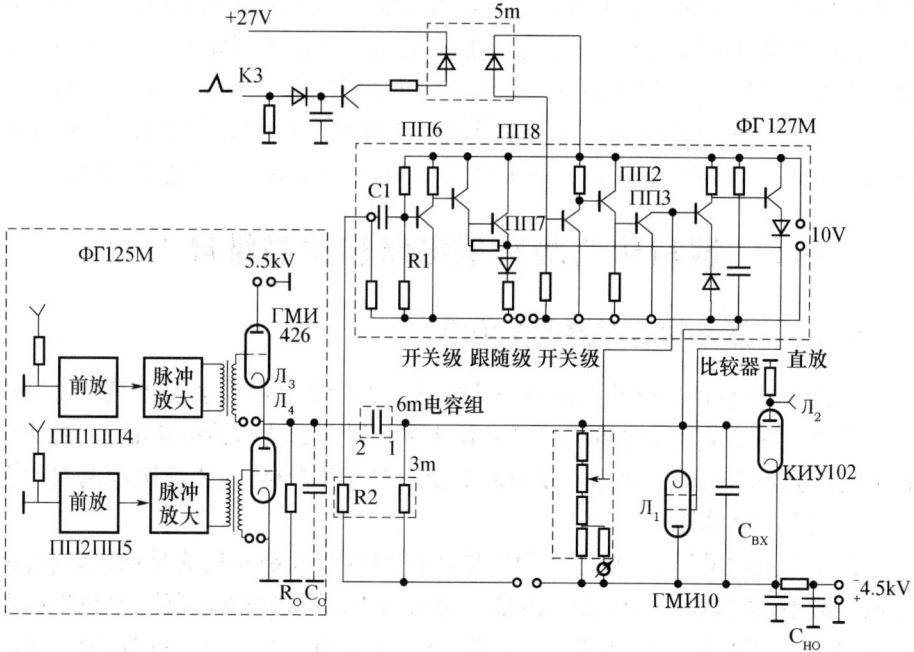

图 6-6 浮动板调制器典型电原理图

开始时:没有触发信号。$Л3$、$Л4$、(有-70V偏置)、$Л1$(栅极和屏蔽极有-30V偏置)均截止(直流电压有一定偏差范围)。C_{BX} 充至约-4.2kV,使微波管 $Л2$ 截止。6m 电容组也充至一定值,其 2 端经 R_0 接至地电位。

当前沿触发信号后:

(1) +5.5kV→$Л3$→将 C_0 充至峰值→6m→C_{BX}→C_{HO}→地。微波管因栅偏大于或等于 0 而导通。

(2) 4.5kV 正端→C_{BX}→30V→R1 产生负压使 ПП6 截止→C1→R2→-4.5kV。

(3) ПП6 截止→ПП7ПП8 导通→10V 经 ПП8→使 $Л1$ 导通→维持微波管零偏置。维持脉冲平顶。

当后沿触发信号后:

(1) $Л4$ 通→6m2 端接地→C_{HO}→C_{BX} 又充至 42kV→6m1 端→微波管截止。

(2) 6m2 端→$ЛЛ4$→C_{HO}→4.5kV→R2→C1 充电→R1→+30V→6m1。使 ПП6 导通→ПП7ПП8 截止→$Л1$ 截止。

120

6.5.2 调制管的检测、维修

随着电力电子技术的飞速发展,在国内研制和生产的雷达发射机中,广泛采用 MOSFET(金属氧化物半导体场效应晶体管)和 IGBT(绝缘栅双极晶体管)作调制管。在栅控微波管中,因为功率不大,电压一般几千伏,可采用串联 MOSFET 直接耦合法,通过光纤传输驱动,进行高压隔离传输,具有良好的抗电磁干扰性能。大功率阴极调制器通常采用 IGBT 固态调制器组元电路叠加,IGBT 商品化产品 DIM800NSM33 型其漏源电压 3.3kV/800A。在脉宽为 1ms 时,允许通过的峰值电流为 1.6kA,导通延迟为 500ns,上升时间为 275ns,下降时间为 230ns,短路电流为 5.2kA。但是,国外(俄罗斯和乌克兰)早期生产的雷达发射机,在调制器和电源系统中还较多地使用电真空器件,因此,给维护工作带来许多不便,这就需要了解老一代调制管。

1. 发射机用的老一代脉冲调制管维护和更换

脉冲调制管的维护和微波管有很多类似之处,其中最重要的一点是电真空器件在使用前必须"老炼"和逐步加高压。前面所谈维修准则也可为维修大功率调制管做参考。

国外大调制管有故障时可考虑用国产类似型号管。以国内常见的早期苏联 ГМИ-42Б 等调制管为例,曾生产这些管子的工厂为北京电子管厂和锦州 777 厂。表 6-3 是这些厂曾生产的脉冲调制管产品。

表 6-3 一些常用的脉冲调制管

国产型号	FM-30	6P12	TM 85	TM-90	TM-2F	TM-86
相当俄罗斯型号	ГИ-30		ГМИ-85	ГМИ-90	ГМИ-2Б	325
阳极耐压/kV	5	4	22	32	30	37
管压降/V	600	600	2000	2000	3000	4000
脉冲电流/A	8(双)	5	15	40	100	85
阳极损耗/W	15	12	60	120	270	360
截止偏压/V	-200	-200	-800	-600	-600	-600
脉冲宽度/μs	1~3	1~3	1~2.5	1~3	1~3	1~3
输出电容/pF	7	10	10	16	16	16
灯丝电压/V	2.25/6.3	1.38/6.3	2/25	7.8/25	17.5/25	14.4/25
冷却			风冷	风冷	风冷	风冷

2. 浮动板栅极调制器常见故障

高压脉冲调制器的检测可采用图 6-7 所示通用测试电路。浮动板栅极调制器打火,是常见故障。原因是当微波管打火时,栅极电位会突然降低,使浮动板对地分布电容储能放电,并与回路电感 L_0 形成振荡,其过高的尖峰电压会击穿开关管。在雷达执行任务过程中出现这类故障,可考虑采取以下临时措施来保护调制器和相关电路的元器件。

（1）在开关管 V（即调制管）两端并联压敏电阻或钳位二极管,以吸收高压尖峰脉冲,保护开关管。

（2）当浮动版对地发生电晕或打火时,可在调制器和微波管栅极间串联一个电阻或电感,以限制浪涌电流。

（3）当变压器绕组或管座等处打火时,可试涂以硫化硅胶覆盖其暴露的金属表面。

（4）特别注意通风、散热、防尘,以改善工作环境。

（5）确保处于高频场或高压周围的元器件表面清洁光滑,无毛刺。

（6）检察风冷、液冷、充气系统有无泄漏,并立即纠正。

（7）检察微波馈线系统连接是否松动,并立即纠正。

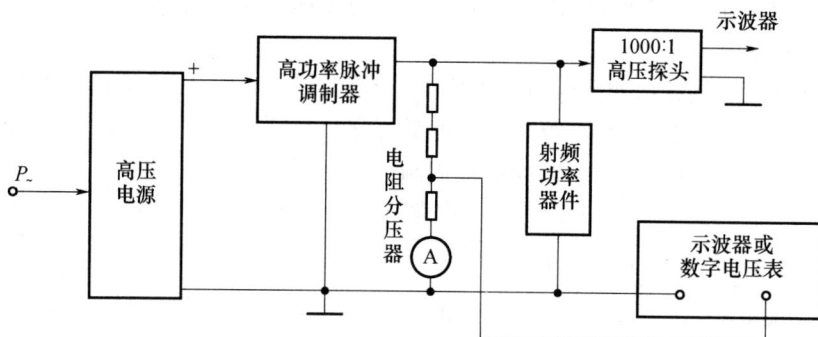

图 6-7　高压脉冲调制器通用检测电路

6.6　发射机电源的检测、维修[1,2]

发射机中电源故障率是很高的,尤其是高压电源,维修起来颇感棘手。由于低压电源的原理和维修已有很多资料讨论。本章只谈高压电源的维修。

1. 高压电源原理

高压电源是放大链式发射机的关键组成之一,其性能好坏对发射机性能有举足轻重的影响。根据资料报道,国外相控阵雷达和其他大型雷达的高压电源;大致有两种方式:一种是传统式的高压电源;另一种是开关式高压电源。

1）传统式高压电源

主要方案有以下两类:

一类是用电机带动的调压器对输入交流电调压,经高压变压器升压,桥式或12相整流,π型电感电容滤波电路,最后输出直流高压。输出电压不稳定时经采样,与基准(稳压电路)比较,误差电压反馈至控制电路(电机),微调调压器使电压保持稳定。俄罗斯的雷达,采用这种方式的居多。图6-8为传统式高压电源原理性电路图。

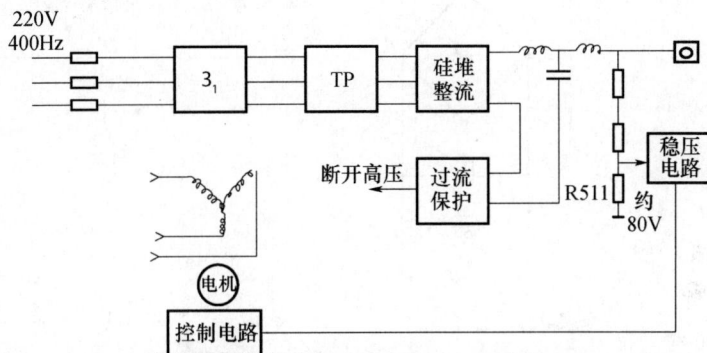

图6-8　传统式高压电源电原理图

图6-8中,3_1为电感调压器,由电机M带动次级线圈旋转达到改变电压。TP为高压变压器,高压整流用硅堆。稳压电路取出80V输出电压送到控制电路与参考电压比较,从而控制电机,达到稳压的目的。这类高压电源技术上比较成熟,但体积、重量都较大,往往占发射机近一半的空间和重量。

另一类是用晶闸管调相器对输入交流电调压,接下来的电路就与上一方案差不多。输出电压不稳定时采样误差电压反馈控制晶闸管的相位达到稳压的目的。这类高压电源的体积、重量稍小于上一方案。

2) 开关式高压电源

国外雷达高压电源另一方式是采用开关电源技术,以采用串联谐振型直流变换器开关稳压电源居多。其基本电路形式有两种:一种用于较低电压和较小功率,如多注速调管的负偏置电源,常采用半桥式串联谐振型变换器,如图6-9所示;另一种适于高压和大功率,如发射机的末级大功率功放,常采用全桥串联谐振型变换器,如图6-10所示。二者所用晶体管VT大都采用IGBT,或IGBT模块。高频变压器B的铁芯材料为铁氧体或非晶合金。

这两种开关型高压电源的原理是一样的。以图6-10为例,IGBT触发电路依次触发(VT_1、VT_4和VT_2、VT_3),使LC和T(负载)串联电路依次被正向、反向激励、产生的交流电流(频率取决于LC谐振频率和激励频率,约几十千赫)经变

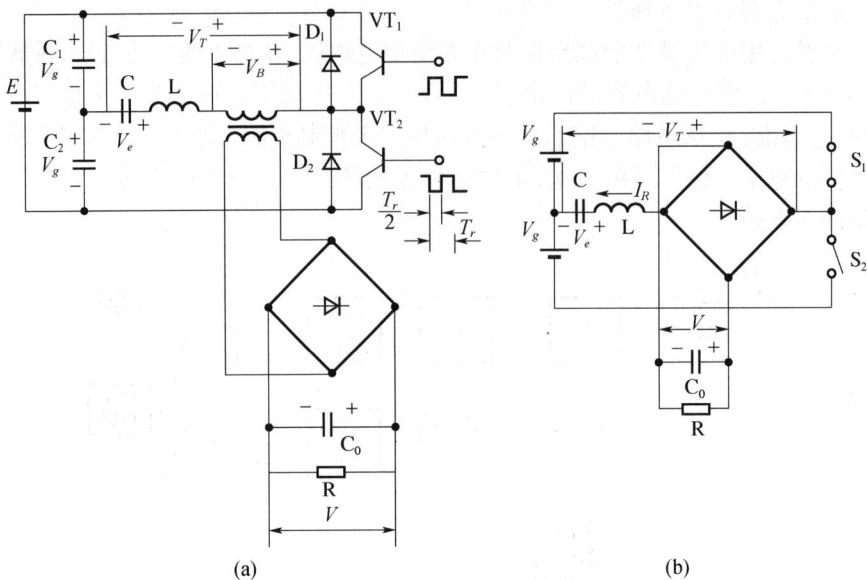

(a)

(b)

图6-9 半桥串联谐振式变换器

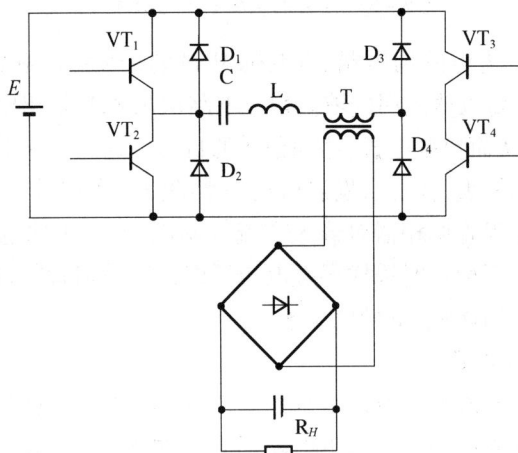

图6-10 全桥串联谐振式变换器

压器 T_1 升压后再整流,就得到所需的直流高压。一部典型的相控阵雷达发射机,若采用高压大功率开关电源,其典型技术数据为:输入三相 400H,208V;输出电压为直流 24kV,电流 1.7A,波纹 0.01%。

2. 高压电源的维修

高压电源的维修在一些维修站和工厂都有比较成熟的经验,配有高压测试仪表、高压探头和等效负载(可自制),备有充足的国产备件。一般大型相控阵

124

雷达对高压电源都设计有一套完善的控制电路、保护电路和检测告警电路,维修人员应先弄清这些电路的作用和工作原理。

(1)控制电路控制整个高压电路的工作程序,其中重要的是对高压输出实现"软启动",即使高压自动逐步上升。因为高压输出端,尤其是开关式高压电源,都并有大电容。软启动可防止电源启动时,LC滤波器造成的电压、电流过冲。

(2)保护电路主要有两方面,一是对电源本身主要为过流保护;二是对负载主要为过压保护。

(3)检测告警电路要求对电源全面监测,有故障时及时报警。

要注意的是,有时故障并非来自电源本身,而是来自这些电路。

6.7 发射机冷却系统检测维修综述[2]

发射机冷却系统在发射机中居于十分重要位置。冷却系统不正常,能使整个发射机(包括天馈系统)轻则不能正常工作,影响设备寿命,重则损坏设备,尤其是微波管、调制管、整流管等大功率器件。正如本章开始时所说,根据资料和维修人员经验,冷却系统故障率居发射机各部分故障率之首。但冷却系统检测维修的专业性很强,并涉及机械、电气、材料、热学等多方面技术知识,有很多专著、资料、规范讨论它的有关问题。本节对这一系统的原理和测试维修方面的主要问题作一综合性介绍。

6.7.1 发射机冷却系统的一般原理

发射机(包括天馈系统)中有大量发热(耗散功率)的器件,耗散大的有微波管、调制管、高压整流管等,小的有铁氧体移相器、前置调制器、电源控制部分等。雷达系统和设计人员根据器件耗散功率大小,决定其采用强迫风冷、还是强迫液冷。此外还有采用热管冷却和蒸发冷却等新技术,后者都应用于大型雷达发射机,它比常规冷却技术具有更高单位面积耗散功率,但因费用较昂贵,且体积庞大,在车载相控阵雷达中很少采用。

1. 强迫风冷

对于中小耗散功率的元器件,尽量采用强迫风冷方式。它具有结构简单、成本低、维修方便等优点,缺点是体积较大,噪声较高。

例如,苏联 SAM-2 致导站,采用铁氧体作高频定向衰减器,其表面耗散功率约 125W。当环境温度为 400 时,要求表面温度低于 140℃。经维修人员核算,因铁氧体散热面积为 $137cm^2$,单位面积耗散为 $0.91W/cm^2$。根据热力学公式,只要空气平均流速大于 25m/s,就可使铁氧体表面温度低于 140℃,因此采用强迫风冷方式完全可以满足要求。

2. 强迫液冷

对于大耗散功率的元器件,如微波管,必须采用强迫液冷方式,它比强迫风冷方式可使微波管单位面积上耗散功率提高 1~2 个数量级。例如,美国 QK-1224 微波管在水压 $42 \times 10^5 Pa$,流速 30.5m/s,水温升 20~25℃时耗散功率密度达 5010kW/cm²,较强迫风冷提高三四个数量级。

强迫液冷的冷却液有水(蒸馏水、去离子水)、变压器油、航空液压油、氟利昂 113、Fe-43、Fe-75 等。目前,大多数雷达发射机采用水尤其是蒸馏水作冷却液,因为水不仅有高导热系数和大的比热,且其黏度合适,易于运转。其缺点是在 0℃时冻结。在冬天工作时应加防冻剂,最常用的防冻剂为乙二醇,在纯水中添加不同比例的乙二醇,可以控制冻结温度。

俄罗斯某些雷达采用的冷却液为 Антифриз-65,据分析其主要成分也为乙二醇加纯水,它稳定、导热好、防冻、黏度低、电阻和介电强度高、损耗小,可使微波管单位面积上功耗提高两个数量级。

强迫液冷有一套较复杂的冷却液循环系统,循环原理类似家用空调机。图 6-11 所示为美国某车载雷达纯水冷却系统原理框图,图 6-12 所示为俄罗斯某车载雷达液冷冷却系统原理框图。

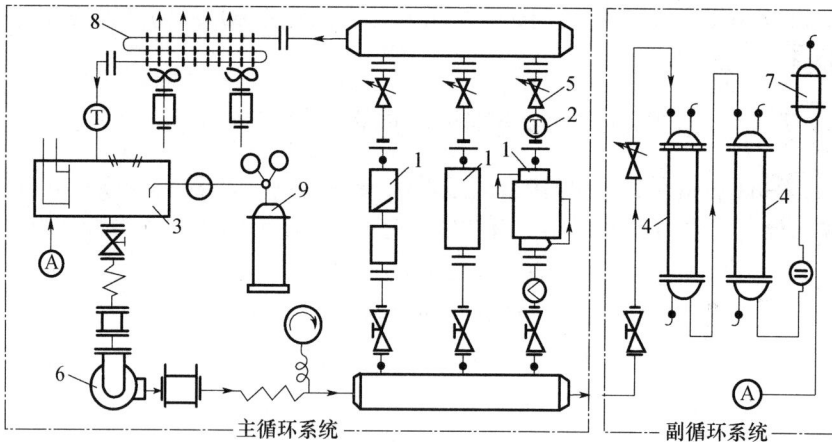

图 6-11 美国某车载雷达纯水冷却系统原理框图

1—被冷却器件;2—温度接点;3—储水箱;4—离子交换器;5—流量接点;
6—水泵;7—气水分离器;8—热交换器;9—氮气瓶。

3. 热管技术

热管技术是 20 世纪 70 年代国外科研人员发明的一种称为"热管"的传热元件,它充分利用了热传导原理与制冷介质的快速热传递性质,透过热管将发热

126

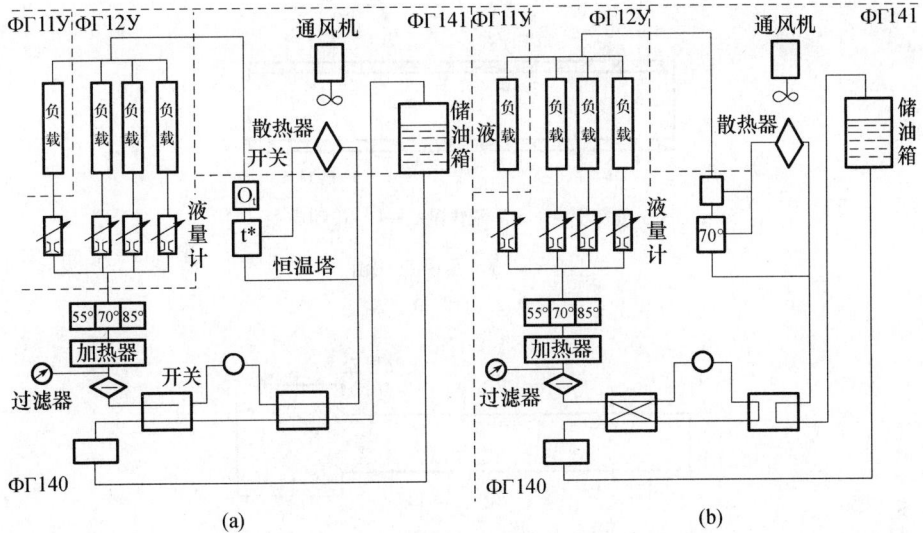

图 6 - 12　俄罗斯某车载雷达液冷冷却系统原理框图

物体的热量迅速传递到热源外,其传导热量能力超过任何已知金属的导热能力。经过测试可知,热管的导热速度是金的 1000 倍。热管技术在国外已被广泛应用在航空、军工、电视和广播发射机等行业和散热器制造行业。

　　为什么热管会拥有如此良好的导热能力呢? 从热力学的角度看,物体的吸热、放热是相对的,凡是有温差存在的时候,就必然出现热量从高温处向低温处传递的现象。热传递有三种方式:辐射、对流、传导,其中热传导最快。热管就是利用蒸发制冷,使得热管两端温度差很人,使热量快速传导。典型的热管由管壳、吸液芯和端盖组成。将管内抽成 $1.3 \times 10^{-4} \sim 1.3 \times 10^{-1}$ Pa 的负压后充以适量的制冷介质(液体),使贴紧管内壁的吸液芯毛细多孔材料中充满液体后加以密封,管的一端为蒸发段(吸热段),另一端为冷凝段,中间段为绝热段,如图 6 - 13 所示。工作时蒸发段的介质受热后吸收汽化潜热而变成蒸汽,故蒸发段的压力高于冷凝段,在热管二段形成压力差,此压差驱动蒸汽迅速从蒸发段流向冷凝段。蒸汽就在冷凝段冷凝成液体,并靠管芯毛细管作用又流回蒸发段,如此不断完成热量转递。

　　在常规热管上加一个储气室(图 6 - 14),就成为可变热管。室内有不凝结气体,如氮气。当工作时气体随蒸汽流向冷凝段,而不凝结气体积聚在冷凝段端部形成气塞。当蒸发段继续升温,气压继续增加,进一步压缩气塞,从而扩大冷凝段有效冷却面积,这就抑制蒸发段温度上升;反之,若气塞膨胀,冷凝段有效冷却面积缩小,致使蒸发段温度不再下降。这样,可变热管就具有一定自动温度调节作用。

　　自 20 世纪 80 年代后,热管在国内外雷达发射机中就获得广泛应用,如行波

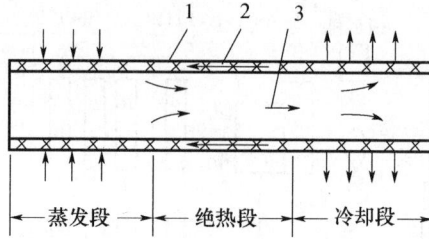

图 6-13 热管原理图
1—管壳;2—管芯;3—蒸汽。

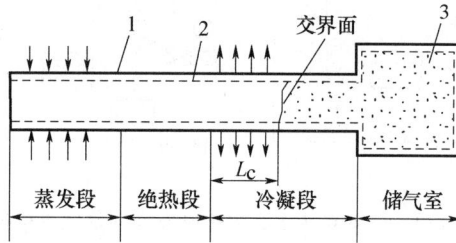

图 6-14 可变热管原理图
1—管壳;2—管芯;3—不凝结气体。

管收集极热管散热器、速调管收集极热管散热器、磁控管阳极热管散热器和可变热管作为雷达移相器的恒温器等。

图 6-15 为某雷达铁氧体移相器用可变热管作为恒温器的实例。当冷凝段用水来冷却,铁氧体的发热量在 37.2~58.2W 时,可变热管上导板的温度控制在 25±1.5℃ 之内,在全长上温度不均匀度也在 ±1.5℃ 之内。

6.7.2 发射机冷却系统检测维修的一般准则

(1)风冷系统的故障大都源自风泵、风扇等设备损坏,或线路故障,比较容易排除。噪声变大大都源自设备陈旧老化,但突然性噪声变大则可能源自机械结构上出问题,如螺钉松动、支架断裂等。

(2)液冷系统的故障检测维修

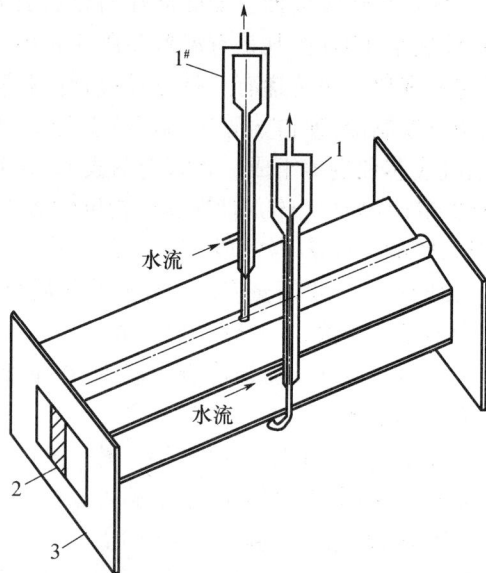

图 6-15 可变热管作某雷达移相器的恒温器
1—可变热管;2—移相管;3—波导。

128

专业性强,非专业人员不得随意拆卸、随意加电检修。

液冷系统的常见故障是液泵损毁或不正常,此时必须更换备份件。有时备份件短缺,也可临时用相同规格的国产件来替代。但要注意,国产液泵,即使规格指标与国外的完全相同,尺寸上鲜有完全一样的。一般说来国产泵尺寸偏大,难以装下,有经验的设计人员和工人有时能想方设法解决问题。

有时液冷系统故障只是流量计损毁,或读数误差过大,此时就需送修流量计。注意,流量计必须严格按规定,定时送计量部门计量标校。

（3）液冷系统的另一常见故障是流通管道发生液体泄漏,临时补救措施可采取涂抹硅橡胶等。

（4）维修人员应熟悉冷冻系统的电路和管道冷冻液,熟悉所用冷冻液的物理性能。补充冷冻液,应采用原牌号和规格的,至少性能指标上非常接近原来的牌号。表6-4是常用冷却液物理性能表。

表6-4 常用冷却液物理性能表

冷却液/℃		黏度 $\mu/(kg \cdot m^{-1} \cdot s^{-1})$	导热系数 $k/(W \cdot m^{-1} \cdot ℃^{-1})$	比热 $C/(J \cdot kg^{-1} \cdot ℃^{-1})$	沸点/℃	冰点/℃
水	10	13.06×10^{-4}	0.574	4191	100	0
	30	8.01×10^{-4}	0/168	4174		
	60	4.7×10^{-4}	0.659	4179		
FC77	0	2.356×10^{-3}	0.0649	1005	97	
	30	1.288×10^{-3}	0.0631	1056		
	60	0.805×10^{-3}	0.0609	1105		
俄罗斯列娜-65 乙二醇防冻液	-60	2.70×10^{-3}	0/315	2390	120	-65
	0	16.1×10^{-3}	0.322	2847		
	60	2.124×10^{-3}	0.359	3303		

6.8　相控阵发射机综合测试台设计举例

本节介绍由我国电子工作者自行设计的,专用于检测相控阵雷达发射机的综合测试系统,图6-16所示为该系统的原理框图。它实质上就是一台微波发射机,因此和实际发射机一样,各种冷却设施、保护设施、大功率等效负载等一应俱全。与实际发射机不同处是在确保发射机电气性能的前提下,结构空间可以不受限制,包括各种连接件、紧固件、接插件等,还可以增添各种设备,包括软件。

微波管不用管座,而是用卡圈将其牢牢固定,引出线悬空或用硅胶固定在微波管玻璃壳上,其主要测试仪器为频谱仪、功率计和示波器。由定向耦合器耦合出一小部分发射功率输送给测量仪表,进行测量,可测参数有发射功率(峰值和平均值)、发射包络波形、频谱、工作频率、相位噪声等。综合测试台有严格的安全操作规程,并有专业人员操作和管理。

综合测试台的设计重点(难点)在于:在确保发射机电气性能的前提下,通过自行设计的软件和设备,能准确、快速地发现发射机故障出现的组合、组件或故障点。

综合测试台有严格的程序加电和程序关机控制。加电程序一般为风冷→液冷→充气系统→低压电路→钛泵电压→半高压→高压电路→低功率调制→大功率调制电路→微波激励(由小到大);关机程序为微波激励→调制脉冲→高压电路→低压电路→充气系统→液冷系统→风冷。

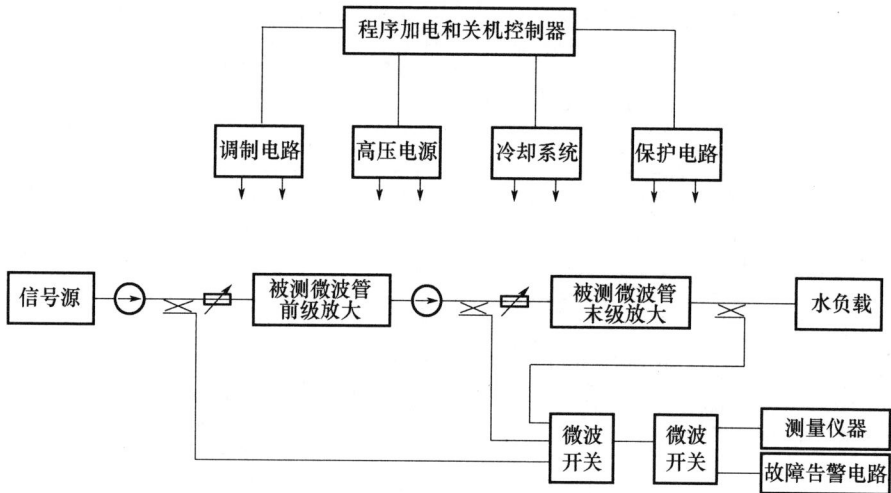

图 6-16 相控阵发射机综合测试台原理框图

参 考 文 献

[1] 郑新.雷达发射机技术[M].北京:电子工业出版社,2006.

[2] 王新全,方光乾,刘晓凯.防空导弹制导雷达收发设备[M].北京:宇航出版社,1996.

[3] Special Technology Areaon Vacuum Electronics Technology for RF Applications. Reports of DOD Advisory Groupon Electron Devices,Dec. ,2000:11,12.

[4] 黄槐.制导雷达技术[M].北京:电子工业出版社,2006.

[5] Skolnik M. Introuction to Radar Systems[M]. Third edition. 北京:电子工业出版社,2007.

[6] 丁耀根. 大功率速调管的设计制造和应用[M]. 北京:国防工业出版社,2010.

[7] Ding Y,Shen B,Cao J. Research Progress on X-band Multi-beam Klystron[J]. IEEE Trans. on Electronic Device,2007,54(4):624 – 631.

[8] 余振坤,郑新. 一种微波脉冲功率放大器的幅相测试方法[J]. 现代雷达,2003,24(3):60 – 62.

[9] 肖弘. 雷达发射机热设计[C]. 中国电源散热器应用和技术发展研讨会论文集,2005:16.

第7章 相控阵雷达接收机特点及检测维修

7.1 相控阵雷达接收机的组成

相控阵雷达的接收机一般由三部分组成:微波接收机(也称微波前端)、中频接收机、和频率源。图7-1为其组成及原理框图。

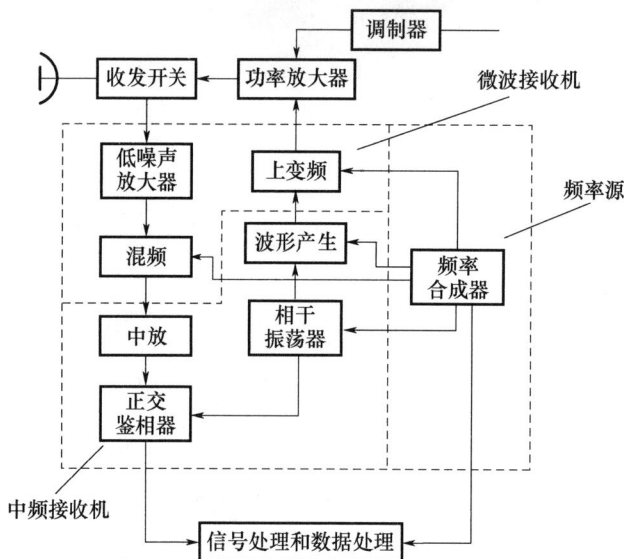

图7-1 相控阵雷达的接收机典型组成框图

现代相控阵雷达的接收机几乎全部采用全相参体制,因此它与一般全相参雷达(如脉冲多普勒雷达)的接收机相比,在原理、组成、电路、测试方法等方面并无太大原则性区别。它的作用是先由微波接收机的低噪声器件将回波信号进行接收、放大,相参混频至中频;再输出至中频接收机,经正交鉴相处理,最后输出I、Q分量至信号处理和数据处理器。频率源则为全接收机乃至整个雷达提供频率和时间基准,此外整个接收机也采用一些成熟的先进技术,如单脉冲技术测角、恒虚警技术检测目标等。当然,相控阵雷达的接收机有一些特点为其他雷达所没有。维修技术人员应首先熟悉这些具体特点,才能得心应手做好测试维修工作。

相控阵雷达接收机与常规雷达接收机不同特点：首先它是多通道的,以满足雷达多功能要求,如目标通道、导弹通道、搜索通道、跟踪通道等。控制各通道协同工作,并保证各通道特性(幅度、相位)一致,是接收机一项重要任务,为此有的接收机专门配置中频校正信号源或中频噪声源,以保证各通道特性一致。

用于防空导弹系统的相控阵雷达都要求接收机具有较大的动态范围,一般往往要求在100dB以上,以满足武器装备既能对付远程和又能对付近程目标的作战性能要求。这里举个例子:如目标监视雷达测飞机距离为4~200km,这就相当于信号变化为68dB。飞机横截面从2~200m^2,相当于17dB的变化量。有时实际横截面波动范围可能达30dB。考虑到上面三个因素,总的目标回波变化达到115dB,此为近似的动态范围极端值。如需要检测更小目标回波,可能需要更大的动态范围。如何达到这样大的动态范围,美国和俄罗斯的雷达各有各的办法,这将在7.2节进行详细分析。

相控阵雷达不同的信号处理体制决定了接收机有不同结构。例如,美国几种相控阵雷达都采用低PRF的MTI体制,其收发隔离问题用常规的放电管就能解决。俄罗斯某些相控阵雷达采用高PRF的脉冲多普勒,其收发隔离问题就变成一大技术难关。

雷达接收机数字化应该说是个重要发展方向[3]。基于20世纪末提出的"软件无线电"概念,从理论上讲,接收机从射频前端一直到终端可以实现完全数字化。不过在武器系统中,这种全数字接收机尚未见有具体实现;最多的是中频数字式接收机。在这方面,具有先进微电子技术的美国自然领先。不过俄罗斯凭借其扎实的模拟电路技术,也能做出世界一流的雷达和接收机,尤其是俄罗斯敢于采用高PRF脉冲多普勒体制接收机,堪称一绝。

以下将进一步讨论相控阵雷达接收机特点及检测维修技术。

7.2　美俄两国相控阵雷达接收机的不同技术特点

美俄两国相控阵雷达的接收机有着很多不同的技术特点,弄清这些特点是做好测试维修工作的前提,同时也对系统设计人员和电路设计人员参考借鉴和开阔思路大有好处。

美国有最先进的微电子技术,美国(以及西欧)的相控阵雷达很多采用低PRF(一般只几千赫)的MTI体制或脉冲多普勒体制,因此它在接收机全数字化方面几乎没有什么障碍。不过较多的还只是数字中频接收机,即其前端中频放大和滤波(如抗混叠滤波)往往仍用模拟电路,因为这样可使中频信号有足够的幅度和要求的频谱纯度,大大减轻下面 A/D 变换和信号处理的负担。因此,实际数字化常自 A/D 变换—零中频鉴相(I/Q 鉴相)开始,之后完全采用数字化电路。

由于低 PRF,美国的雷达接收机利用各种措施,包括 STC、AGC 和对数放大等来扩展总的动态范围,尤其是 STC(灵敏度时间控制电路,又称近程增益控制电路),主要防止近程地杂波干扰(包括海浪等)使接收机饱和。另外,在地空导弹系统中,当导弹在起飞阶段,也需 STC 防止导弹应答信号使接收机过载。这种干扰随雷达作用距离的增加而减少。因此,STC 控制电压使接收机的灵敏度随时间,也即随相对应的距离而变化,近距离时增益低,而远距离时增益高,从而扩大接收机的动态范围。一般雷达接收机的 STC 至少可减轻 40dB 的动态范围要求。图 7-2 是某低 PRF 相控阵接收机的 STC 特性。

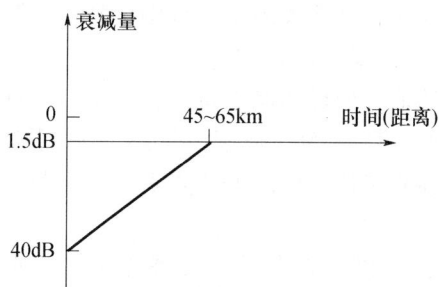

图 7-2 低 PRF 相控阵接收机的 STC 特性

下面讨论俄罗斯某些相控阵雷达接收机(如搜索接收机)的技术特点。这些雷达采用高 PRF 脉冲多普勒体制,PRF 高达 100kHz 以上(另外也分时发送中、低 PRF 信号,以解距离模糊),这就给接收机和其他分机带来一系列特殊技术难题。

众所周知,脉冲多普勒是一种比较先进的雷达信号处理方式。它通过一组多普勒滤波器对目标回波实现相参滤波,并行处理不同的目标速度,以抑制滤波器通带外的地物杂波和气象杂波,提取目标信息(注:国内有的教材称脉冲多普勒滤波的主要目的是测速,这是一种误解)。高脉冲重复频率的脉冲多普勒,俄罗斯文献习惯称为准连续波体制,它在对付高速机动目标方面更有优越性,因此是机载雷达的优选体制,但国内外有些著名雷达专家历来不主张地面雷达采用高 PRF 的脉冲多普勒处理方式。一些雷达教科书上历来只讨论机载雷达如何采用高 PRF 的脉冲多普勒体制。长期以来,人们的确也没看到美欧的大型地面雷达有采用高 PRF 的脉冲多普勒体制的,其原因何在? 美国著名雷达专家 Barton 在其名著《雷达系统分析》(1988 年第 2 版)及其新著《雷达系统分析和建模》(2005 年第 1 版(p. 178))中做了解答。书中强调"不鼓励使用高 PRF 地面脉冲多普勒雷达[2]",理由是此时目标距离呈高度模糊,由此带来一系列关键技术难以解决。归纳起来,这些技术难关有三个:①由于存在严重的距离模糊,远处目标极可能在某一个距离门内与近处地物杂波混淆。要提取目标信息,就需对强地物杂波进行有效衰减。据 Barton 计算,这种衰减约需 110dB,Barton 认为"这一要求难以满足"。②同样的道理,对雷达相干频率源(STALO)的相位噪声也有严格的要求。在多普勒滤波器带宽内地物杂波的相位噪声(来自 STALO)功率值亦应小于 -110dBc。这是因为虽然在 $F_d = 0$ 附近地杂波可被带阻滤波器衰减,但地物杂波在其他频偏处的相位噪声边带并不被衰减。③远程相控阵雷达对接收机动态范围的要求在 110 ~ 120dB 以上。前面说过,一般雷达可以采用 STC 措施来减轻对接收机自身动态范围要求,但高 PRF 的脉冲多普勒由于存在距离模糊,雷达接收机无法利用 STC,需靠接收机自身达到大线性动态范围,Barton 认为此"要求苛刻"。

除了上述三条外,本书作者多次指出另一技术难题:就是当 PRF 太高后,要求保护接收机的收、发开关的恢复时间很短(微秒级),一般放电管难以做到,这就要求另找恢复时间很短的收发开关,于是就带来收发隔离的新问题[22]。

面对以上技术难题,俄罗斯科技人员,还是一个一个地解决了。以下初步分析俄罗斯如何解决关键技术实现高 PRF 的脉冲多普勒接收机(在本章以后各节中还要进一步讨论)。

(1) 美国"爱国者"采用低 PRF 的 MTI 体制,其收发隔离主要靠恢复时间短的收发开关(如放电管等)。它的接收机高放就可以采用噪声系数很小的微波半导体器件(如砷化镓放大管,噪声系数可小至 1 ~ 2dB)。俄罗斯的 C - 300 采用高 PRF 的脉冲多普勒,在这样高的重复频率下,一般作收发隔离的放电管,其恢复时间难以跟上,就不能很好起到收发隔离的作用。因此,无法采用噪声系数虽小,但承受射频功率仅 1W 的微波半导体器件。俄罗斯解决的措施是采用回旋加速波静电放大管(CWESA,简称静电管[1])做高放。据报道,这种静电管的噪声系数为 0.8 ~ 4dB(与频段有关),更可贵的是,它可经受 200 ~ 500kW 脉冲功率和 2 ~ 5kW 的平均功率,大大减轻了高重复频率下收发隔离的压力,剩余的发射泄漏就由天馈系统采取收/发极化不同等措施加以解决(见 5.3.1 节)。

(2) 俄罗斯高 PRF 的脉冲多普勒接收机,首先在中频接收机一开头就用带阻滤波器滤除零速附近地杂波的一大部分,剩余部分再由多普勒滤波器进一步滤除。大体说来,这两处各能滤除地杂波 40 ~ 50dB,基本上达到 Barton 分析的要求。俄罗斯的模拟电路技术和滤波器技术历来有很高水平,事实也证明它设计出搜索接收机完全能达到要求。

（3）俄罗斯由于采用高 PRF 的脉冲多普勒,对它的频率源的相位噪声要求很高。Barton 等人在文献中论证至少在 120dBc/Hz 以上[2]。研制高稳定、低相噪的微波频率源本来就是俄罗斯的强项。在雷达中他们用速调管振荡器锁相于高稳定晶振(前者远端相噪低,后者近段相噪低,锁相后可得最佳相噪特性)作 STALO,完全能达到要求。

美国的频率源可以是频率捷变式的,但高 PRF 的脉冲多普勒较难与频率捷变兼容,这可能是俄罗斯雷达不采用频率捷变体制的主要原因。

（4）至于大动态范围问题,由于俄罗斯的模拟接收机不用 A/D 变换,处理起来比数字式接收机容易得多。另外,它在中频接收机一开头就用带阻滤波器滤除零速附近地杂波 40dB 左右,大大减轻了对后面中频电路动态范围的要求。而对于欧美常用数字式接收机来说,首先要求有位数很高(至少 16 位以上)的高速 A/D 变换。按目前国外军用 A/D 变换器水平(从稳定性考虑,一般最多用 12 位),还有相当差距。相反,看似落后的模拟接收机反而没有这样的苛求。当然如先用模拟式带阻滤波器滤除低杂波,再进行 A/D 变换和数字化,也是个有效的解决方案。此外,俄罗斯文献上发表的"对数变换式 AGC 控制电路"(见 7.4.2 节)是达到大动态范围的一个成功设计。

俄罗斯的高 PRF 脉冲多普勒体制,不但在 C－300 系统中相控阵雷达被采用,据俄方宣称在新推出并已服役的 C－400 中仍采用这种准连续波体制[4,5]。在 21 世纪初一次国际雷达年会上,俄罗斯安泰集团的总师在报告"俄罗斯雷达技术进展"中通报了他们的成果,使国外很多雷达专家刮目相看,与会的 Barton 也表示赞赏。有趣的是,美国"爱国者"系统在升级改造 PAC－3 时也增加"脉冲多普勒处理器,以提高了在杂波中提取巡航导弹目标信号的能力"。据作者计算分析,其雷达的 PRF 将达 100kHz 以上,也是高 PRF 脉冲多普勒体制。

综上分析可看出,美国专家似乎着眼于数字接收机,所以得出结论认为地面雷达不适于采用高 PRF 的脉冲多普勒体制,因为首先是大动态的 A/D 变换这一关不好过,而模拟电路反而没有这样苛求。因此作者认为,模拟电路作为一种基础技术,在相当长一段时间内不能说它已"穷途末路"。现在国内某些大学有轻视模拟电路基础课的倾向,是值得商榷的。

7.3 微波接收机

7.3.1 性能指标

图 7－3 是微波接收机典型的组成框图。

136

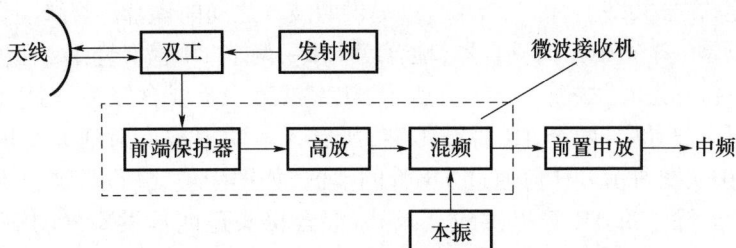

图 7 - 3　微波接收机组成框图

接收机高放的噪声系数(接收机灵敏度)无疑是微波接收机的最重要的性能指标,它的合格与否直接影响到系雷达的系统性能,如作用距离等。因此,在一些国外相控阵制导雷达中,都内置微波噪声源,以定期检测接收机的噪声系数,确保武器系统随时处于良好状态。这个噪声源一般就放置在高放前面波导段内,维修时要注意这个噪声源是否在计量有效期内。

雷达微波接收机除以上特点外,还有一些关键技术,如动态范围、平衡混频器及其性能指标的测试技术等,这些都将在本章中依次介绍。

7.3.2　收发隔离器件和收发开关

收发隔离问题在天馈系统一章中已经作了介绍。图 5 - 10 清晰表明,俄罗斯的雷达,依靠其能经受高脉冲功率的静电管,再加上收、发波是正交极化波,较好解决了雷达的收发隔离问题,但美欧等国大多数相控阵雷达仍采用快速收发开关做收发隔离器件。对收发开关的基本要求是极短的开关时间(几微秒或几纳秒),能承受大功率,同时损耗要小。

大多数高功率收发开关是一个气体放电装置,称 TR(发射—接收)开关。来自发射机的高功率脉冲信号引起气体放电装置被击穿,通向接收机被短路,保护它不被烧毁。在接收时,"冷"收发开关的射频电路引导回波信号达到接收机,而不是去发射机。在实用中,发射峰值功率可高至 1MW 或更大,但接收机只能承受小于 1W 功率。因此,收发开关必须在发射机和恢复时间之间提供超过 60 ~ 70dB 的隔离,其本身损失可忽略。

在高功率场合,收发开关往往不能做到完全保护接收机的任务。因此除气体放电管 TR 开关外,可能还需要一个二极管或变容管限幅器,以限制通过 TR 开关泄漏功率。它们同时还能保护来自其他雷达的高功率辐射。

以下简要介绍雷达中最常用的平衡式收发开关的机理。

1. 平衡式收发开关[1]

常见的收发开关如图 7 - 4 所示。它由二段短裂缝混合接头波导组成,二者窄壁相连,在公共壁上有一个裂缝,以提供两波导之间的耦合。裂缝混合接头波导也可以是一个宽带定向耦合器,耦合度3dB。两个TR管安装在每段波导内。

在发射状态时,如图7-4(a)所示,功率被第一个混合接头(图中左边)均匀分到每个波导中,两个TR管被击穿,所有入射功率被反射到天线再发射出去,如图中实线所示。任何通过TR管的泄漏,如图中虚线所示,被引到假负载被吸收掉。除了由TR管提供的衰减外,混合接头还能提供额外的20~30dB隔离。

在接收状态时,TR管不点火,接收的回波信号通过开关进入接收机,如图7-4(b)所示。功率在第一个接头处被平均分开,再经第二个接头,然后在接收臂从新组合达到接收机。应用短裂缝混合接头的工作原理,当信号从1号端口输入时,通过短裂缝后,分成大小相等但相位差90°,分别从2号和3号端口输出,但是1号端口与4号端口是隔离的。

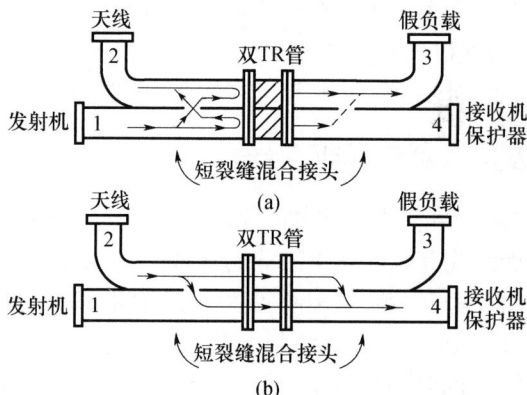

图7-4 平衡式收发开关(用双TR管和两短
裂缝混合接头)
(a)发射状态;(b)接收状态。

2. TR管

TR管是一种放电器件,它在高射频功率达到时能快速被击穿和电离,一旦功率消失时则快速去电离。

TR管中充有惰性气体,如氩气,具有低击穿电压,能很好保护接收机。这种器件寿命长,但去电离时间也长(较长的恢复时间,可至毫秒级)。在TR管中添加水蒸气或卤素气体,会缩短恢复时间,但寿命也会缩短。

为了确保TR管可靠高速度击穿,用一个辅助电子源在管中帮助起始放电,帮助触发击穿。另一种办法是放一个小的放射性源,优点是在保护放电时不会

138

增加宽带噪声电平,管子寿命也会长一个数量级,但是泄漏能量较多。

TR 管不是十分理想的开关,它总会使发射机有功率泄漏到接收机。射频泄漏的包络近似如图 7 – 5 所示,在泄漏脉冲上升沿边缘的极短持续时间内,会出现极高幅度的尖峰现象,这是因 TR 管电离和击穿都需要一定时间,这个时间典型值大约 10ns。TR 管中气体被电离后,通过管子的泄漏功率从尖峰会显著下降到泄漏脉冲的平顶部分。由于 TR 管需要一段恢复时间,因此即使发射脉冲消失,这一平顶部分仍需延长一段时间,甚至可达毫秒级。如果包含尖峰和平顶的脉冲功率过大时,会损坏接收机前端,TR 管使发射机功率衰减的典型值为 70 ~ 90dB。

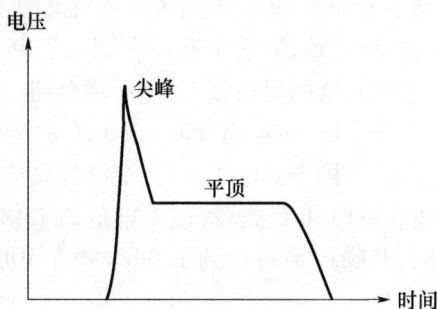

图 7 – 5 通过 TR 管的泄漏脉冲包络

为了进一步抑制发射机泄露功率,雷达在高放前常常再加一些保护器件。常用的有以下三种。

(1)二极管限幅器。通常可用一个 PIN 二极管限幅器放在接收机前端能进一步防止各种泄漏,二极管可以在有偏压和无偏压工作,无偏压工作承受功率小于有偏压工作情况。

(2)变容二极管保护器。变容二极管保护器动作极快,可以使用上升时间 1ns 的二极管,防止高功率射频源泄漏,对接收机起到保护作用。

(3)环流器作收发开关。环流器能提供发射机和接收机之间的隔离,隔离度可以达到 20 ~ 30dB。由于受到发射机和天线匹配的影响,还需要在接收机前面加保护器。大型环流器能承受 50kW 的平均功率。

7.3.3 微波接收机高放

1. 晶体管微波放大器

在欧美,雷达大都采用晶体管作为高放。低噪声晶体微波放大器在 X 波段其噪声系数达到 1dB,能承受 0.2W 泄漏峰值功率。若在放大器之前加一个二极管限幅器,则烧毁峰值功率达50W。但 X 波段二极管限幅器会使噪声也增加 0.5dB,在 C 波段二极管限幅器使噪声增加0.2dB。晶体管放大器的噪声系数随工作频率降低而下降,如在 C 波段,噪声系数仅0.6dB。

2. 静电管微波放大器

俄罗斯有些相控阵雷达,采用回旋加速波静电放大器(简称静电放大器)作为高放,美国著名雷达专家 Skolnik 在其《雷达系统导论》一书中对此作了详细介绍[1],并给予很高评价。这种放大器的独特性能是:低的噪声系数;5% ~ 10%的带宽;随频率线性的相位变化;能够在没有额外保护情况下承受高电平的输入功率,并能从过载后迅速恢复,所以不需要收、发开关或接收机保护器。接收机前端的损耗因此减小了许多,从而提高了接收机灵敏度。

这种静电放大管的机理大致是:管中有一个细电子束上的静电回旋加速波在输入结构里被发射,在中间结构里被放大,然后耦合到一个输出结构上。阴极的细电子束尺寸为 $0.03mm \times 0.7mm$,有 $250 \sim 280\mu A$ 的电流。这种器件需要一个纵向磁场,以便当输入信号耦合到电子束时,能够导致电子回旋运动。使用永久磁铁能减轻重量。在 S 波段和 C 波段,整个重量2kg,体积1L,功率消耗 $1 \sim 1.5W$。当频率3GHz时,其噪声系数达到1.0dB,频率10GHz时噪声系数达到2.4dB。

当静电放大器输入端出现一个大信号时,该信号造成一个很大的反射(或造成一个大的驻波),所以信号被完全反射并不被吸收,不像二极管保护器会吸收输入能量,这使接收机不需要额外的收发开关或二极管接收机保护器。当过载被消除后设备能迅速恢复工作;在 S 波段以上频率时,其典型恢复时间为20ns。在较低频率时,恢复时间要较长些。在 S 波段以上频率,它能承受10kW的峰值功率和300W 的平均功率;较低频率时能承受更高的功率。

为了获得更高的增益,可以在它后面加一个晶体管放大器作为第二级放大。例如,当工作在 $7 \sim 7.4GHz$ 时,这种组合的噪声系数达到3.4dB,增益23dB;能经受输入超过5kW 的峰值功率和150W 的平均功率;恢复时间50ns。

这种放大器20ns 的快速度恢复时间,对于高重复脉冲多普勒雷达具有强的吸引力,将会明显增加雷达最小作用距离,其性能指标明显优于 TR 放电管。俄罗斯采用静电管放大器后,其整个系统总的射频损耗远远低于西方国家类似的雷达系统。

7.3.4 微波接收机噪声系数的测试[8,10]

1. 噪声系数的基本概念

相控阵雷达微波接收机的灵敏度通常用噪声系数这一指标来表征。由于这一指标是关系到雷达系统性能的重要指标,维修人员要熟悉其基本概念,熟练掌握其测试方法。

根据奈奎斯特定理,一个阻值为 R 的电阻放置绝对温度 T 的环境内时会产生热噪声(白噪声)电压 $U_n^2 = 4kTRB$ ($k = 1.38 \times 10^{-23}$)。因此接收带宽 B 内产生的资用(指匹配情况)白噪声功率 $P_n = kTB$,或噪声功率谱密度 $W_n = kT$。在室温时 $T = 290K$(即 17℃,称为标准噪声温度),则噪声功率谱密度为 4×10^{-21} W/Hz,即 -174dBm/Hz。

在工程中因感到此量使用不便,又引入"噪声温度"概念。其定义为:在噪声功率谱密度为 4×10^{-21} W/Hz,即 -174dBm/Hz 时称为标准温度($T_0 = 290K$)。而在其他噪声功率谱密度 W_n 时,相应的噪声温度为 $T/T_0 = W_n/4 \times 10^{-21}$。注意:噪声温度不一定是物理温度。

噪声系数 F 的定义是"输入信噪比 S_i/N_i"与"输出信噪比 S_0/N_0"之比,即

$$F = (S_i/N_i)/(S_0/N_0) \tag{7-1}$$

或

$$F = 1 + (T_e/T_0) \tag{7-2}$$

式中:T_e 为接收机的噪声温度。

微波接收机灵敏度一般定义为:输出信号功率与输出噪声功率相等时之功率值,即

$$P = FkTB = -114\text{dBm} + 10\lg F + 10\lg B \tag{7-3}$$

式中:B 为等效噪声带宽;B 的单位为 MHz。

噪声源的主要指标为超噪比,其定义为

$$\text{超噪比 ENR} = (T/T_0) - 1$$

维修人员需要熟悉掌握以上基本概念、基本公式和基本数据。

2. 噪声系数测试的原理和物理概念

目前普遍采用 Y 系数法测量噪声系数。其原理为:接好电路(噪声发生器→被测设备→噪声系数测试仪),噪声发生器先不输出(不加电),如此时被测设备噪声输出功率为 W_1,再让噪声发生器输出噪声。假如被测设备噪声输出功率为 W_2,则 Y 为二次功率之比,噪声系数为

$$F = \text{ENR} - 10\lg \ (Y - 1)$$

其物理概念为:噪声发生器先后输出噪声 T_0(常温,或不加电)与 T_h。假如被测接收机噪声为 T_e,增益为 G,带宽为 B,则被测设备先后输出功率为

$$W_1 = GB(T_0 + T_e)$$
$$W_2 = GB(T_h + T_e)$$

以上两个方程式、两个未知数,因而可解出 T_e,并可得 GB。

实际测量时常用等功率法,如图7-6所示。当噪声发生器不输出噪声时($冷\ T_1$),调衰减器值 L_1 使测试仪读数为 A,然后噪声发生器输出噪声时($热\ T_2$)再调衰减器值 L_2,使测试仪读数仍为 A,则有

$$L_2 - L_1 = 10\lg Y \qquad\qquad (7-4)$$

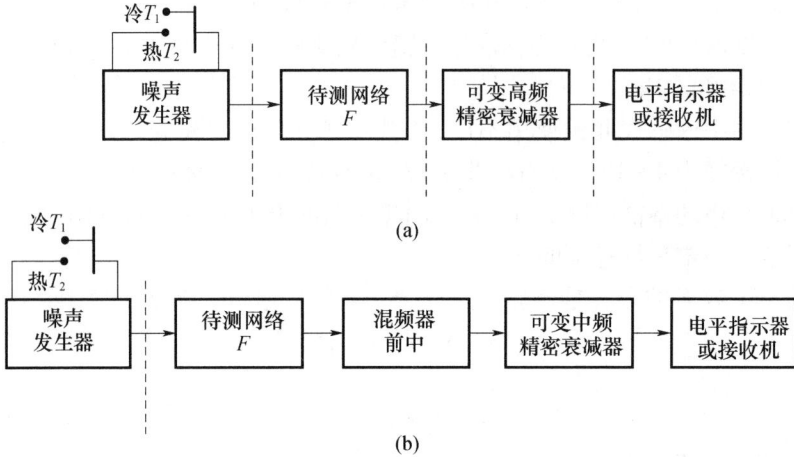

图 7-6 等功率法测噪声系数

(a)高频衰减等功率法;(b)中频衰减等功率法。

3. 微波噪声系数测试仪[19]

目前国内外一些公司都生产微波噪声系数测试仪,它既可作为中继级和基地级的配套仪器设备,也可用于前沿级,对雷达内置噪声测试设备作计量,或相互比对。常用主要型号有安捷伦公司的 HP8970A/B、8971、8972,最新型有 N8975、AV3981、AIL2075 等。以 HP8970 为例,其技术指标如下:

(1)频率范围:10MHz ~ 1.6/1.8/2.4GHz,再高频率用微波混频器(HP8975 等可直接至 18GHz)。

(2)调谐误差 = ±(1MHz + 调谐频率的 1%)(最大可 ±6MHz)。

(3)噪声系数 F 的范围 0 ~ 30dB ±0.1dB。

(4)增益测量;-20 ~ +40dB ±0.2dB。

(5)仪器本身 $F < 7$dB +0.003dB/MHz。

(6)输入 VSWR < 1.2。

(7)常配固体噪声发生器 HP346B。其 ENR 与频率有关,其值可输入至 8970 储存。测试时仪器能自动修正。

(8)可直读 F(dB)、T_e、G 或 Y(dB)。

注意:用微波噪声系数测试仪测量的好处是,能同时测出噪声系数、增益、带

142

宽三项主要指标。

7.4 中频接收机[3,4]

7.4.1 概述

和一般相参雷达接收机一样,相控阵雷达的中频接收机接在微波前端和信号处理器之间。它将混频后得到的中频信号进行放大,匹配滤波,扩展其动态范围,最后形成"零中频"信号(IQ 信号)输出至信号处理器。由图 7 - 1 可见,它的主要组成部分是中频放大器和 IQ 正交鉴相器。

现代相控阵雷达的中频接收机都为相干体制,单脉冲测角,多通道(如目标通道、导弹通道等)。注意,多数相控阵雷达的中频接收机都采用多次混频体制。在图中仅画出一次混频,但基本原理是一样的。美国有些相控阵雷达,其接收机采用数字体制。

中频接收机有关的技术指标很多,主要的和必测的有:

(1) 选择性(接收机带宽):选择性是表征接收机选择所性能指标需信号而滤除邻频干扰的能力。带宽则需与信号的频谱宽度相匹配。由于一般相控阵雷达都采用脉冲压缩体制,其信号波形的时间—带宽积(带宽—脉宽积)往往大于1,因此更应注意带宽的选择。

(2) 动态范围和增益:动态范围表征接收机正常工作时,所允许的输入信号强度变化范围。所允许的最小输入信号强度即最小可分辨信号 S_{min} 所允许的最大输入信号强度由系统工作要求而定。当信号太强时,接收机会发生饱和和过载,从而丢失目标,因此,一般相控阵雷达多要求其接收机有足够大的动态范围。这一任务主要由中频接收机来完成。增益表示输出信号与输入信号的功率比,显然,它与噪声系数、动态范围都有直接关系。

(3) 正交鉴相器的正交度:为了保持和获得雷达回波信号的幅度信息和相位信息,中频接收机的正交鉴相器将回波信号分解为 I、Q 正交分量。假定回波信号的幅度为 $A(t)$,相位为 $\varphi(t)$,则有同相分量:

$$I = A(t)\cos[2\pi f_d + \phi(t)]$$

正交分量:

$$Q = A(t)\sin[2\pi f_d + \phi(t)]$$

如果检相器电路不正交,就会产生幅度和相位误差,导致信号失真。在频域里,幅度和相位误差会产生镜像频率降低系统动目标改善因子。在时域,幅度和相位误差会降低脉冲压缩的主副比。

（4）波形质量和发射激励性能：为了提高雷达抗干扰能力和分辨能力，在接收机设计阶段要按要求进行波形设计和发射激励性能设计。其性能可从频域和时域两方面来检测。频域方面，主要观测波形和发射激励信号的频谱特性。例如，单载频矩形脉冲，其频谱应是标准的 $\sin x/x$ 函数。时域方面，信号质量主要包括调制信号包络的前后沿和顶部起伏，以及内部载频调制的频率和相位特性。

相控阵雷达的中频接收机的关键电路和关键技术有大动态范围实现方法、滤波器和匹配电路、I/Q 正交鉴相等。

7.4.2 实现大动态范围技术[3,4,6]

1. 基本概念

目前通常用 1dB 压缩点来表征接收机的动态范围。

进入雷达接收机的回波信号，动态范围往往在 80～110dB，但实际接收机的线性特性范围很难达到这个要求，尤其是数字接收机利用高速 A/D 变换更难以达到 100dB。因此，接收机必须采用种种增益控制方法使接收信号控制在线性范围以内，这就出现了输入动态范围和输出动态范围的差别。显然，输入动态范围 = 输出动态范围 + 最大增益控制范围。如无特殊说明，本书下面所述动态范围都是指输入动态范围，这也是符合科技人员的习惯叫法。

当接收机输出能力与回波动态范围不匹配时，它的非线性特性将对回波信号的限幅，常常造成对雷达系统性能指标下降。Barton 曾分析了动态范围对 MTI 改善因子的影响。回波被限幅后，将使杂波信号谱线展宽；经过 MTI 处理后将产生杂波对消剩余，从而降低了 MTI 的改善因子[2]。

图 7-7(a)表示因限幅而引起的杂波谱展宽情况。图中，f 为信号频率，B_{3dB} 为 3dB 带宽。由图可见，当平均杂波功率高于限幅电平 20dB 时，半功率时谱扩散 2～3 倍；在 -30dB 电平上约扩散 5 倍；在 -50dB 上约扩散 55 倍。图 7-7(b)给出采用一个、二个和三个对消器的 MTI 系统在线性时和限幅时造成改善因子 I 的差别。图中，$Z = 2\pi\sigma_V/V_b = 2\pi\sigma_C/f_R$，$\sigma_V$ 为杂波速度谱标准偏差，量纲为 m/Hz；σ_C 为杂波功率谱标准偏差，量纲为 Hz；f_R 脉冲重复频率。显然，比值 Z 就是归一化杂波扩展，是杂波谱扩展超出 MTI 对消器抑制凹口而进入通带多少的度量；n 为天线每次扫描对目标照射次数。

2. 合理设计和分配各级增益和电平关系

接收机的增益、微波噪声系数以及动态范围三者是密切相关的。下面举一个 S 波段雷达实例来说明如何合理设计和分配各级增益和电平关系。这张图对接收机调试、检测都至关重要，维修人员应针对具体设备画出这样一张关系图。

假定接收机噪声系数 $F = 2dB$，匹配带宽为 3.3MHz。线性动态范围为

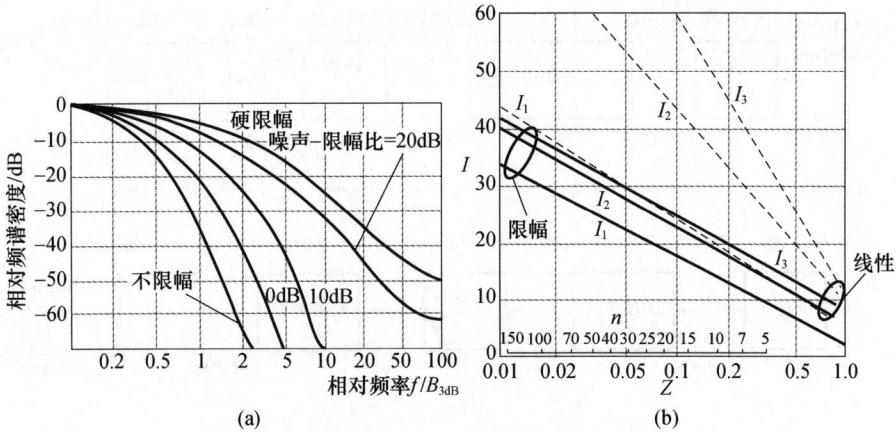

图 7 - 7　动态范围对 MTI 改善因子的影响

（a）因限幅引起的杂波谱展宽；（b）因限幅造成改善因子降低。

60dB。要求接收机输出至信号处理器 A/D 变换的最大电平为 2V，则接收机临界灵敏度为

$$S_{min} = -114 + F + 10\lg B \approx -107(dBm)$$

而接收机最大输入功率为

$$P_{in} = S_{min} + DR = -47(dBm)$$

接收机最大输出功率为

$$P_o = 0.707^2/50 = 10(dBm)$$

经合理设计和增益分配，得到整个接收机各级增益和信号电平关系，如图 7 - 8 所示。

图 7 - 8 中各级电路上方标的 dBm 电平值对应最大信号，而下方为最小信号，二者差值就是动态范围。需要注意，在实际中如要进一步扩大线性动态范围，则至少受两个限制：一是混频器的最大输入功率不能大于 +6dBm，否则将导致工作不正常甚至烧毁混频管；二是输出功率受 A/D 特性限制：AD 变换每一位对应动态范围为 6dB，最大功率应为 10dBm，则对一般采用的 14 位 AD 而言，其最小功率不能小于 -70dBm。

今假定希望线性动态范围能增至 80dB。由图 7 - 8 可见，首先混频器的最大输入将增至 +16dBm，超出了允许的 +10dBm，解决的办法是可将两个 LNA 的增益各降低 5dB（但要检查一下对噪声系数有无影响）。其次是最小输出信号将降至 -70dBm，超出了允许的 -50dBm，解决的办法是改用高位数的 A/D 变换。而实际上，相控阵雷达接收机动态范围常常要求在 100dB 以上，这就要求除扩大线性动态范围外还得采取其他措施，如 STC、AGC、对数放大器等。

来自天线 −47dBm

$G=30\text{dB}$ −17dBm　　$L=−6\text{dB}$ −23dBm　　$G=15\text{dB}$ −8dBm　　$L=−3\text{dB}$ 11dBm

限幅LNA → 滤波器和传输线 → 补偿LNA → 衰减网络

−107dBm　　−77dBm　　　　−83dBm　　　　−68dBm　　　−71dBm

$L=−8\text{dB}$ −19dBm　$G=15\text{dB}$ −4dBm　$L=−8\text{dB}$ −12dBm　$G=16\text{dB}$ 4dBm　$L=−7\text{dB}$

混频Ⅰ → 放大滤波 → 混频Ⅱ → 放大滤波 → AGC　　−3dBm

−79dBm　　　−64dBm　　−72dBm　　−56dBm　　　−63dBm

f_{L01}　　　　f_{L02}

$L=−2\text{dB}$ −5dBm　$G=10\text{dB}/5\text{dBm}$　$L=−15\text{dB}/−10\text{dBm}$　$G=10\text{dB}/10\text{dBm}$
$G=10\text{dB}/0\text{dBm}$

开关 ／ 限幅器 → 开关 → 放大 → 匹配滤波 → 放大 → I/Q鉴相 → I, Q

−65dBm　　−55dBm　　−70dBm　　−60dBm　　−50dBm

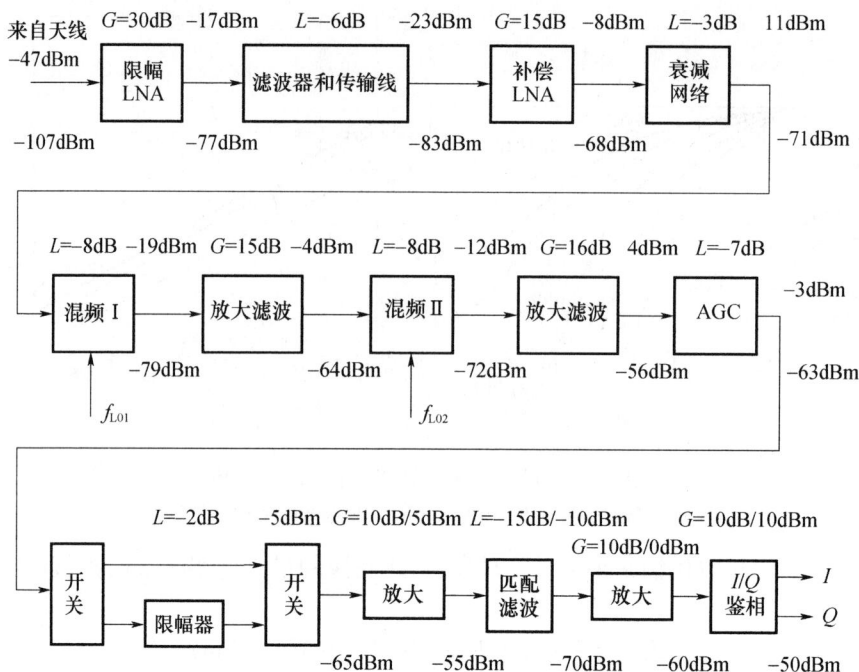

图 7−8　接收机增益与信号电平关系示意图

3. 用 STC 和 AGC 扩大整个接收机总动态范围

1）灵敏度时间控制电路(STC)

STC 又称近程增益控制电路,主要防止近程杂波干扰(如海浪等)使接收机饱和。另外,在地空导弹系统中,当导弹在起飞阶段,也需 STC 防止导弹应答信号使接收机过载,这种干扰随雷达作用距离的增加而减少。因此,STC 控制电压使接收机的灵敏度随时间,也随相对应的距离而变化,近距离时增益低,而远距离时增益高,从而扩大接收机的动态范围。但采用高脉冲重复频率的脉冲多普勒的俄罗斯相控阵雷达无法利用 STC,因为它的距离测量是高度模糊的。

在相控阵雷达中,STC 常用数控衰减器来完成。它的优点:一是灵活,可根据雷达的杂波环境来确定;二是既可设置在中频,也可设置在微波部分,后者更易于使接收机获得较大的动态范围。图 7−9 所示为一种微波 STC 电路框图,意在给读者一个概念。

2）自动增益控制电路(AGC)

在接收机中,AGC 的作用有以下几个方面。

（1）防止强信号使接收机过载。

（2）补偿接收机增益的不稳定。

146

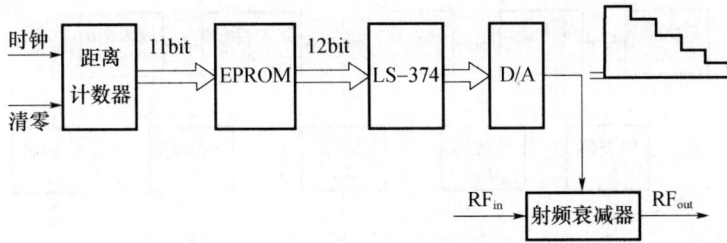

图 7-9　微波 STC 电路方框图

（3）在雷达跟踪时,保证角误差信号归一化（误差信号只与目标偏离角有关）。

（4）保证多通道接收机增益平衡。

图 7-10 为一般相控阵雷达中常见的 AGC 组成框图。

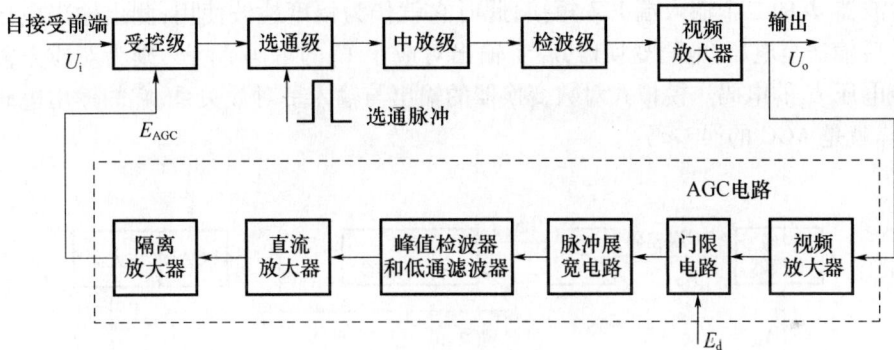

图 7-10　AGC 一般组成方框图

4. 对数放大器

一个线性接收机的动态范围一般为 40~50dB,很难做到 60dB 以上,但对一个对数接收机,动态范围达到 80~100dB 已成为事实。

具有对数放大器的接收机,不仅有良好的大动态特性,而且有良好的恒虚警特性。数学推导证明,对数放大器的杂波输出的均方根值是一个不变量。

在相控阵雷达接收机中,最常用的是"连续检波式对数放大器",其原理可用图 7-11 来说明。

5. 俄罗斯雷达接收机的 AGC 电路

罗斯相控阵雷达采用高 PRF 脉冲多普勒体制,无法利用 STC,因此扩展动态范围的任务主要由 AGC 和对数放大器来承担。

在俄文杂志《Радиотехника и Электроника》上介绍了某些俄制雷达中采用的一种对数变换式的 AGC 控制回路,如图 7-12 所示。用于单脉冲"和"、"差"

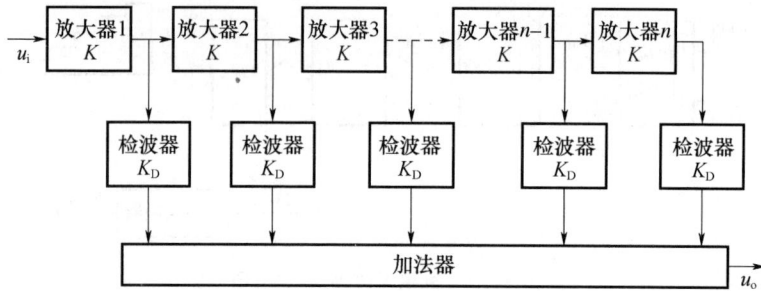

图 7-11 连续检波式对数放大器原理图

通道,不仅能稳定"和"通道输出幅度,而且可维持"差"通道以及距离通道、速度通道的增益与"和"通道的增益保持一致。先考虑"和"通道情况。图中 U_i、U_o 分别是被控放大器的输入和输出电压,假定要求输出电压的稳定值为 U_s,相位检波器 Φ 的二个输入端 1、2 短接,此时它就作为幅度检波使用;测出输出电压 U_o 后输送到电压/电码变换器,后者输出对应于 U_o 的电码 N_O,N_S 则为对应于额定电压 U_S 的电码。模拟式对数变换器的输出与输入呈对数关系,它的输出电码 N_{CO} 就是 AGC 的误差码:

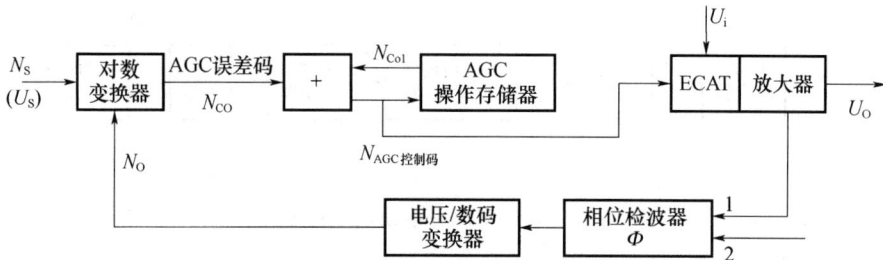

图 7-12 对数变换式的 AGC 控制回路

$$N_{CO} = 20\lg N_O - 20\lg N_S$$

N_{col} 是上一调整周期时存储在 AGC 存储器中的电码。N_{CO} 与 N_{col} 做加法运算,得

$$N_{AGC} = N_{CO} + N_{col}$$

此 N_{AGC} 码就是 AGC 回路的控制码,用以控制电调衰减器,从而保证放大器输出稳定在额定值 U_S。整个调整过程是在相应距离没有回波信号时,利用接收机本身产生的领示信号(由模拟源产生)进行的。调整"差"通道和距离、速度通道的过程与"和"通道情况类似,只是相位检波器的另一输入端 2 应接至"和"通道的领示信号。

这类对数变换式的 AGC 控制回路,最大可控制动态范围为 120dB 以上。

148

7.4.3　滤波器和匹配电路

接收机为了提取有用回波,抑制各种干扰和噪声,需要用多种滤波器。从理论上讲,滤波器的带宽和频率特性的设计应遵循匹配滤波(或最佳滤波)的准则,即滤波器的频率特性要与信号的频谱成共轭关系,但在实际上常难于实现。因此,工程上考虑近似实现,即所谓准匹配滤波器。它较理想匹配滤波器在输出信噪比方面有所损失,二者的比值称为失配损失。表7-1列出针对各种输入脉冲波形,应选用的准匹配滤波器的通带特性,其最佳带宽脉宽乘积 B 和适配损失。在实际设备中,滤波器的带宽还应比表值大些,以适应回波因有多普勒频移而使频谱展宽的影响。

表 7-1　各种准匹配滤波器

脉冲信号形状	准匹配滤波器通带特性	最佳带宽脉宽积 B	失配损失/dB
矩形	矩形	1.37	0.85
矩形	高斯形	0.72	0.49
高斯形	矩形	0.72	0.49
高斯形	高斯形	0.44	0
矩形	单调谐	0.40	0.88
矩形	2 级参差调谐	0.61	0.56
矩形	5 级参差调谐	0.67	0.50

（1）微波滤波器也称为预选滤波器,主要用于抑制外部干扰和噪声,以及抑制一混频的镜像。一般都采用带状线交指型带通滤波器或梳状滤波器、微带滤波器等。

（2）中频滤波器。第一中频滤波器主要抑制混频器产生的各种杂波分量,常用的有螺旋滤波器、陶瓷滤波器、声表面波滤波器等。第二中频滤波器和以后各级中频滤波器是抑制第二混频带来的杂波分量,它往往设计成高斯形,以获得与信号最佳匹配。当信号为线性调频或编码形式的大时宽—大带宽积信号时,第二中频滤波器也可设计成比信号带宽更宽些的矩形滤波器,并具有良好的线性特性,以防止信号失真。第二中频滤波器一般用集中参数滤波器或声表面波滤波器。

7.4.4　I/Q 正交检相

1. 模拟正交鉴相

模拟正交鉴相又称为零中频处理。这里的零中频,是指相干振荡器的频率

149

与中频信号的中心频率相等(不考虑多普勒频移)。零中频输出可保留原中频信号的全部幅度和相位信息,因此得到广泛应用,图7-13是其原理框图。

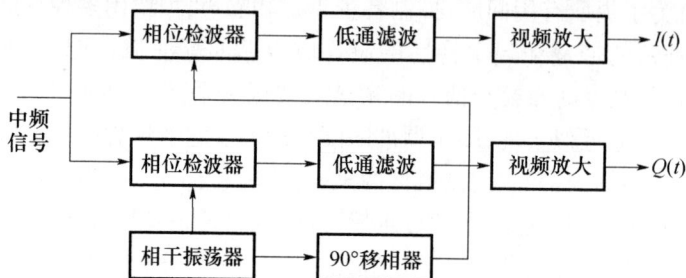

图7-13 模拟正交鉴相原理框图

模拟正交鉴相理论上虽可保留信号的全部幅度和相位信息,但实际上很难实现二通道的良好平衡。当相干振荡二路输出不正交(相位不平衡)或增益不平衡时,都会产生一镜像信号,使正交检相质量下降。这里忽略详细的数学推导,只列出当二路存在幅度不平衡 α,或相位不平衡 ε(峰值)时,镜像功率与主响应功率之比 R 的近似公式。

当幅度不平衡时:$R = \alpha^2/4$

当相位不平衡时:$R = \varepsilon^2/4$

式中:α 为比值;ε 为弧度。由此可算出系统对正交鉴相器 I/Q 不平衡的允许值。一个良好的系统允许比值 R 约为 -40dB,则幅度不平衡 α 约为 ±0.5dB,或相位不平衡 ε 约为 $\pm1°$。

2. 数字正交鉴相

有些相控阵雷达采用数字式中频接收机,其正交鉴相也采用数字式。它首先对模拟信号进行 A/D 变换,然后进行 IQ 分离,这种方式的最大优点是可实现更高的 IQ 精度和稳定度,有多种方法可实现数字 IQ 分离。图7-14 所示的数字混频低通滤波法被一些雷达所采用。这种方法的原理类似模拟法,只是混频、

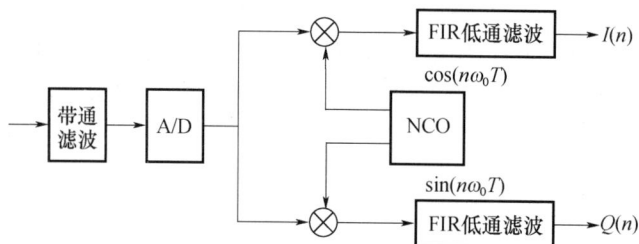

图7-14 用数字低通滤波法实现 IQ 分离

150

低通滤波和相干振荡均用数字法来实现。由于相干振荡二路正交信号都是数字运算结果,所以只要保证运算精度,输出的正交性完全可以保证。

7.4.5 俄罗斯搜索雷达中频接收机的技术特点

搜索雷达中频接收机的主要任务之一是如何增大探测距离、增大搜索空域、提高检测能力,在这方面,俄罗斯搜索用相控阵雷达中频接收机采取了不少独特的技术措施。以下介绍两项:一是采取中频脉冲相参积累技术;二是中频脉冲压缩技术。

1. 中频脉冲相参积累技术

1) 相参积累技术基本概念

雷达理论告诉我们,脉冲积累可有效提高信噪比。若信号有严格相位关系,即信号是相参的。如果积累在包络检波前中频部分完成,则为中频相参积累。对于"零中频"信号,因它能保留幅度和相位信息,故也能实现相参积累。如果积累在包络检波后完成,为视频积累,此时信号失去相位信息只保留幅度信息,故也称非相参积累。

相参积累时因相邻周期的中频回波信号按严格相位关系同相相加,M 个等幅中频脉冲积累相加结果使信号电压提高至原来的 M 倍,即功率提高至原来的 M^2 倍,但随机噪声积累效果只能使总噪声功率为原来的 M 倍。因此,中频相参积累可使输出信噪比(功率)改善 M 倍。至于非相参积累,由于包络检波器的非线性作用(信号加噪声通过检波器时,还将增加信号与噪声相互作用而造成的损失),其积累后信噪比改善在 M 与 $\sqrt{M}$ 之间,当 M 很大时趋近于 $\sqrt{M}$。

中频脉冲相参积累虽然效果好,但实现起来难度大。因此,美国的接收机大都采用零中频,并在 I/Q 支路后的视频部分实现视频积累,并可实现数字化积累。至于非相参的视频积累效果虽不如相参积累,但在很多场合仍获得应用。理由:一是比较简单,不要求雷达有严格相参性;二是对大多数运动目标而言,其回波起伏明显破坏相邻回波的相位相参性,因此即使雷达相参很好(全相参),起伏回波也难以获得理想的相参积累。据有些文献报道,对快起伏目标回波,有时视频积累反而能获得较好效果。

俄罗斯可能由于微电子技术较差,很少用零中频 I/Q 视频积累,尤其是数字积累,不过它的中频脉冲相参积累技术还是很高的,足以弥补数字技术的不足。

2) 时域积累和频域滤波是等效的

在时域上,M 个相参脉冲累加,信噪比改善 M。M 实际上为雷达每次探测时间内对目标照射脉冲数。

在频域上,如多普勒滤波器也有 M 个,则相参积累增益或信噪比改善同样

也为 M, 故时域相参(脉冲累加)和频域相参(多普勒滤波)是等效的。

时域相参的实质也是要提取回波信号中的有用谱线(多普勒谱线), 而将其他谱线滤除。二者等效还可以从数学上(傅里叶变换)来解释:

$$\int_{-\infty}^{t} f(x)\,\mathrm{d}x \longleftrightarrow F(\mathrm{j}\omega)/\mathrm{j}\omega$$

上式左边是信号积累, 右边是频谱滤波。以下再举一实际数例来具体说明时域积累和频域滤波的等效关系。俄罗斯某车载相控阵雷达也采用中频积累技术, 它有一系列窄带滤波器, 有的带宽仅一点几赫, 即仅提取一根谱线, 所以称为细谱线滤波器。假定滤波器的转递函数为 $H(s)$, 相应的冲激响应为 $h(t)$。根据信号分析理论, 输出信号 $R(t)$ 与输入信号 $X(t)$ 的关系为

$$R(t) = X(t) * h(t)$$

式中: $*$ 表示卷积。上式可写为

$$R(t) = \int_{-\infty}^{+\infty} X(t-\tau)h(\tau)\,\mathrm{d}r$$

对于细谱线窄带滤波器的 $h(t) \approx 1$, 因此有

$$R(t) = \int_{-\infty}^{+\infty} X(t)\,\mathrm{d}t$$

上式说明, 窄带滤波器对信号滤波相当于对信号累积(积分)。

3) 俄罗斯搜索接收机中频脉冲积累的实施

某俄罗斯搜索接收机中频脉冲积累的具体实施就是频域窄带滤波和时域积累(积分)一起来。图 7-15 是它原理性框图。

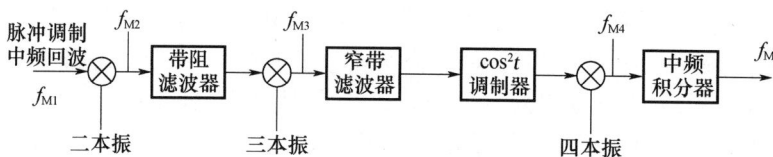

图 7-15　俄罗斯搜索接收机中频脉冲积累原理性框图

对图 7-15 说明如下:

带阻滤波器: 前面提到, 高 PRF 搜索接收机首先要对地杂波进行滤除, 以减轻对后面电路大动态范围的要求。防空导弹系统一般认为速度小于 $\pm 35\mathrm{m/s}$ 的目标可与地杂波一起抑制掉。对于 X 波段而言, 相当于多普勒频率 $\pm 2\mathrm{kHz}$。因此, 带阻滤波器的指标要求就是对 $f_{M2} \pm 2\mathrm{kHz}$ 内信号进行滤除至少 40dB, 近似认为对后面电路动态范围的要求减轻了 40dB。

窄带滤波器: 频域滤波相当于时域积累。也可说是提取多普勒谱线, 滤除噪声和其他谱线。假定多普勒处理的范围是 $\pm F_d \mathrm{kHz}$, 则窄带滤波器 3dB 通带应

为 $\pm F_d\,\text{kHz}$；并且带通滤波器曲线的矩形系数至少应优于 1.3，以防止脉冲调制的中频信号频谱中，最近的左右两个旁频有能量落入多普勒滤波器范围内。

$\cos^2 t$ 调制器：包络调制器的目的是使射频脉冲频谱中的旁频降落更快，更有利于提取多普勒谱线。其原理如图 7－16 所示。

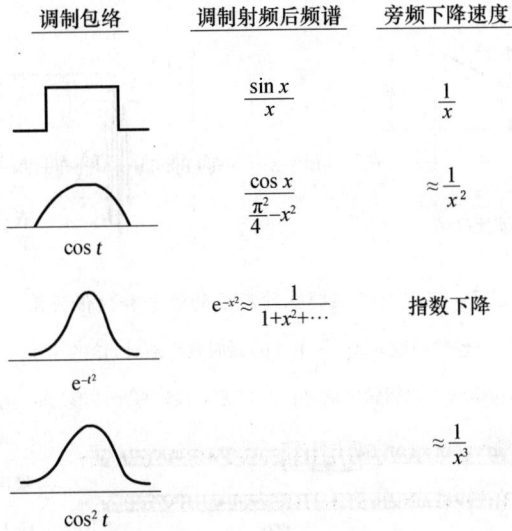

调制包络	调制射频后频谱	旁频下降速度
⊓ （方波）	$\dfrac{\sin x}{x}$	$\dfrac{1}{x}$
$\cos t$	$\dfrac{\cos x}{\frac{\pi^2}{4}-x^2}$	$\approx\dfrac{1}{x^2}$
e^{-t^2}	$e^{-x^2}\approx\dfrac{1}{1+x^2+\cdots}$	指数下降
$\cos^2 t$		$\approx\dfrac{1}{x^3}$

图 7－16　包络调制对信号旁瓣加快下降的原理

图 7－16 说明，采用 $\cos^2 t$ 调制，可使旁频按 $1/f^3$ 规律（而不是用方波调制时按 $1/f$ 的规律）下降，因此大大有利于有用多普勒谱线的提取。

中频积分器：可以是一组多普勒滤波器（数字或模拟），也可是一组积分放大器，但俄罗斯用它激晶体振荡器来实现，因为它既有频域滤波又有时域积累。具体电路将在第 9 章中详加介绍。

2. 中频脉冲压缩技术

某些用于搜索的相控阵雷达，既要增大搜索距离，又要不降低距离测量的分辨率，脉冲压缩技术是一种可供选择的方案。线性调频脉冲压缩的基本原理在一些雷达教科书中已有交代，这里用图 7－17 来概括其基本概念和公式。

脉冲压缩的关键器件是声表面波器件，在具体电路方面大都是采用成熟的典型电路。脉压器件常常和限幅器结合在一起，可以提高接收机抗干扰性能和提高信噪比。图 7－18 是一个应用实例，图中 1 表示接收机收到的脉冲调制波和噪声干扰混在一起。经硬限幅后，噪声干扰和信号都限幅成幅度相等的混合波（1～1.5mV，见图中 2）。经脉冲压缩后，信号部分幅度提高了 $\sqrt{D}$ 倍，D 为压缩比（7～11mV，见图中 3）。再经 IQ 正交处理后，I、Q 二支路的信号分别如图中 4、5 所示。

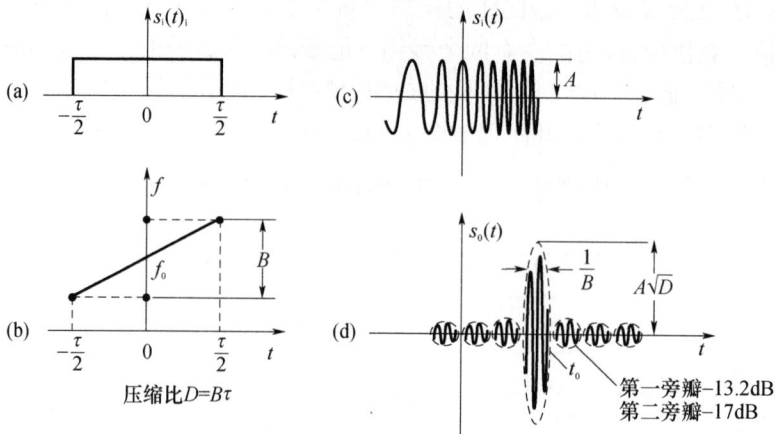

图 7 - 17　线性调频脉冲压缩的概念和数值关系

(a)包络函数 $\mathrm{rect}\left(\dfrac{t}{r}\right)$；(b)瞬时频率随时间的变化；

(c)矩形包络线性调频脉冲信号；(d)匹配滤波器输出波形(sinc 函数)。

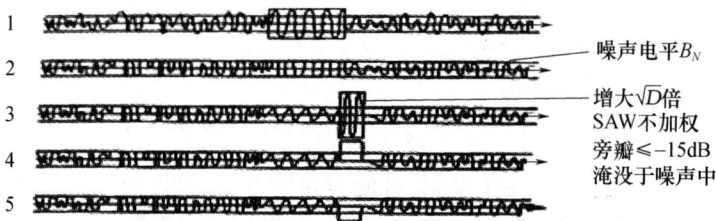

图 7 - 18　脉压器件和限幅器结合后性能

7.5　频 率 源

7.5.1　频率稳定度和相位噪声的基本概念[14,15]

　　频率源是雷达接收机甚至整个雷达的重要组成部分。在相干体制雷达中，它为整个雷达提供时间和频率基准，保证了雷达正常工作和测量精度。除非雷达工作于单频或几个固定频率，相干雷达的频率源绝大多数采用频率合成器方式。合成器又采用高稳晶振甚至原子钟作为基准，合成器应覆盖所需频段。在频段中，其每一个输出频率点有与基准晶振相同的频率稳定度。对合成器的技术要求，除频率范围、输出功率、谐波与杂波电平、工作环境常规要求外，最主要的是频率稳定度。

频率稳定度可分长期和短期两类。长期稳定度是指环境条件(温度、压力、电源电压等)以及元件参数慢变化(尤其是晶体老化)引起的频率慢变化,一般以小时、日、月、年计。常用一定时间内频率相对变化 $\Delta f/f$ 来表示。

短期稳定度主要是指因随机噪声调制而引起的振荡信号频率起伏和相位起伏(相位噪声)。

相对频率起伏用 $y(t)$ 表示: $y(t) = [\mathrm{d}\phi(t)/\mathrm{d}t]/2\pi f_0$

(相对)频率起伏谱密度用 $S_y(f)$ 表示。相位噪声用 $\phi(t)$ 表示。

相位噪声谱密度用 $S_\phi(f)$ 表示

$$S_\phi(f) = (f_0/f)^2 S_y(f)$$

理论与实践证明 $S_\phi(f)$ 可用 f 的幂律来表示:

$$S_\phi(f) = h_{-2}f^{-4} + h_{-1}f^{-3} + h_0 f^{-2} + h_1 f^{-1} + h_2 \qquad (7-6)$$

式中: $h_{-2}f^{-4}$ 为随机游走项; $H_{-1}f^{-3}$ 为闪烁噪声调频(以上二项在 $f=0$ 附近是发散); $H_0 f^{-2}$ 为白噪声调频; $h_1 f^{-1}$ 为闪烁噪声调相; h_2 为白噪声调相。

频率稳定度的时域表征:阿仑方差

$$\sigma_y^2(\tau) = (y_1 - y_2)^2/2$$

目前,在工程上用得最多的表征法是"单边带相位噪声—信号比",简称相位噪声,即

$$L(f) = S_\phi(f)/2 \qquad (7-7)$$

有的文献将符号 $L(f)$ 记作 $\mathscr{L}(f)$ 等。注意:相位噪声谱与信号射频谱是两个不同概念,尤其在 $f=0$ 附近二者差别很大。但随 f 增大,二者逐渐接近,如图7-19 所示,图中的相噪谱仅取式(7-6)中主要三项。f 大于一定值后工程上可认为二者等同,此 f 值在文献上有判断准则[20],因此在高于此 f 值时就可用一般微波频谱仪来测振荡信号的相位噪声。

相控阵雷达对频率的长稳和短稳都有很高的要求,但长稳因采用恒温晶振

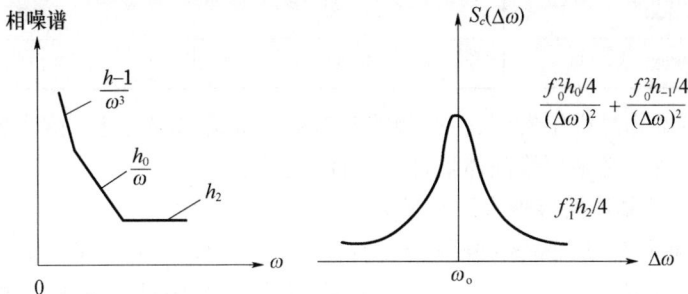

图7-19　信号谱与相噪谱对应关系

等措施易于保证。短稳的含义就是在相干时间内雷达的频率保持不变,以保证相干处理(如测速、改善因子等)的正确性。每一种雷达体制都对频率短稳有其独特的要求,读者可参阅有关文献[14]。

7.5.2　相控阵雷达的频率基准——晶体振荡器

1. 相控阵雷达对频率基准的要求

相控阵雷达无一例外为相参体制,因此必须有一频率基准。当前最普遍应用的是石英晶体振荡器,因为它性能好,长期稳定度和相位噪声的指标均较高,而且价格不贵,易于从市场上购买。近一二十年来晶体振荡器的水平迅猛提高,如当前长期稳定度优于 $\pm 1 \times 10^{-8}$/年,100MHz 时相噪水平优于 -160dBc/Hz(频偏 1kHz)的晶体振荡器已能批量提供。晶体振荡器的主要缺点是频偏较大时相噪(远端相噪)较差。因为微波腔体稳定速调管振荡器有很好的远端相噪特性,可以用本书前面提到的方法,将微波腔体稳定速调管振荡器锁相于晶体振荡器来解决。当然水涨船高,相控阵雷达对相位噪声的要求也在不断提高,其中还是以前面提到的高 PRF 脉冲多普勒体制的相控阵雷达要求最高。笔者按美国 Barton 所论述的论点,计算了一个 X 波段高 PRF 脉冲多普勒体制的相控阵雷达,对相位噪声的要求,列于表 7－2。

表 7－2　X 波段高 PRF 脉冲多普勒体制相控阵雷达对相噪的要求

频偏/kHz	相噪/(dBc/Hz)	折合至 100MHz 时相噪
1	－75	－115
2	－95	－135
4	－105	－145
10	－115	－155
40	－125	－165
100	－130	－170
200	－135	－175

在测试维修过程中发现,一些相控阵雷达的激励源都能达到这个要求,除非有故障。这时就必须更换晶体器件,重新调试了。

2. 国内外晶体振荡器水平和发展

苏联/俄罗斯研发晶体振荡器久负盛名,位于彼得堡的 Morion 公司是家有代表性的企业。据该公司宣称,它能批量提供 100MHz 晶体振荡器,长稳可达 $\pm 1 \times 10^{-8}$/年,频率稳定度(恒温)达 5×10^{-11},阿仑方差 1×10^{-12}/s,

相噪 $-160\mathrm{dBc/Hz}$(频偏 1kHz 时)和 $-116\mathrm{Hz/Hz}$(频偏 1Hz 时)。另据文献[24]报道,俄罗斯 2010 年生产的 M32010 型号 100MHz 晶振,也达到同样水平。出于军事需要,美国也大力致力于开发高档晶体振荡器,其水平大致与俄罗斯相当。

我国研制高水平的晶体振荡器历史悠久。早在建国初期,由于西方国家封锁,而"社会主义阵营"中只有中国有得天独厚有石英晶体矿,因此一开始就有一批学者悉心研究晶体振荡技术。20 世纪 60 年代国外出现人造石英晶体,至 70 年代,我国也已完全用人造石英晶体取代天然石英晶体。近年来,我国一些学者在理论研究方面有很多造诣,在实际开发研制产品方面已与国际水平非常接近。例如,每隔几年国内各有关单位要对比和评比所研制的晶振水平,其中航天科工集团 203 所和电子科技集团 13 所等单位研制的 100MHz 晶振,相噪水平都能达到和优于 $-160\mathrm{dBc/Hz}$(1kHz 时),尤其是高档温补晶振方面(其突出优点是无需恒温装置,因此体积小、功耗小、易控制),更取得一些令人鼓舞的成就,有些批量产品能在很宽温度范围(如 $-50 \sim +70℃$)内,频率稳定度优于 10^{-7},完全可以替代国外进口产品,更能完全满足相控阵雷达方面的需求。

7.5.3 频率合成器分类[3,8]

当前最常用的频率合成器有直接式、锁相式、DDS 式三种,当然具体合成器也可能是采用其中两种,甚至三种的混合体制。下面对这三种频率合成器各举实例来说明。

1. 直接频率合成器

全相参直接频率合成器中只有一个基准晶振,所有工作频率都是通过对晶振频率加、减(混频)、乘(倍频)、除(分频)而得。它的主要优点是频率转换速度快(可小于 10s),工作稳定可靠,输出相位噪声本底较低,因此至今仍获得广泛应用。缺点是体积较大,成本较高,难以获得较小的频率步进。

图 7-20 为一采用直接合成法的 S 波段雷达的频率合成器。

2. 锁相频率合成器

锁相频率合成器又称间接频率合成器。它的电路结构较直接合成法简单,但原理、设计、调试和维修较为复杂。它基本上由四部分组成:①高稳定晶振参考源;②鉴相器;③低通滤波器;④压控振荡器(VCO)。鉴相器把晶振信号与 VCO 信号比相,输出一个正比于二者相位差的电压加到低通滤波器,经滤波后加到 VCO 上控制其频率变化,使 VCO 信号与基准信号的相位差逐渐减少,直至

÷3 26.667MHz 全机定时信号

410MHz 二本振信号

×4 320MHz + 90MHz ×3

高稳定晶体振荡器 80MHz

÷2 ×3 ÷4 30MHz 相干中频信号

40MHz − 410MHz

370MHz ÷12 30.833MHz 相干中频信号B

二功分 放大 S波段梳齿谱发生器 开关滤波器组A

频控电路 混频

放大 P波段梳齿谱发生器 开关滤波器组B

2730~2970MHz 步进10MHz 一本振信号 功率放大器 开关滤波器组C

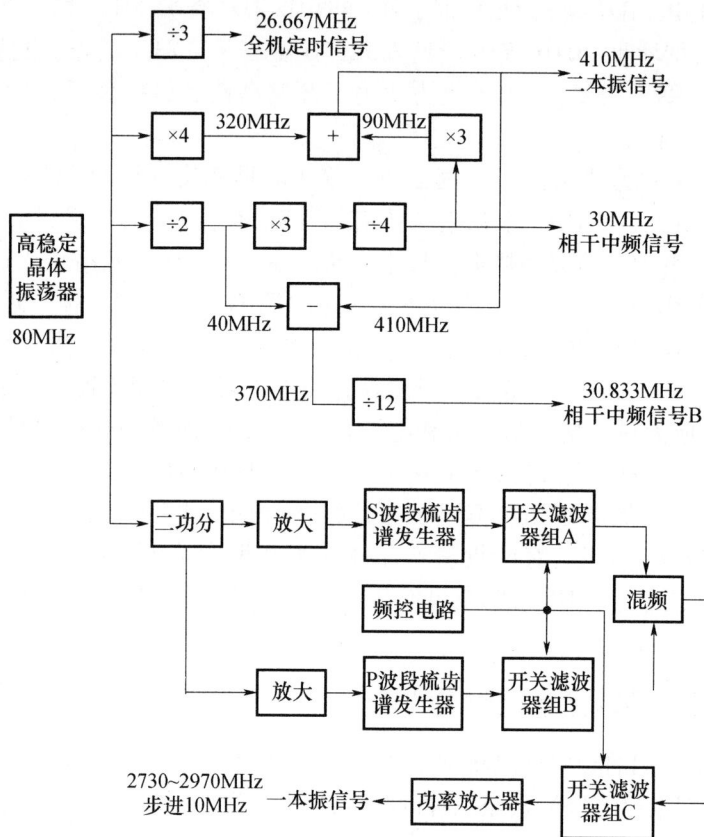

图 7-20 采用直接合成法的 S 波段雷达的频率合成器

相位锁定。这种合成器代表了合成器发展方向,但在武器装备中使用,要注意锁相环失锁,因此应有失锁监视装置。另外,单独锁相环难以得到较小频率步进,因此常与直接式合成器结合,构成混合式频率合成器。

图 7-21 为一采用锁相合成法的 S 波段雷达的频率合成器,图中的几个频标产生器就是用直接法倍频法产生频标信号。其中组合频标产生器由 10MHz 基准倍频产生 40MHz、60MHz、70MHz、80MHz 和 200MHz 六个频标信号。S 频标产生器由 40MHz 基准倍频产生位于 2000 ~ 2280MHz 之间间隔 40MHz 的八个频标信号,而 P 频标产生器用 50MHz、60MHz、70MHz、80MHz、200MHz 五个频率为基准,产生 250MHz、260MHz、270MHz、280MHz 四个频标信号。

3. DDS 频率合成器

DDS(Direct Digital Synthesizer)频率合成器的原理可用图 7-22 所示框图来

158

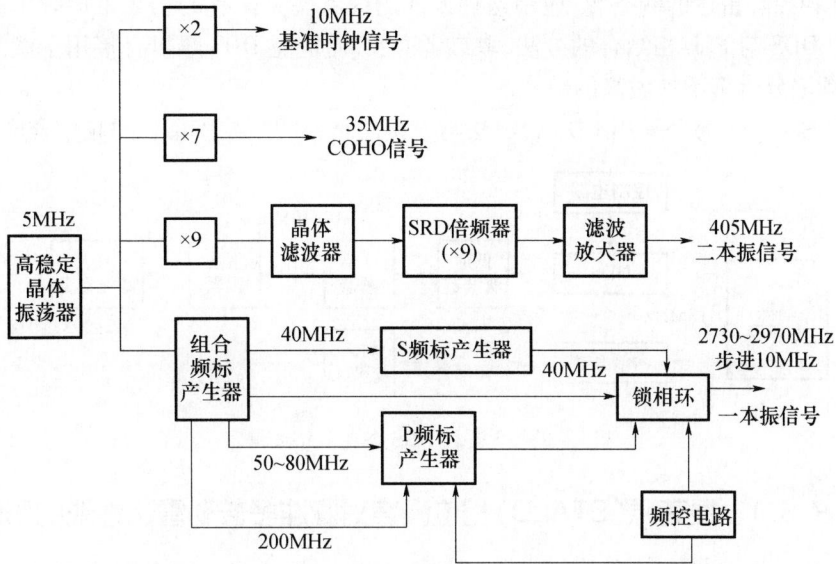

图 7-21 S 波段锁相频率合成器组成方框图

说明。图中相位累加器类似于一个计数器,由多级加法器和寄存器组成。在每一个参考时钟脉冲输入时,它的输出就增加一个步长的相位增量(二进码)这样,它就把频率控制字 K 变换成相位抽样,从而确定输出合成频率的大小。当用这样的数据来寻址时,正弦查表就把相位累加器输出变换成近似正弦波幅度的数字量,再经 D/A 变换转换成模拟量,低通滤波器进一步平滑近似正弦波,最后就输出所需频率的模拟信号。

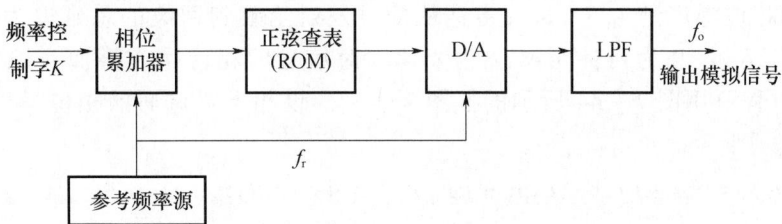

图 7-22 DDS 原理框图

DDS 频率合成器采用数字技术,具有带宽宽、频率转换时间短、频率分辨率高、输出相位连续、可编程、可全数字化结构等优点,被认为是频率合成器重要发展方向。但它也有一系列固有缺点:一是其输出有较多的频谱杂散分量,这些杂散来自 D/A 非线性引入误差和相位截断、幅度量化误差;二是参考频率至少要比输出频率高一倍以上(满足抽样定理),这就限制了它在微波中的应用。目前国外相控阵雷达的频率源,应用这种方式的尚不多见。有的相参雷达频率源则采用 DDS 与 PLL 相结合的方法,取二者之长,而避免 DDS 难以直接用于微波和 PL 频率分辨率不易做高的缺点。

图 7-23 为一采用 DDS 合成法与直接法结合的 S 波段雷达的频率合成器。

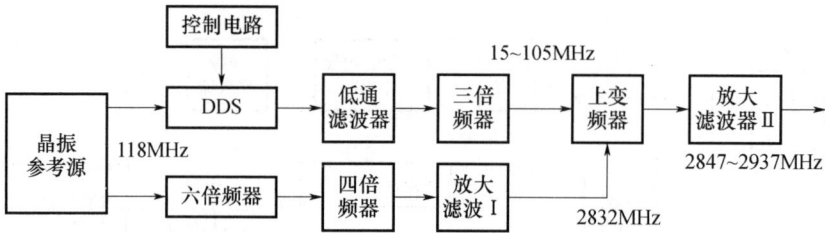

图 7-23　S 波段 DDS 合成器组成框图

7.5.4　振荡源(STALO)相位噪声对脉冲多普勒雷达性能的影响

脉冲多普勒雷达振荡源的相位噪声,是一项关系到系统性能的重要指标,尤其是对高 PRF 脉冲多普勒雷达,这一指标更为关键,但这一问题也常被一些文献,以及维修测试人员所忽视。本书作者和美国 Barton 曾在有关著作中详细论述了这一问题[2,14],有兴趣的读者可自行参阅。本节将介绍这一影响的基本概念,并给出频率源相位噪声与目标距离、多谱勒频率之间关系式。

回波信号的相位噪声,其影响相当于地杂波。但对近距离目标,或低多普勒频率时还要考虑雷达收发信号的相参关系。假定雷达发射信号(振荡源信号)的相位噪声谱为 $S_\phi(\omega)$;雷达从信号发射至收到回波的总延迟为 t_d;显然 $t_d = 2R_e/c$;R_e 为目标距离,c 为光速。对信号的相位噪声谱而言,这一来一回过程可用图 7-24 所示的框图来表示。设相干解调后的相位噪声谱为 $S_\phi^*(\omega)$,则

$$S_\phi^*(\omega) = S_\phi(\omega) |1 - \exp(-j\omega t_d)|^2 = 4\sin^2\pi f t_d S_\phi(\omega) = A(f,t_d)S_\phi(\omega)$$

$$(7-8)$$

Barton 称此 $A(f,t_d)$ 为相位噪声的相关因子。由于雷达收发信号全相参关系,多

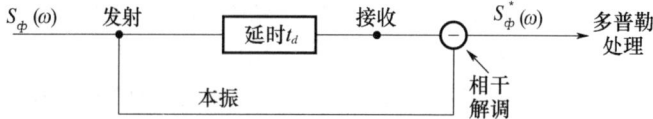

图 7-24　振荡源相位噪声的相干效应

160

普勒滤波器所收到的相位噪声谱与振荡源原来谱不同，差一个因子 $A(f,t_d)$ 。图 7 -25 所示为 $\sqrt{A}$ （即 $2\sin\pi f t_d$ ）与 f 的关系曲线。在 $f < 1/2\pi t_d$ 时， $A < 1$ ，因此 S_ϕ^* $(\omega) < S_\phi(\omega)$ ，相干因子使相位噪声减弱，或者说等效杂波得到衰减。但在 $f >$ $1/2\pi t_d$ 时， $A > 1$ ，因此 $S_\phi^*(\omega) > S_\phi(\omega)$ ，相干因子反而使相位噪声或者说等效杂波翻倍。

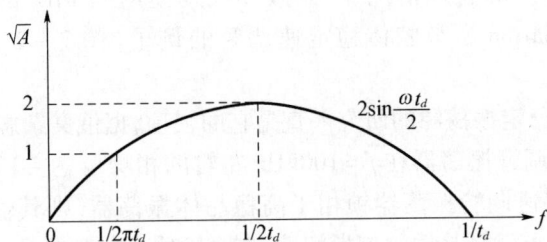

图 7 - 25　相干因子与多普勒频率关系

相干因子能对消引起最严重问题的近距离杂波。从图 7 - 25 和式（7 - 8）看出，当 t_d 较小，也即近距离时情况。在低 f 时杂波将得到明显衰减。而当 t_d 较大，也即远距离时，仅在很低 f 时杂波有所衰减，其他频段杂波反而增大。

用类似上述概念，Barton 在其著作中给出相关因子与归一化距离的关系曲线，如图 7 - 26 所示。图中归一化距离的定义为目标距离 R_e 除以 R_1 ，此处 $R_1 =$ $c/4\pi f$ 。Barton 还结合雷达方程式给出距离 R_e 处杂波在频率为 f_d 目标滤波器中输出杂波功率的公式，这些公式对系统设计人员和设备设计人员都是很有用的。

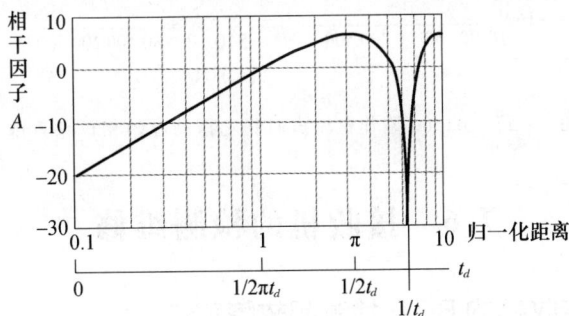

图 7 - 26　相关因子与目标距离关系

Barton 还结合两种具体振荡源计算它们在高 PRF 脉冲多普勒时能达到的等效杂波衰减（CA）。其中，一种为倍频晶体振荡源，其相位噪声谱如图 7 - 27 的曲线 a 所示，计算结果其 CA 在 100dB 以下；另一种为腔体稳定速调管，其相位噪声谱如图 7 - 27 的曲线 b 所示,其 CA 可达 110dB,这是由于腔体稳定速调管有很好的远端相位噪声特性。

根据 Barton 论证,对高 PRF 的地面脉冲多普勒雷达,由于存在严重的距离模糊,对其杂波衰减至少应在 104dB 以上。这就要求振荡源的相位噪声在 $f>1$kHz 时大致应优于 -120dBc/Hz。这一要求一般难以达到,所以在他的著作中一再提出:"除特殊情况外,一般不鼓励使用高 PRF 的地面脉冲多普勒雷达。"不过 Barton 所举腔体稳定速调管的例子(图 7 - 27 中曲线 b),就能达到这一要求。

俄罗斯对高稳定振荡源的研究一直是它的强项,据俄文杂志报道,它研发的高 Q 腔体稳定速调管振荡器在 $f=100$kHz 左右的相噪可达 -150dBc/Hz 水平。在实际使用中,将速调管振荡器锁相于高稳晶体振荡器,则其输出的相位噪声谱,在低 f 时基本上就是晶振的相噪特性;在高 f 时基本上就是速调管振荡器的相噪特性,由于晶振有良好的近端相噪特性,速调管振荡器有良好的相远端相噪特性,锁相后若回路带宽取二者相噪曲线的交点 P,则整个频率源相噪曲线为图 7 - 27 中的曲线 c,也就是最佳综合。

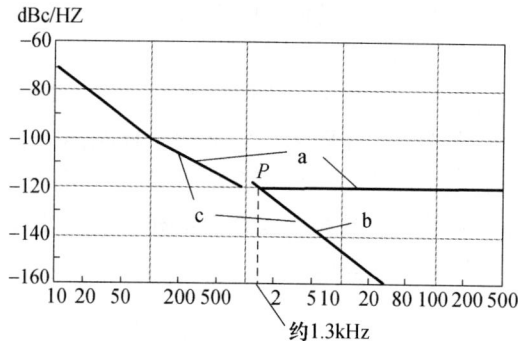

图 7 - 27　Barton 著作中给出的稳定振荡源的相位噪声谱

7.6　接收机的检测维修

7.6.1　接收机的 BITE 检测和故障定位

1. 通过 BITE 检测接收机的总体指标[11]
在基地级维修中,雷达通过 BITE 对接收机从两方面检测其总体指标。

(1) 将信号源(单独的内置仪器)放置于天线阵前(或置于标杆车上),其信号经空间辐射注入雷达。经天馈系统,接收机系统后输出 I、Q 数字信号,由计算机分析得出接收机总体指标,包括增益、动态范围、幅相一致性等。

也可用内置模拟源代替上述信号源,此时信号不经天馈系统和微波接收机。人工设置模拟源的目标参数,包括距离、角度、速度等。模拟信号经中频接收机得到的 I、Q 数据,经计算机计算分析后与设置数据比较,可以得出接收机总体性能指标。

(2)通过内置噪声源检测微波接收机的噪声系数。

2. 通过自定义信息字扩大 BITE 检测的功能[11]

用上述方法检测接收机,故障定位的范围往往较粗、过大,甚至无法区分故障性质,如故障是由于动态范围下降还是其他原因。在第 2 章中已经指出,利用雷达信息交换系统中的自定义信息字办法,可以扩大 BITE 检测功能。就以动态范围为例,可设置目标沿直线由远至近,而速度不变,此时若接收机不能跟踪,一般说来是其动态范围下降或不合格。再以速度跟踪回路为例,可设置目标沿着和天线法线垂直方向来回飞行,即目标距离基本不变或变化不大,而多普勒频率则由正的最大值变至零又变至负最大值,此时若接收机不能跟踪,一般说来是其速度跟踪回路特性不合格。读者可以举一反三,尽可能扩大 BITE 检测的功能。

7.6.2 微波接收机的检测维修

1. 利用微波噪声系数测试仪

当微波接收机出现灵敏度下降时,第一步先在基地级用内置噪声源测试其噪声系数。如内置噪声源及其测试电路也有故障时,或计量有效期已超过(按我国计量规定,微波标准噪声发生器应每年,最多不超过二年计量一次),可用噪声系数测试仪搬到前沿(车上或舰上)进行检测和计量。由于能同时测出噪声系数、增益和带宽三项主要指标,常能较快诊断出故障所在。以下举一实例来说明具体方法。

图 7 - 28 为测试原理框图,所用噪声系数测试仪为 HP8970,噪声源为 346。

由于 HP8970 频率上限仅 2.4GHz,故应外加信号源(频综式)和混频器,使被测信号仍落在 HP8970 测试范围内(如图 7 - 28 中虚线所示)。由于 HP8970 为高档仪器,因此为安全计,需外加稳压器和隔离变压器。

当微波接收机噪声系数超差时问题往往首先出在混频器上,包括混频管损坏、混频管老化、平衡混频管不平衡或失配等,其次是高放管损坏、老化。微带电路因老化而失配,使功率输出减少等现象也时有发生,此时只得将微波接收机卸下,送专业维修部门维修。

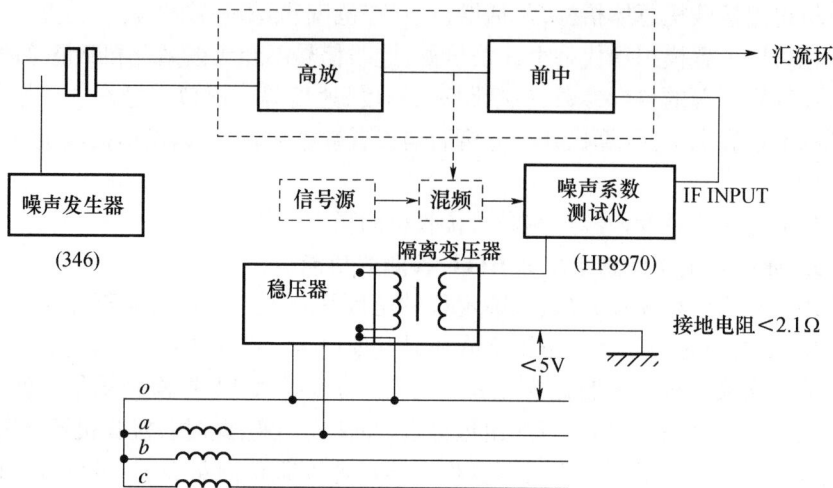

图 7-28　利用噪声系数测试仪在阵地检测噪声系数

2. 微波接收机噪声系数在阵地（舰上等）计量和检测——便携式噪声系数测试仪

计量测试工作是我军各种武器系统作战性能的重要保证。武器系统包括使用中的仪器设备,计量测试工作非常重要的,应要严格执行定期计量制度(包括仪器、武器内置计量设备和 ATE 中的模块化仪器)和一系列相关法规(如 GJB 5109 等)。

部队武器系统因受野战环境、操作空间等因素限制,不能像民用设备那样从容进行计量工作,尤其是军舰,维护空间很窄小,对于维护人员的出入、设备、备件和资料携带都极不便利,而且技术保障时间又少(只有舰船靠近码头才能进行)。最近经有关部门建议,又参考了国外经验,提出开展以武器系统为主要对象的移动式(便携式)计量标校设备的研制。至少(或第一步)包括以下三个方面主要参数的计量:接收灵敏度(噪声系数)、功率和频率。考虑到部队实战的需要,设想该移动式设备做成多功能的。

(1)用作定期计量设备,既适应在现场测试,又具有可传递性,可以定期溯源到高一级计量标准。设备的指标可完全满足引进武器的计量不确定度需求(至少达到三级计量标准)。

(2)用作调试设备,在系统和各组合调试时和 BITE 级维修时可用作调试仪器。

(3)频率和功率计量部分(前者内装高稳定微波源,后者是高精度微波功

164

率计),在紧急情况时可作为应急备件(临时应急替代主振源和功率计)。

7.6.3　中频接收机的检测维修

前面提到,一部相控阵雷达的印制电路板(PCB 板)数量常以数千计,而接收机中频部分以及频率源部分 PCB 的数量至少也有数百快。因此,在中继级和基地级维修站一般都配有专用或通用 PCB 板的自动故障检测系统(台)。有关这方面问题将在第 10 章详加讨论,以下主要讨论有关整机指标的一些故障检测,重点是:①动态范围;②I/Q 检相器的正交性;③中频滤波器的检修和调试。

1. 动态范围

动态范围是影响接收机性能一项重要指标,动态范围变坏(变小)是接收机的一个常见故障。由于它牵涉到一系列放大器组合,所以无论从发现故障、检测、诊断故障的部位,到用备件替换都比较费事。以下提供的检测维修步骤可供参考。

(1) 如何判断动态范围指标不合格:最简捷的方法是在 BIT 级检测时就发现问题。

(2) 检测整个接收机(或中频接收机)动态范围指标:常用频谱仪法或示波器法来测试,分别如图 7 – 29(a)、(b)所示。信号源输入至接收机的功率约在 – 10dBm。接收机输出的中频电压如调至 200mV 左右,此时可保证接收机在线性范围以内。然后逐步加大输入功率,用频谱仪或示波器观察输出中频电压的幅度。在线性范围内二者应成比例增长。如输入增加 10dB,而输出只增加 9dB,这一点就是 1dB 压缩点。这时输入电压就是 P_{i-1},而动态范围为

$$DR_{-1} = P_{i-1} - P_{smin}$$

式中:P_{smin} 为临界灵敏度。

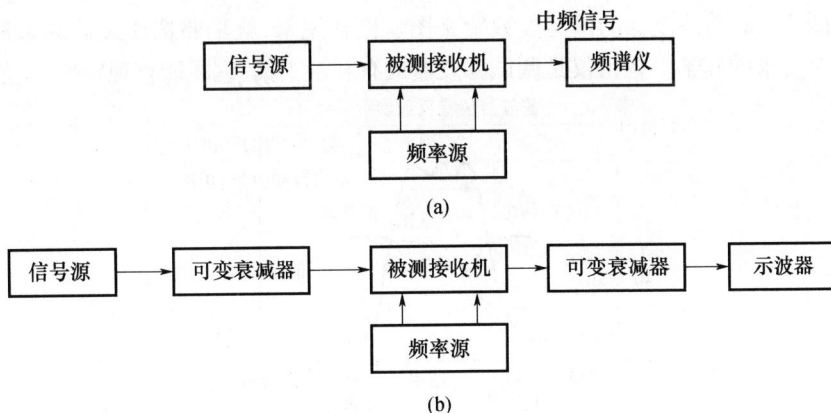

中频信号

信号源 → 被测接收机 → 频谱仪

频率源 ↑

(a)

信号源 → 可变衰减器 → 被测接收机 → 可变衰减器 → 示波器

频率源 ↑

(b)

图 7 – 29　动态特性测试方框图频谱仪测试法
(a) 频谱仪测试法;(b) 示波器测试法。

测试时为了保证精度,可保持信号源的输出和频谱仪(示波器)的读数不变,而调节可变衰减器。

上面测试结果是接收机的线性动态范围,至于 STC 控制范围,可改变接收机的 STC 控制码观察频谱仪或示波器的输出(或频谱仪、示波器读数不变而变动可变衰减器),输出变化量(可变衰减器变动量)就是 STC 控制范围。接收机总的动态范围应是线性范围和 STC 控制范围之和。

(3)判断动态范围问题出在哪一级。有经验的维修工程师都有一张自制的接收机各级增益和电平关系图,可以边测试、边分析,最后定位出故障所在。

2. I/Q 检相器的正交性

这也是中频接收机的一项重要指标。测试时,I/Q 检相器的一路输入来自信号源,模拟检相器的中频输入;另一路来自一参考信号源,模拟接收机中的相干振荡器。然后用矢量电压表测 I 支路和 Q 支路的输出电压和相位。前一信号源的输出应调至 0dBm 左右,频率可微调,以模拟接收信号频率的多普勒变化;后一信号源的输出应调至 0~7dBm。更先进的测试方法是用矢量网络分析仪,这将在第 12 章中介绍。

附带指出,近年来我国一些高校和研究所对如何检测出 IQ 不平衡,以及如何加以校正做了很多有意义的工作,发表了不少论文,参阅这些文献资料对维修工作会有很多帮助。

3. 中频滤波器的检测和调试

中频接收机中有大量集中参数的滤波器(LC 滤波器)。滤波器的损坏(铁芯脱落、支架变形)、失谐是很常见的故障,而滤波器的检测和调试工作量也往往很大。因为滤波器的重调,不仅仅是把中心频率调准,而必须把它的一系列参数都调好。图 7-30 是滤波器的典型参数定义图。概括说来,就是要把滤波器的谐振曲线调至要求的样子。频谱仪是调试滤波器最有利的工具,它既能直观定性,又能定

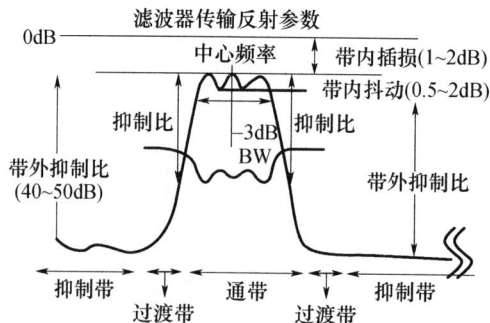

图 7-30 滤波器的典型参数定义

量把滤波器调试好。不过对宽带参差调谐滤波器组,由于各滤波器需调谐至不同频率,用频谱仪调试时各滤波器互相影响,很难调试至所要求的特性。比较有效的调试方法是"开路—短路法",具体方法将在第12章中详加介绍。

7.6.4　频率源的检测维修[15,16]

相控阵雷达频率源主要性能指标,如频率、功率、波形(谐波)、转换时间等,其测试方法同一般全相参雷达的频率源,其中相位噪声的测试是重点测试项目[11],这将在第12章中详加介绍。另外,由于频率源中往往大量采用锁相技术,因此维修人员也需掌握锁相环的测试方法。下面介绍锁相环故障检测方法。

实际上除发射机外,雷达中很多重要部件都用到锁相技术。锁相环也是故障率较高的部件,尤其经常会发生失锁现象,为此重点介绍一下锁相环检修一般方法。锁相环花样繁多,而且可以有多重环,但基本形成可用图7-31来表示。假设开环时输入基准频率和VCO频率分别为 f_i 和 f_0 ,开环频差 $\Delta F = f_0 - f_i$ 。锁相环的目的就是使 $f_i = f_0$,或 $\Delta F = 0$ 。任一锁相环都有两个参数:捕捉带宽 f_P 和同步带宽 f_S 。锁相环失锁时,只有当 f_0 不断接近 f_i ,直到 $\Delta F = f_0 - f_i = f_P$,环路才锁上;相反,如环路原来是锁上的,若 f_0 渐渐离开 f_i ,一直到 $\Delta F = f_0 - f_i = f_S$,环路才失锁。理论证明 $f_S \geqslant f_P$,而 $f_S = K$ (环路增益)。

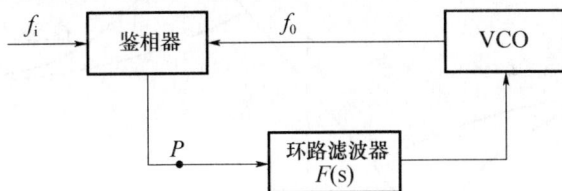

图7-31　锁相环原理图

最能反映锁相过程的是 P (即鉴相器输出误差信号)点的波形,如图7-32所示。当 f_i 远离 f_0 时, P 点的波形基本上为正弦波,频率为 $\Delta F = f_0 - f_i > 0$ 。当 f_0 逐渐接近 f_i 时,情况发生变化。误差信号逐渐变成非正弦波,频率也非 $f_0 - f_i$ 。由图7-32(a)可见,它是一个畸变正弦波,有直流分量,靠此直流分量逐步牵引VCO。 $\Delta F \approx f_P$ 时畸变更厉害,直流分量更大。至 $\Delta F = f_P$ 锁相环锁定,成一直流。如 ΔF 进一步减小,直流电压逐渐降到零。如一开始时 $\Delta F < 0$,即 $f_0 < f_i$,则整个过程与上述相同,但牵引电压符号相反,如图7-32(d)和(e)所示。

在 P 点还可观察到鉴相器输出归一化直流分量 V_d 与 ΔF 关系,如图7-33所示。依据以上曲线可以判定锁相过程是否正常工作,并找出问题所在。

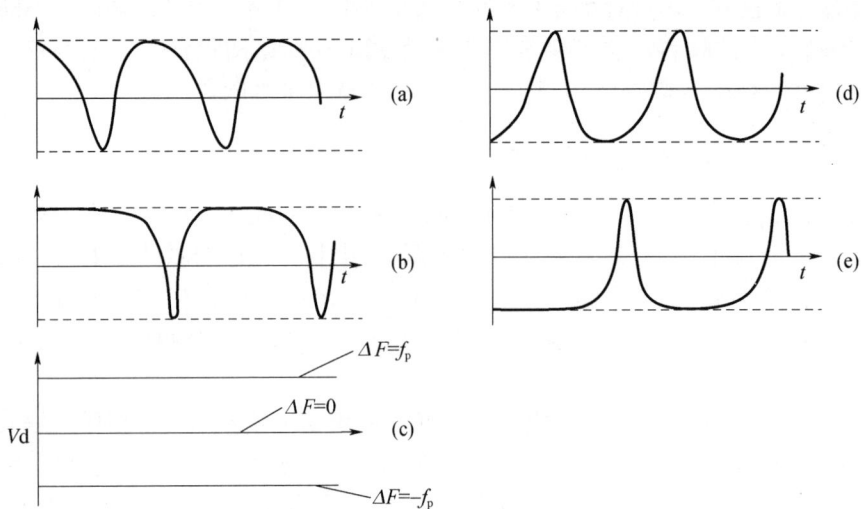

图 7-32 鉴相器输出误差信号波形

(a) $\Delta F > f_p > 0$；(b) $\Delta F \approx f_p > 0$；(c) $\Delta F \leqslant f_p$；(d) $\Delta F < -f_p < 0$；(e) $\Delta F \approx f_p < 0$。

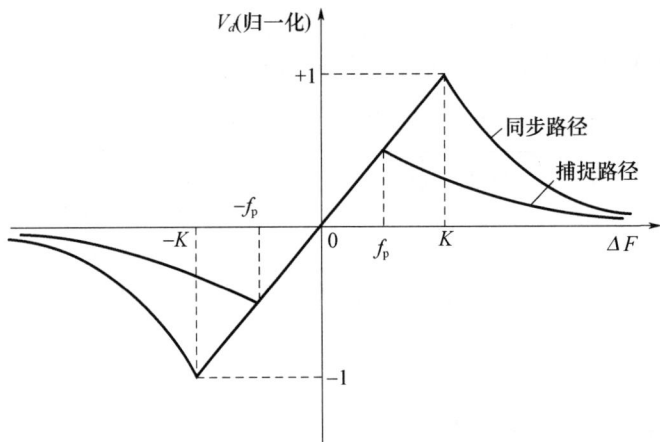

图 7-33 鉴相器输出归一化直流分量 V_d 与 ΔF 关系

7.7 相控阵接收机综合测试台设计举例

本节介绍由我国自行设计的[17]，专用于检测相控阵雷达多通道接收机的综合测试系统。图 7-34 是这个系统的原理框图。系统以矢量网络分析仪和噪声系数测试仪为主要测试仪器,采用 GPIB 总线,配以控制器、接口卡、适配网络等设备,在计算机和自编测试软件控制下完成多路接收机主要参数测试。矢量网络分析仪主要完成接收机带内增益起伏和接收机之间增益起伏、接收机通道隔

168

离度、接收机幅度、相位稳定性、镜像抑制、1dB 动态范围等的测试。噪声系数测试仪完成噪声系数(灵敏度)、高放增益、带宽的测试。GPIB 总线和接口卡将在第 10 章详加介绍。适配网络主要包括两个功分网络和两个单刀多掷微波程控开关,前者用于一本振和二本振的功率分配。

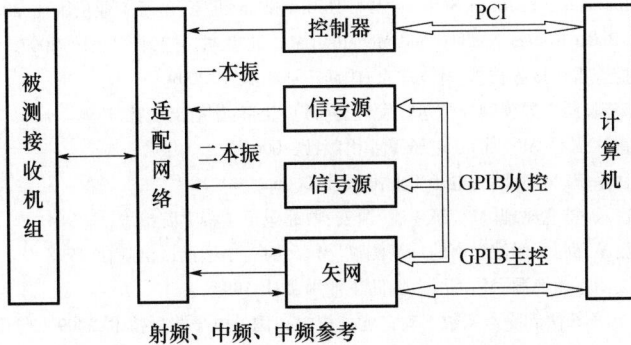

图 7-34　相控阵接收机综合测试台原理框图

本系统的设计,需要解决三个技术难点。

(1) 由于接收机采用多次变频技术(至少两次),系统需要一个激励源和多个本振源(至少两个),因此要选用可测多端口参数(如三端口)的网络分析仪。目前,国内外都有这种产品,如 MS4623 等。

(2) 适配网络设计。图 7-35 为一设计实例,可测 7 路接收机通道。

(3) 软件设计。采用基于 ActiveX 技术的 GPIB 通信控件,可大大减少软件设计量。

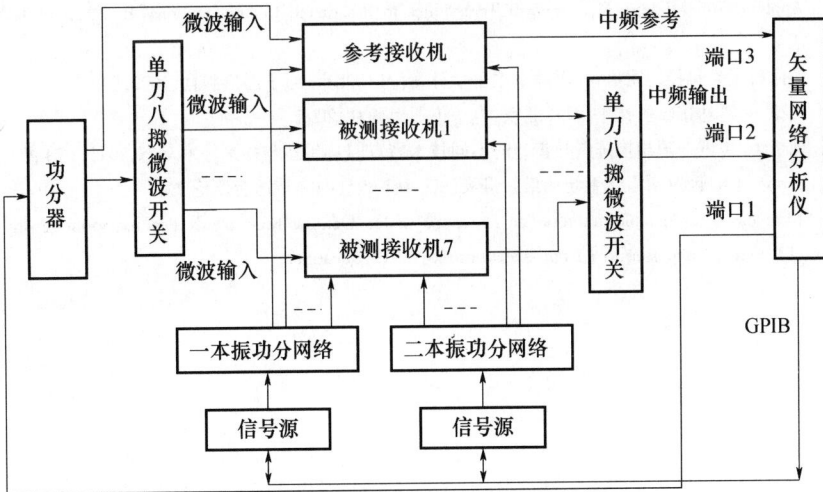

图 7-35　适配网络框图

169

参 考 文 献

[1] Skolnik M. Introuction to Radar Systems[M]. Third edition. 北京:电子工业出版社,2007.

[2] Barton D K. Radar System Analysis and Modeling[M]. 北京:电子工业出版社,2007.

[3] 郭崇贤. 相控阵雷达接收技术[M]. 北京:国防工业出版社,2009.

[4] 王新全,刘晓凯. 防空导弹制导雷达收发设备[M]. 北京:宇航出版社,1996.

[5] 黄槐. 制导雷达技术[M]. 北京:电子工业出版社,2006.

[6] 张明友. 雷达系统[M]. 北京:电子工业出版社,2006.

[7] 丁鹭飞,耿富录. 雷达原理[M]. 第4版. 西安:西北电讯工程学院出版社,1984.

[8] 徐德忠,蔡新泉. 高频、微波噪声的计量测试[M]. 北京:中国计量出版社,1998.

[9] 费元春. 微波固态频率源[M]. 北京:国防工业出版社,1994.

[10] 童建涛. Y因子算法和噪声系数不确定度分析[J]. 国外电子测量技术,2009 (3):28 - 30.

[11] 潘光斌. 基于频谱仪的相位噪声测试及不确定度分析[J]. 仪器仪表学报 2002(10):21 - 31.

[12] 雷振亚. 射频/微波电路导论[M]. 西安:电子科技大学出版社,2005.

[13] 郭衍莹,徐德忠,周鸣岐,等. 相控阵制导雷达检测维修技术研究和发展对策[C]. 第三届国防科技工业试验与测试技术发展战略高层论坛论文集,2011:141 - 143.

[14] 郭衍莹. 现代电子设备的频率稳定度[M]. 北京:宇航出版社,1989.

[15] 郭衍莹,陆文福. 空间跟踪和通信用地面发射机系统设计[M]. 北京:国防工业出版社,1984.

[16] GJB 3309—98 雷达信号产生和时间基准分系统性能测试方法频率源主要性能[S]. 北京:总装备部军标出板发行部,1998.

[17] 盛永鑫. 多路接收机测试系统[J]. 国防科技工业试验与测试技术高层论坛论文集,2007(9).

[18] GJB 889.1—89 雷达接收分系统性能测试方法灵敏度[S]. 北京:总装备部军标出板发行部,1990.

[19] Applying Noies Figure Measurement Techniques to Broadband Communications[R]. Agilent Technologies.

[20] 国防科工委科技与质量司. 无线电电子学计量[M]. 北京:原子能出版社,2002.

[21] 弋德. 雷达接收机技术[M]. 北京:电子工业出版社,2005.

[22] 郭衍莹. 美俄二国相控阵制导雷达的不同技术特点[J]. 雷达与探测技术动态,2011,(7):6 - 11.

[23] Barton D K. 俄罗斯雷达系统的最新进展[C]. IEEE95,国际雷达会议论文集.

[24] Куталев А и , Высокостабильные Генераторы На Основе Кварцевых Резонаторов Термостатов [J]. Успех Современном Радиоэлектроники,2010 Декабре.

第8章　有源相控阵雷达 T/R 组件的特点和检测维修

在 2.4 节中提到,有源与无源相控阵雷达的主要区别,就是天线阵面的每一个天线通道中是否含有有源电路,即 T/R 组件(发射/接收组件)。每一个 T/R 组件紧靠辐射口径背面,相当于一个雷达的高频前端。组件中既有发射功率放大器,又有低噪声高放(LNA)、移相器、波控电路等。有源相控阵设备量较大,成本可观,但由于它能获得更大的空间功率合成,使它成为当今相控阵雷达发展的一个重要方向。

近年来固态 T/R 组件迅速发展,大大推动了有源相控阵雷达的发展(故有的文献把有源相控阵雷达也称可固态相控阵雷达)。固态 T/R 组件是一种高新技术。近年来,我国的固态 T/R 组件技术,无论是科研、生产、工艺、甚至自动化故障检测设备等都取得令人瞩目的成就,这就为 T/R 组件的维修工作,包括故障检测定位、故障件更换等提供了极其有利的条件。

8.1　有源相控阵雷达发射功率和接收信号分配[1,4]

第 2 章已对有源相控阵雷达的基本概念和关键技术作了介绍。图 8 – 1 举一实例(美国的 AN/FPS – 115 全固态大型有源相控阵雷达)用来具体说明雷达的发射功率分配系统和子天线阵接收机系统。电平关系是开展维修工作前必须弄清楚的数据。该相控阵雷达有 1792 个天线单元,共有 1792 个固态 T/R 组件,总的峰值功率为 600kW,平均功率 150kW。

整个雷达可分成 56 个子天线阵,每个子天线阵内功率分配网络(图 8 – 1 中为 1 分 32)及 T/R 组件都是一样的。发射机激励级、子天线阵驱动级以及组件中功放的输出功率都是同等量级,为 300W 左右,这样就易于实现模块化和标准化。另外,子天线阵对收发天线是公用的,而接收波束的形成是在由 32 个天线单元构成的子天线阵级别上实现的。

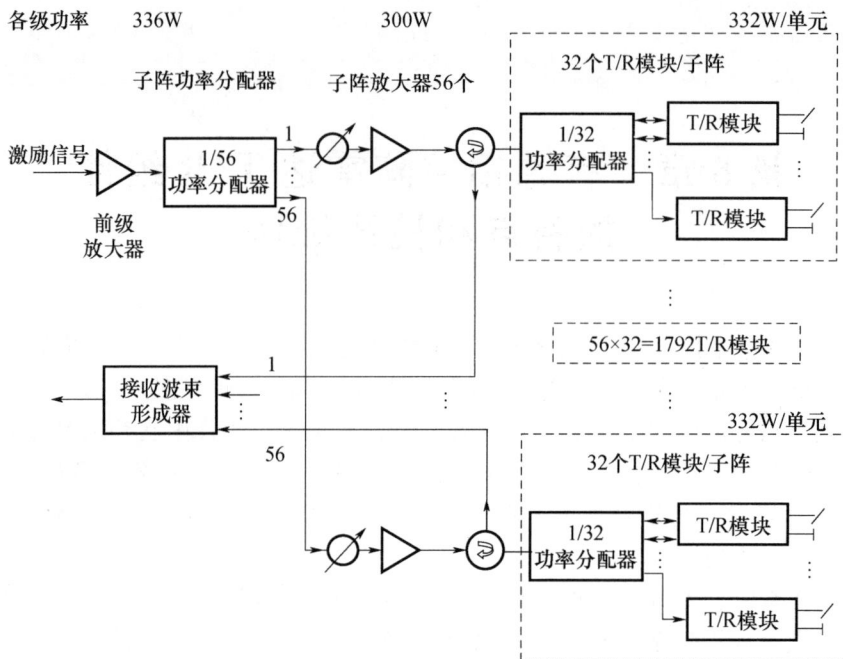

图 8-1 有源相控阵雷达的发射功率分配系统和子天线阵接收机系统

8.2 T/R 组件概况[2-4]

8.2.1 T/R 组件的基本结构

T/R 组件是有源相控阵雷达的关键部件。图 8-2 为 T/R 组件的原理框图。

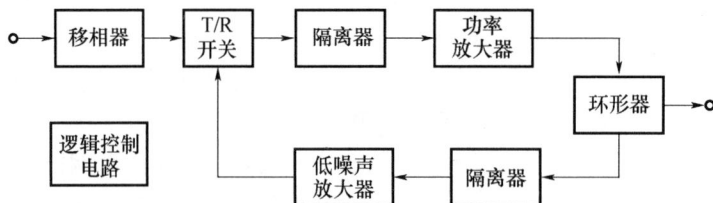

图 8-2 T/R 组件基本结构

国外资料实例:一个工作于 C 波段的 T/R 组件,在发射状态时,峰值输出功率为 15W,效率为 25%。在接收状态时,噪声系数为 2dB,结构尺寸为 12.7mm×

172

12.7mm × 5.3mm。

由图 8 – 2 可见,实际 T/R 组件主要由功放、低噪声放大、移相器、转换开关 (T/R 开关,环行器)四部分组成。功放和低噪声放大最为关键。T/R 组件主要功能如下:

(1) 提供发射状态下的功率增益和输出功率。

(2) 提供接收状态下的信号增益和低噪声系数。

(3) 进行收/发状态的切换。

(4) 实现收/发状态的移相功能。

8.2.2　功率放大器[5,7]

T/R 组件是有源相控阵雷达的关键部件,而功放又是 T/R 组件的最关键部件。它直接决定了雷达整个发射机的性能、可靠性和造价。

T/R 组件中的功放,大都工作于 C 类放大器状态。一般都采用阻抗匹配法设计:先测出功率晶体管在工作条件下的动态阻抗,再确定电路模型,用计算机优化法设计出匹配电路,经装配、调试和修正,最后得到所需产品。S 波段以下频率,功放大都采用硅双极性微波晶体管;而在 C 波段以上,几乎无一例外用砷化镓场效应晶体管作功放。至于前级驱动,也可选用 MMIC(微波微电子集成电路)来实现。目前,砷化镓场效应晶体管输出功率水平,在 C 波段可达 40W 以上,在 X 波段可达 20W 以上。

图 8 – 3 是文献上介绍的我国第一个成功用于 S 波段有源相控阵雷达的 T/R 组件功放原理框图,其输出功率是由二级功放的输出并联合成的。功率合成器和分配器采用图 8 – 4 的形式。为了进一步改善阻抗匹配,还采用 Wilkinson 电路,即在一个输出端(图 8 – 4 中的 2 或 3 端)接一段 $\lambda/4$ 传输线。这样,可使两个输出端的反射波在输入口反相抵消,这种方法在很多 T/R 组件中都获得应用。

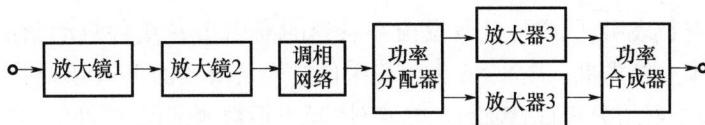

图 8 – 3　S 波段有源相控阵雷达的 T/R 组件功放原理框图

在 C 波段和 X 波段,T/R 组件的功放一般由三级放大器组成。第一级可用 MMIC 片,第二和第三级则可选用具有内匹配(在工厂生产时已用内匹配电路初步匹配好)的砷化镓场效应晶体管作功放。要特别注意这三级电路都需要加两种电压:U_{DS}(漏 – 源电压)和 U_{GS}(栅 – 源电压),而且必须有可靠的 U_{GS} 控制 U_{DS}

$Z_0=\sqrt{2}R_0$ $Z_0=R_0$ 2 $P/2$

$\frac{1}{4}\lambda$

$2R_0$ 薄膜电阻

1   $Z_0=R_0$ P $\frac{1}{4}\lambda$

$Z_0=\sqrt{2}R_0$ $Z_0=R_0$ 3 $P/2$

(a)

50Ω 2

59.4Ω

1   50Ω 42Ω 100Ω

59.4Ω

50Ω 3

(b)

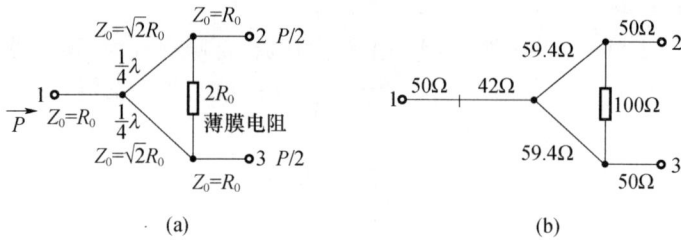

图 8-4 功率合成器/分配器

的电路,以保证正确加电程序,保证功放安全可靠工作。

8.2.3 低噪声放大器

大都采用微波晶体管作为高放。低噪声晶体微波放大器在 X 波段其噪声系数达到 1dB,能承受 0.2W 泄漏峰值功率。若在放大器之前加一个二极管限幅器,则烧毁峰值功率达 50W,但 X 波段二极管限幅器会使噪声也增加 0.5dB,在 C 波段二极管限幅器使噪声增加 0.2dB。晶体管放大器的噪声系数随工作频率降低而下降,如在 C 波段噪声系数仅 0.6dB。

8.3 T/R 组件的检测维修[2,8]

8.3.1 T/R 组件幅相特性测试

国内有专用的 T/R 组件幅相特性测试仪,也可使用微波矢量网络分析仪,图 8-5 为测试框图。测试发射通道时,A 为输入点,B 为输出点;测试接收通道时则反之。

8.3.2 T/R 组件自动测试系统

公开资料表明,国内外已研发出一系列的商用 T/R 组件自动测试系统,有些系统技术非常先进。图 8-6 为由我国科技人员研发的 T/R 组件自动测试系统,它由矢量网络分析仪、频谱仪、功率计、噪声系数测试仪、脉冲信号发生器、示波器等仪器组成。专用测试装置则由开关矩阵、放大器、衰减器、隔离器、定向耦合器、PIN 调制器及接口组成。系统软件用 Borlang C++、Builder 5.0 编写,基于Windows 2000 操作平台。可测参数在接收状态有增益、带外抑制、驻波、移相器相移、噪声系数等,发射状态有输出功率、驻波、移相器相移、发射波形参数、激励功率等。系统总线仍采用 GPIB,方便、可靠、更改容易。

174

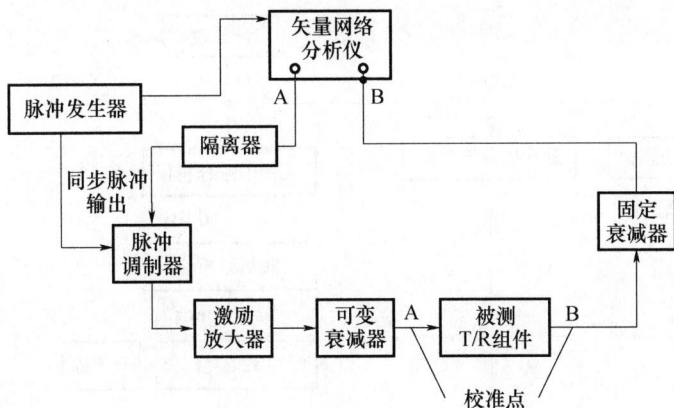

图 8-5　用网络分析仪检测 T/R 组件幅相特性

8.3.3　T/R 组件常见故障诊断

T/R 组件故障,一般在基层级维修时通过 BITE 检测就能发现,这在第 3 章中已做了介绍。基层级维修人员用 T/R 备件替换下有故障的 T/R 组件,并将故障件送中继级或基地级。中继级和基地级维修站常配有专用测试台或测试车。

T/R 组件常见故障如下:

1. 自激

自激是 T/R 组件一个常见故障。自激原因比较复杂,如晶体管老化、接地不良、电路元件性能下降等都能引起组件自激,并形成"腔体效应"(电路和组件小盒一起形成微波振荡回路)。自激现象不严重时(如时有时无),可在组件上盖内面贴一块铁氧体,自激往往立刻消除。再进一步检测组件特性,如指标合格,一般无需进一步排除故障,可继续使用相当长一时间。如检测不合格,或自激严重无法消除,应送基地级维修,此时需对发射管、接收管和匹配电路等作详细检测、维修或更换。

2. 晶体管失效或老化

晶体管失效一般较易判断,常表现为组合不工作。晶体管老化则较难判断,组件某几项性能指标下降都可能与晶体管老化有关,但一般都反应为阻抗失配,表现为输出功率下降,或激励功率输入不进去。老化不严重时或阻抗失配不严重时,可以试用人工改动微带线,观察效果。方法是:将微带线用小刀轻轻削窄,可使阻抗变高;在微带线上堆以焊锡,可使阻抗变低。如能使组件性能恢复正常,暂时就无需再更换晶体管,否则需送基地站彻底检修。

计算机

GPIB　　　　　　　　　　　　　　　　GPIB

功率计　脉冲信号发生器　　矢量网络分析仪　示波器

GPIB　　　　　　　　　GPIB

频谱分析仪　功率计

GPIB

噪声系数测试仪　噪声源

放大器　PIN调制　单刀双掷

16dB衰减器　　　　　　　　双刀双掷

负载　定向耦合器　　　　　单刀三掷

负载　　　　　单刀单掷　40dB衰减器

单刀双掷

负载　单刀双掷　单刀双掷

单刀双掷　单刀双掷

负载　单刀三掷　负载

被测T/R组件

12V电源　控制板

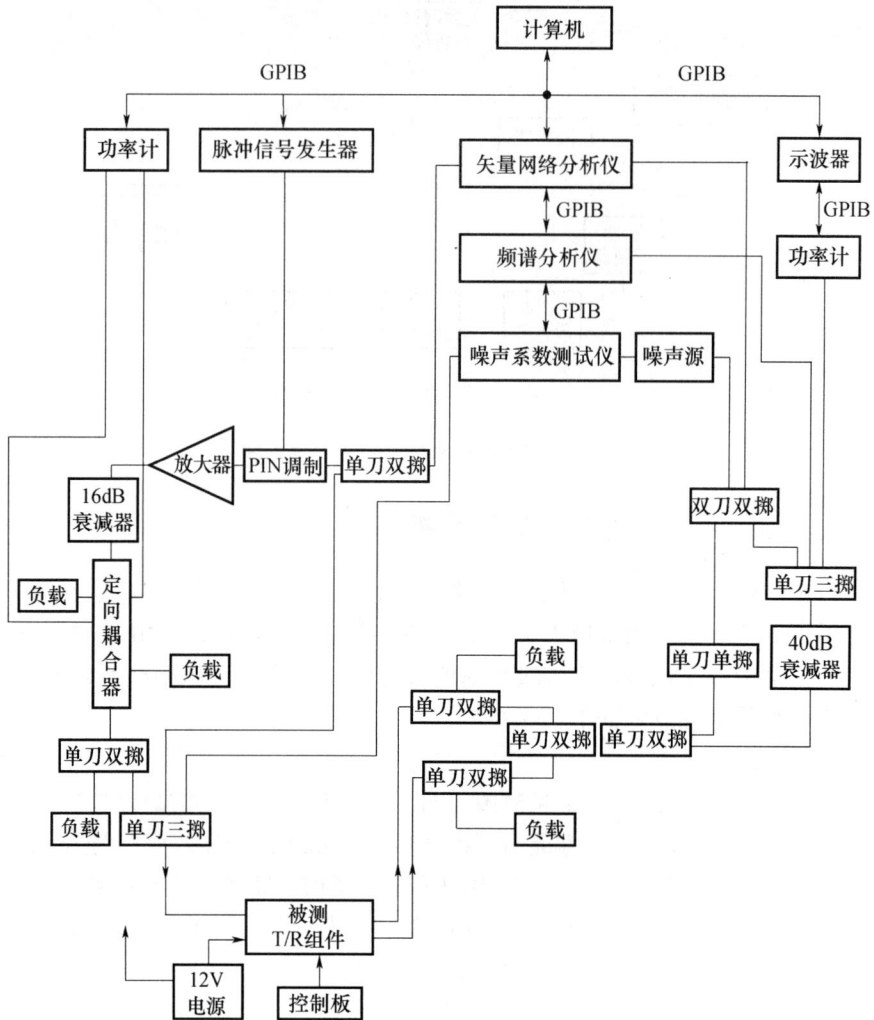

图 8-6　T/R 组件自动测试系统

8.4　T/R 组件在机载相控阵雷达中的应用[4]

用于机载武器系统中的相控阵雷达,主要作为预警机的预警雷达和歼击机的火控雷达。在早期,这些雷达的天线都采用机械扫描的抛物面天线,机动性能差。后来改进用三坐标雷达,其天线在俯仰方向改用电扫描,大大提高了雷达的作战性能,但方位上仍用机械扫描。最新一代的预警机和歼击机已改用全向电子扫描的相控阵雷达。现代预警机、歼击机是否达到新一代(第四代)水平,重要标志之一就是是否采用相控阵雷达体制的预警雷达和火控雷达。

图8-7为机载相控阵雷达典型组成原理框图。

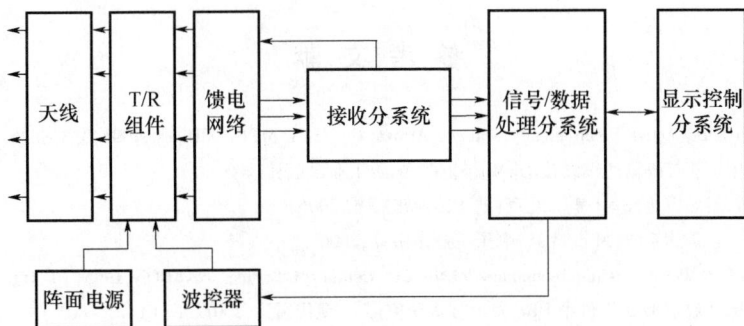

图8-7 机载相控阵雷达典型组成框图

机载相控阵雷达在原理上与地面相控阵雷达并无原则区别,但由于机上环境和条件限制,它们大都采用有源相控阵体制,因此它的发展和应用与固态T/R组件的发展密切相关。近年来,随着微电子技术发展,固态T/R组件也获得迅速发展,因此,机载相控阵雷达用于武器系统已能付诸实现。

机载相控阵雷达与包括三坐标雷达在内的机载机械扫描雷达相比,在硬件组成方面没有任何伺服驱动分系统和集中式的大发射机,因此雷达工作(战斗)过程更为灵活和机动。雷达操纵员通过显示控制台可确定任意搜索空域、波束指向和工作方式,其发射信号经放大链放大后再经馈电网络分配至每个T/R组件。经移相和进一步放大后由天线按波控器指定的方向辐射,同时,天线把来自该方向的回波送至T/R组件,经放大后送至接收分系统和信号/数据处理分系统。雷达操纵员还可根据需要,使雷达的搜索和跟踪工作完全独立进行。

当今美国有三种著名的用作火控的机载相控阵雷达,它们是AN/APG-77(装备于F22"猛禽"歼击机)、AN/APG-79(装备于F/A-18E/F歼击机)和AN/APG-81(装备于F-35联合攻击战斗机)。关于这三种相控阵雷达的技术特点已列于附录中。更详细的介绍请参阅文献[10]的165~169页,以及文献[11-13]等。另外据文献报道,美国第三代歼击机F15也曾装备过相控阵雷达;以色列的费尔康预警机上配备L波段全固态相控阵雷达。另据媒体透露,我国的空警2000预警机上也配备全固态相控阵雷达。

本章前面介绍的T/R组件的检测维修方法,自然也可应用于检测机载相控阵雷达中T/R组件。据文献报道,国外在维修时都借助于专用自动测试台。本书附录就有美国第三代歼击机 F15 上的相控阵雷达正在维修站待修的照片。

参 考 文 献

［1］ Cohen E D. Active Electronically Scanned Arrays［C］. IEEE MTT – S Digest,1994:323 – 326.

［2］ 殷连生. 相控阵雷达馈线技术［M］. 北京:国防工业出版社,2007.

［3］ 黄槐. 制导雷达技术［M］. 北京:电子工业出版社,2006.

［4］ 张明友. 雷达系统［M］. 北京:电子工业出版社,2006.

［5］ Smith C R. Power Module Technology for the 21ˢᵗ Century［C］. Proc. NAECON,1995(1):106 – 113.

［6］ 於洪标. 数字 T/R 组件中 DBF 发射技术研究［J］. 现代雷达,2001,23(1):77 – 80.

［7］ 张福琼. T/R 组件设计和制造［J］. 现代雷达,1996,18(2):91 – 97.

［8］ 王飞. T/R 模块微组装工艺研究［J］. 航天雷达,2011,(1):83 – 86.

［9］ 贲德,韦传安,林幼权. 机载雷达技术［M］. 北京:电子工业出版社,2006.

［10］ 张明友,汪学刚. 雷达系统［M］. 北京:电子工业出版社,2006.

［11］ 张光义. 相控阵技术在机载火控雷达中的应用［J］. 现代雷达,1995,17(2).

［12］ 许强. 美国正在研制 AN/APG – 79 机载火控雷达［J］. 现代雷达,2003,25(1).

［13］ 罗先志. AN/APQ – 79/79(V)有源电扫描阵列火控雷达［J］. 空载雷达,2007(1):30 – 34.

［14］ 沈文娟. 相控阵雷达 T/R 组件自动测试系统的研究与实现［D］. 南京理工大学,2003.

［15］ 盛永鑫. T/R 组件自动测试系统［J］. 国外电子测量技术,2002(11):45,46.

［16］ 胡明春,周志鹏,严伟. 相控阵雷达收发组件技术［M］. 北京:国防工业出版社,2007.

第9章 相控阵雷达信号处理机和显控分系统特点及其检测维修

9.1 信号处理机的基本任务和性能指标

信号处理机是相控阵雷达的一个主要部件,它主要负责脉冲压缩、MTI 滤波、MTD 处理、恒虚警(CFAR)处理,视频脉冲或二进制数字积累,信号检测,以及对多目标和导弹距离、角度、速度跟踪的误差提取,产生雷达同步信号等任务,它还配合雷达主计算机负责进行电磁干扰分析,控制雷达抗干扰资源进行电子对抗。信号处理机的水平直接影响雷达的性能指标和作战能力。另外,相控阵天线的波控机,有的雷达把它归于天馈系统,有的把它归于信号处理系统,但它在技术设计、使用和维修上的特点更接近信号处理机。需要指出的是,在早先,由于计算机速度低、存储容量小,绝大部分信号处理任务和一部分数据处理任务都是由信号处理机来完成。近年来,由于计算机技术迅猛发展,这些任务往往由雷达的主计算机和信号处理机配合起来共同完成,因此二者的界线常难以绝对区分。

为了给读者一个概念,图 9-1 画出了爱国者系统中相控阵雷达信号处理机的原理框图[1]。

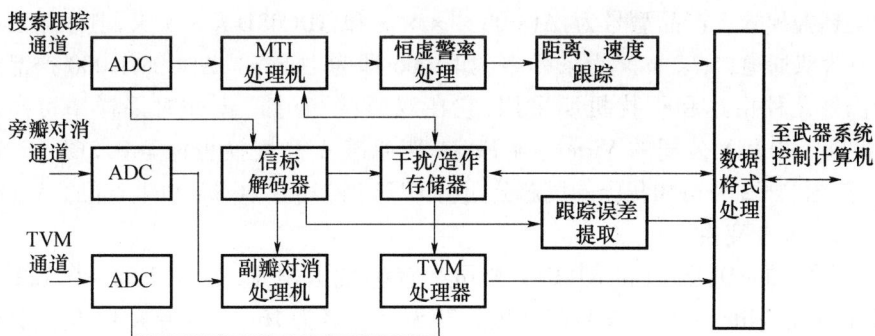

图 9-1 "爱国者"系统中相控阵雷达信号处理机的原理框图

欧美和俄罗斯相控阵雷达的信号处理器,在体制、元器件、电路等方面有很大差异。美国相控阵跟踪雷达的信号处理器主要采用专用信号处理芯片。俄罗斯可能由于微电子集成电路技术水平较低,为了扬长避短,采用基于分立元件的模拟式或混合式信号处理电路,同样能完成任务。他们设计的有些模拟信号处理电路,构思巧妙,颇有水平,这就要求维修人员首先熟悉具体设备,作出具体分析,然后采取不同维修措施。

9.2 数字信号处理机的特点和检测维修

9.2.1 数字信号处理芯片

数字信号处理机中的芯片共有三大类:A/D 变换、D/A 变换和信号处理主芯片。近年来这三者都发展迅速,并已经历了四代产品,最高处理速度可达3GS/s 以上(S/s 是每秒采集的样本数,是高速数字技术和仪器的常用单位)。这些尖端产品的开发和生产大都为美国几家大公司所垄断,其中有德州仪器公司(TI)、美国国家半导体(National Semiconductor)、模拟器件公司(ADI)、XILINX 公司(赛灵思公司)等。不过武器系统一般不追求最新产品,只要能达到系统要求的性能指标,选择的准则是性能稳定可靠和节省经费。

近年来,这三种芯片技术发展都很迅猛,以下介绍情况大致反映国外截止2011 年底前的水平。

1. A/D 变换

美国国家半导体的产品技术上一直领先,至今已有五个速度级别的产品:500MS/s、1GS/s、1.5GS/s、2.5GS/s、3GS/s,均为 8 位以上,采用 LVDS 接口和自动交错控模式。产品型号为:ADC08×××和 ADC08D××××,其中第二个D 意为双通道,××××为采样率(如 1000 即为 1GS/s),ADC08D1000 产品已为国外几种雷达和干扰机所采用,它在双通道"互插"模式时采样率可高达2GS/s。XILINX 公司的 Virtex－4 FPGA 四通道 A/D 变换也可至 0.2GS/s。另外,英国的 E2 公司和我国的民芯公司(即 772 所)均有 1GS/s 以上产品。

2. D/A 变换

美国的 ADI 公司和 XILINX 公司都宣称技术领先,如 ADI 的 AD9122 和XILINX 的 Virtex－5,采样率都可达 1.2GS/s(前者为 16 位,后者为 14 位),并已为国外几种武器系统所采用,二者都采用 CMOS 输入接口和 LVDS 接口。ADI的芯片上还集成有正交调制器、时钟、NCO(数控振荡器)、PLL 等电路,方便用户使用。

3. 信号处理主芯片

信号处理主芯片是信号处理机的核心,自 1982 年推出至今,已经历四代产品。目前,最著名的,在雷达上用得最多,也最为我国科技人员熟悉的信号处理主芯片是 TI 的 TMS320C 系列和 ADI 公司的 ADSP 系列。

现代信号处理器与一般高速微处理器的不同处是:①它能在一个指令周期内完成乘法和累加运算(纳秒级);②多功能;③能并行处理;④采用"哈佛结构"(SHARC)。哈佛结构是指"程序和数据空间独立的体系结构",即一种将程序指令存储和数据存储分开的存储器结构。这种结构特点如下:

(1) 使用两个独立的存储器模块,分别存储指令和数据,每个存储模块都不允许指令和数据并存,以便实现并行处理。

(2) 具有一条独立的地址总线和一条独立的数据总线,利用公用地址总线访问两个存储模块(程序存储模块和数据存储模块),公用数据总线则被用来完成程序存储模块或数据存储模块与 CPU 之间的数据传输。

(3) 两条总线由程序存储器和数据存储器分时共用。

在典型情况下,完成一条指令需要 3 个步骤:取指令、指令译码和执行指令。从指令流的定时关系也可看出传统的计算机结构和哈佛结构处理方式的差别。举一个最简单的对存储器进行读写操作的指令为例:指令 1 至指令 3 均为存、取数指令;对传统结构处理器,由于取指令和存取数据要从同一个存储空间存取,经由同一总线传输,因而它们无法重叠执行,只有完成一个后再进行下一个。

如果采用哈佛结构处理以上同样的 3 条存取数指令,由于取指令和存取数据分别经由不同的存储空间和不同的总线,使得各条指令可以重叠执行,这样也就克服了数据流传输的瓶颈,提高了运算速度。

目前国外一些先进雷达信号处理器采用的芯片,最常见的和我国技术人员最熟悉的是 TI 公司的 TMS320C62 × 和 TMS320C67 ×(可达 1GS/s),ADI 公司的 A. DSP – 2106 × 和 ADSP – TS101S(可达 1.5GS/s)。XILINX 公司的 Virtex 系列也于近年来打入我国市场。

9.2.2 数字信号处理机的结构和工作机理[1,2]

以下先以图 9 – 2 所示 ADSP – 21060 组成的共享总线并行处理系统为例,介绍信号处理机拓扑结构和工作原理。

图中前级输入数据通过 LINK 总线输入,输出数据也可通过 LINK 总线至下一级处理模块。模块内部的数据流向可根据具体任务来选择,通过 LINK 总线来传输。测试数据则通过 LINK 总线,经总线开关送至主控制器,以便于系统调试和观察。主控制器通过 HOST 总线接口控制处理器,并通过该总线对各模块统一控制和管理。

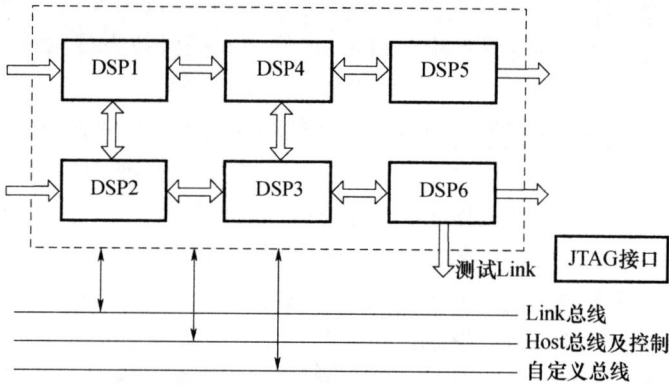

图 9 - 2　主处理器结构原理框图

以下再介绍由四片 ADSP – 21160 构成的信号处理器,如图 9 – 3 所示。图中处理器①、②和③、④分别由局部数据总线和地址总线相连,构成两个并行运算子模块,每个子模块分别共享 2M ×64 位大容量外 SRAM。这样就简单地将板上四片处理器直接用总线相连,以减少处理器对总线的竞争,有利于处理器对存储器的数据读/写操作。各个处理器间由"链接口"互相连接,每个处理器均可与其余三个处理器进行高速点到点通信。每个处理器都有一个"链接口"接至VME 总线接口,便于板与板间互相通信;其余 8 个"链接口"接至前面板,以与其他信号处理板通信。通过 VME 接口,多块处理板可插在 VME 背板上并行工作,使各处理板间以及与主机间均可通信,从而构成完整的信号处理系统。

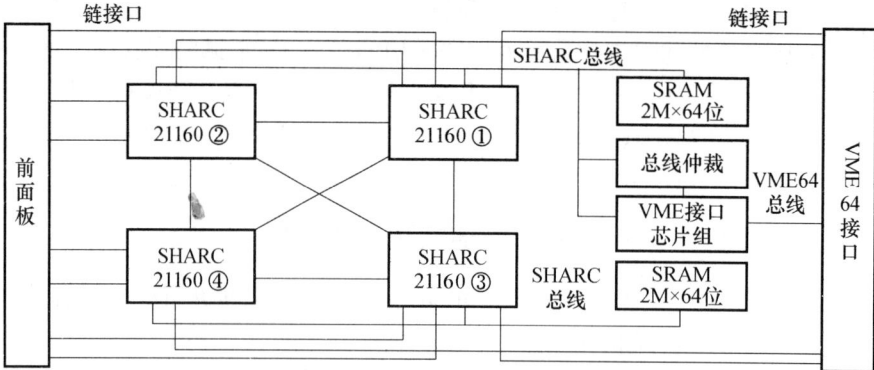

图 9 – 3　由四片处理器芯片构成的信号处理板

最后谈谈数字信号处理器的维修问题。数字信号处理器的核心是专用芯片,有故障时一般通用 PCB 测试台对它无能为力,因此发生故障时就用备份芯

182

片来替换,这就大大降低维修复杂性。但替换后要求对其性能作必要调试和检测,因此要求维修人员也要熟悉其工作原理、性能和测试方法。如没有备份而需自己开发,就需要这方面专业人员来完成。

9.3　模拟信号处理机的特点和检测维修[4]

俄罗斯相控阵雷达的信号处理机与美欧有很大不同。一是它不用大规模集成的专用芯片,而是采用分立元件(或中小规模集成电路)和模拟电路。二是信号处理任务不是集中处理,而是分散在有关机柜或分机中进行。比如,多普勒处理,它也用 FFT 算法,但不用 FFT 专用芯片,而使用分立元件和中小规模集成电路组成 FFT 机柜,尽管体积大很多,但功能和效果是和专用芯片一样的(当然是以增加体积、重量为代价)。三是具体模拟电路设计上有很多独特的巧妙构思,如搜索接收机中的测距电路,它不用经典的"前后波门法",而是用二次积分求质心法判定回波的延时(距离),又如中频相参积累,有的俄制雷达是用一窄带晶体滤波器(带宽窄至 1Hz,已在第 7 章中作了介绍)在频域来实现的,有的则是用中频积分器在时域来实现的,后者实际上是一高 Q 它激晶体振荡器,当每来一中频脉冲时,晶振的幅度随之上升一步,脉冲间隙期高 Q 又使晶振输出基本不变,这样达到中频脉冲积累目的。它较之数字信号处理电路,更显简单实用,稳定可靠。另外,信号处理过程中一些四则运算、求均值等工作由主计算机或微处理器插进来完成(当然整个信号处理器的工作仍由主计算机信息交换来控制),维修前应把这些技术细节都弄清楚。

以下介绍几个具体模拟式或混合式信号处理机的机理。

1. 用"它激晶体振荡器"实现中频相参积累

中频相参积累的概念和原理也已在第 7 章中作了介绍。俄罗斯某些雷达主要利用它激晶体振荡器实现中频相参积累。

图 9-4 为利用它激晶体振荡器实现中频相参积累的原理图。它激晶体振荡器平时不工作(不自激振荡)。在中频信号 $U_d(t)$ 到来后,在 $U_d(t)$ 激励下会产生"它激振荡"。晶体频率调谐于固定频率 f_{on} 上。当 $U_d(t)$ 的频率 f_{od} 等于或接近 f_{on} 时,晶振工作并作增幅振荡,输出频率等于或接近 f_{on};增幅的快慢与 f_{od} 和 f_{on} 的频差 Δf_0 直接相关。因此,在脉冲期间它相当于一个相参积累器。在脉冲间歇期,由于晶振的 Q 高,其输出维持为一等幅振荡。下一个脉冲到来时,晶振输出幅度进一步增大,这样就实现了中频脉冲积累。相参积累器的输出幅度特性(输出幅度与频差 Δf_0 及延时 τ 的关系)如图 9-5 所示,图中 B 为积分器3dB 带宽,B 越小,灵敏度越高,但检测范围也越小,一般取 300~500Hz。

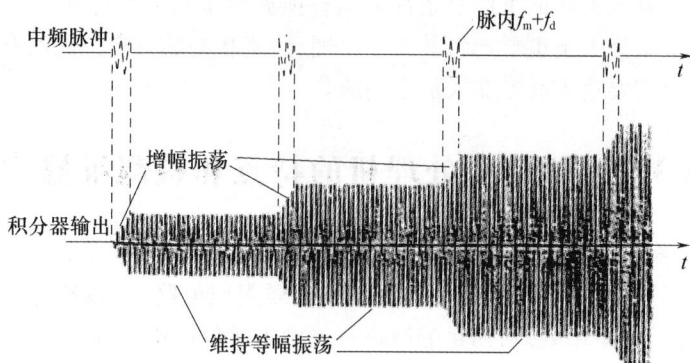

图 9 - 4　中频积累原理框图

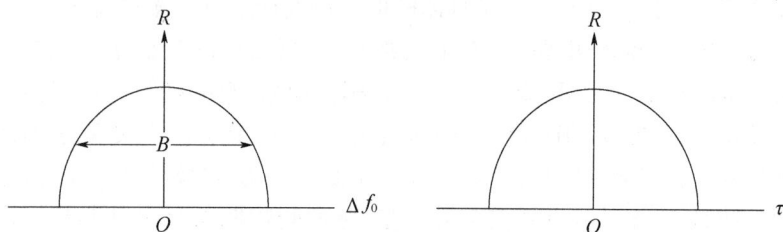

图 9 - 5　中频相参积累器的输出幅度特性

2. 用求回波"质心"法得到目标坐标或进行回路跟踪

俄罗斯相控阵雷达有些测距功能,不是用常规典型的前后波门技术,而是用"二次积分技术"来完成。这一技术可用图 9 - 6 来说明。先算出回波信号 $x(t)$ 的一次积分曲线和二次积分曲线,二者交点 P 到回波质心距离 D(用延时 t_D 来表示)显然可求解下面的方程而得,式中 M 为可预置的常数(M 影响测量时间的长短)。

$$\int^t x(\tau)\mathrm{d}\tau = \left[\int\int^t x(\tau)\mathrm{d}\tau\right]/M$$

公式证明:

质心

$$t_{\mathrm{M}} = \frac{\int_0^T t\mathrm{g}(t)\mathrm{d}t}{\int_0^T \mathrm{g}(t)\mathrm{d}t} = \frac{\int_0^T t\mathrm{d}G(t)}{\int_0^T \mathrm{d}G(t)} = \frac{TG(T) - \int_0^T G(t)\mathrm{d}t}{G(T)} = T - \frac{\int_0^T G(t)\mathrm{d}t}{G(T)}$$

$$= T - \frac{M \times \left(\dfrac{\text{二次积分}}{M}\right)}{\text{一次积分}}$$

184

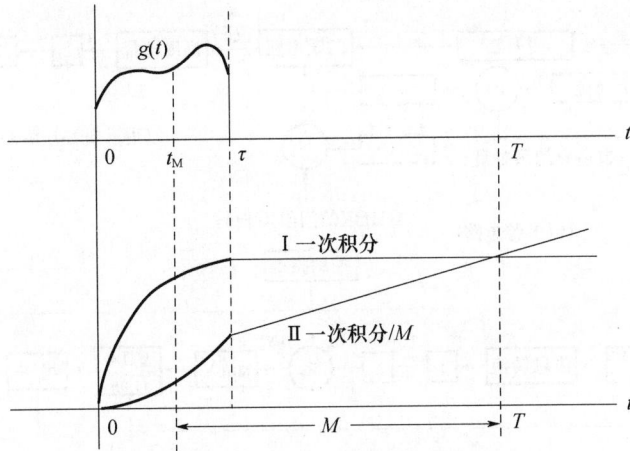

图 9 - 6　二次积分求回波质心的原理

由于在交点处:二次积分/M = 一次积分,所以 $t_M = T - M$。

在具体电路中,是以数字累计求和来代替积分,精度较高,而此数字累计求和是由微处理器来完成的,电路其他部分则都用分立元件构成。这种测距方式尤其是在搜索状态时有明显优点,因为在搜索群目标时回波要占多个距离波门,难以确定其"质心"位置。

在具体实施时,是以数字累计求和来代替积分,可得较高精度,此数字累计求和是由计算机完成的。同理,也可用二次积分法来求目标的速度。图 9 - 7 介绍有关组合如何实现测距和测速。

3. 数据提取电路

俄罗斯由于数字采样器件和技术水平低,在不少地方不得不采用模拟技术。当然从另一方面讲,由于设计构思巧妙,部件做得很紧凑、简洁。例如,接收机和差信息的提取,就采用图 9 - 8 所示简单电路。中频和差信号 $\Sigma + \Delta$ 和 $\Sigma - \Delta$,分别经 RC 微分器;测量此两个微分器输出电压等于固定电压 E 时的时间 T_1 和 T_2,再用计数器测此 $T_2 - T_1$,就可直接得到 $2\Delta/\Sigma$ 误差信息。

图 9 - 8 的证明:

$$V_1 = (\Sigma + \Delta)\mathrm{e}^{-t/RC}$$

故

$$\ln V_1 = -t_1/RC + \ln(\Sigma + \Delta)$$

$$V_2 = (\Sigma - \Delta)\mathrm{e}^{-t/RC}$$

故

$$\ln V_2 = -t_2/RC + \ln(\Sigma - \Delta)$$

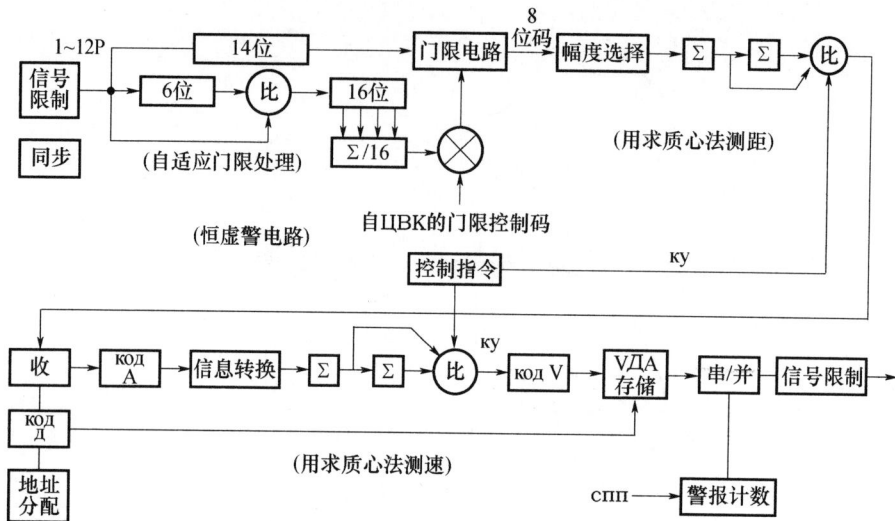

图 9-7　用求质心法实现测距和测速

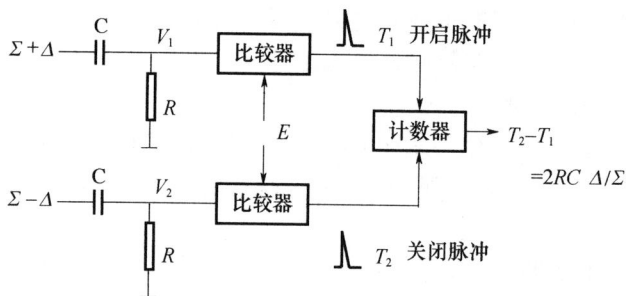

图 9-8　数据提取电路

当 $V_1 = V_2 = E$ 时测时间 T_1 和 T_2，得

$$T_2 - T_1 = RC\ln[\ln(\Sigma - \Delta) - \ln(\Sigma + \Delta)] = RC\ln[(\Sigma - \Delta)/(\Sigma + \Delta)]$$
$$= RC\ln[(1 - \Delta/\Sigma)/(1 + \Delta/\Sigma)]$$

由于 $\Delta < \Sigma$，因此上式近似等于 $2RC\Delta/\Sigma$。

分立式信号处理 PCB 板故障率一般要高于数字式 PCB 板的故障率，维修时首先遇到的困难是不熟悉它的作用、功能、工作时序以及与其他 PCB 板关系。一些通用式模拟 PCB 板检测系统对维修信号处理板往往效果不佳，除非是专用的有针对性的测试系统，如乌克兰的 ДИАНА（专检测预警雷达的 PCB 板）。实践中常遇到这样情况：单独一块信号处理 PCB 板已排除故障，但与系统连接后仍不能正常工作。因此，维修时建议尽量利用雷达内置模拟器（俄罗斯雷达有

186

很多内置模拟器,关键是灵活应用),尽量对整个功能组合一起联测,尤其是一开始时。要充分利用第3章介绍的信息交换原理,自定义信息字内容,逐步诊断出具体故障位置。

9.4 俄罗斯脉冲多普勒处理的特点

9.4.1 俄罗斯雷达 DFT 特点和具体算法

与美欧雷达采用零中频处理不同,有些俄罗斯雷达信号处理的 DFT 处理器是以一个低中频(如1MHz)为中心展开频谱运算,所以具体算法与常规算法有所不同。今假定一个具体例子,来介绍俄罗斯 DFT 具体算法。令输入信号为载频 1.0MHz 的脉冲调制信号,脉冲重复频率(即采样频率)为95kHz,或重复周期为 10.5μs。设计一个 $N = 256$ 点的多普勒滤波器,即 $N = 256$ 的 DFT,则频谱间隔为 $1/256 \times 10.5 = 370$Hz,所占频谱范围为 $370 \times 256 \approx 100$kHz。

俄罗斯某些 DFT 具体算法:

DFT 的基本原理读者可参考一些教科书和文献。它的基本算法是蝶形运算,蝶形运算的过程可描述如下:

假定上一次蝶形运算得到的一对数据为 $x_i(p)$ 和 $x_i(q)$,而则本次蝶形运算的结果为 $x_{i+1}(p)$ 和 $x_{i+1}(q)$:

$$x_{i+1}(p) = x_i(p) + W_N^r x_i(q)$$
$$x_{i+1}(q) = x_i(p) - W_N^r x_i(q)$$

式中:旋转因子 $W_N^r = \exp(-j2\pi r/N)$。

其值存储于固定存储器中,运算过程中随时可以取出。

整个 DFT 运算过程如下:

假定输入 $x(n)$ 数列。$n = 1, 2, \cdots, N, N = 256$。将此数列配对成 128 对复数数据:$\Sigma = A + jB$。$A$、$B$ 配对规则为 $A = (n)$;$B = x(N-n)$。实质上是将 A 相当于零中频法的 I 分量;将 B 相当于另中频法中的 Q 分量。这种相当是有条件的。将此 128 对复数按次序存入操作存储器 M。再按上述蝶形运算法进行运算。先从存储器 M 中取出间隔为 $p-q$ 的一对复数 c 与 d。此间隔为

$$p - q = 2^{-m}N$$

式中:m 为迭代运算的级数。

再从固定存储器中取出旋转因子 W,由此组成一对新的复数,即

$$C = c + Wd$$
$$D = c - Wd$$

再将复数 C 与 D 分别写入存储器 M 中原来 c 与 d 的对应地址,这就完成一次蝶形运算。这样的蝶形运算共需进行 61 次,经 7 级叠加后则在 M 存储器中存储的数据就是 128 复数频谱数据。但在实际上不需那么多滤波器,也不需占那么大频谱宽度。因此,采用自卷积法(自相关运算法)压低旁瓣,去除掉 47 个频谱,最后得 81 个频谱数据,所占频谱宽度为 $81 \times 370 \approx 30kHz$,节约了频谱,并完全可以满足多普勒滤波要求。

俄罗斯的 DFT 处理器很少见到用像美国 TMS – 320 或 ADSP 系列那样的专用数字信号处理板,而是采用小规模数字集成电路和数模混合分立式模块,这当然与俄罗斯微电子技术相对落后有关。因此,DFT 处理器的体积比较大,维修起来比较麻烦,这就要求维修人员对这种 DFT 处理器的机理有深入的了解。

9.4.2 俄罗斯雷达模拟式多普勒滤波器的特点

俄罗斯某些雷达利用一组"中频积分器"来代替多普勒滤波器,每一个中频积分器中有一个"它激晶体振荡"以进行中频相参积累。从形式上讲,它与多普勒滤波器似乎没区别,因为它们都对多普勒频率进行选频,并进行相参积累。但至少有两点与后者不同:一是它是有源的,有增益的,因此有的学者称它为有源滤波器;二是它有询问电路,当输入脉冲信号结束,也即积累至最大值时,询问电路开通,将信号的最大值取出。这些都是俄罗斯科技人员独特构思,在微电子技术相对落后情况下也能做出一流的产品。

9.5 显控系统的特点和检测维修[1,3]

9.5.1 显控系统的组成

显控系统是作战指挥控制和人机交互界面,其性能好坏直接影响雷达使用性能和作战性能的发挥。其主要功能为:空情显示和人工干预的操作控制,发射制导显示和操作控制,角度、距离和速度手控跟踪,跟踪质量显示,监测数据显示,人工辅助电子对抗,通信控制,电源和灯光控制等。

相控阵雷达的显控系统要比一般雷达复杂得多,如指挥人员和操作手就有好几名,但从设备和电路的技术及维修角度来讲,它与常规雷达并无原则区别。图 9 – 9 所示为显控系统的典型组成。

9.5.2 显控系统中的各种显示器

显控系统中有很多显示器,它们全部采用高分辨率的彩色光栅扫描技术,配

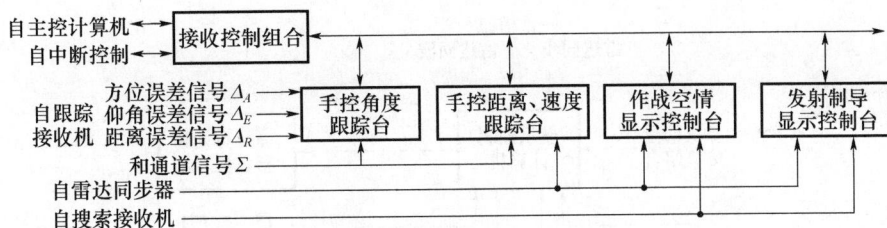

图9-9 显控系统组成框图

以触摸屏一二次信息结合的显示器,还有一台计算机(或微处理机)。

(1)空情显示器:由指挥员或值班员值守,其任务为显示作战空情和作战态势等,同时还为指挥员提供对雷达的操作控制和人工干预。图9-10为某雷达空情显示器的显示画面,图中栅格线表示方位角和距离,不同符号代表不同目标属性(如三角代表我、矩形代表敌机)。图9-11为其组成框图,它由高分辨光栅彩色显示器、显示控制计算机、触摸屏、功能键、跟踪球、键盘等组成。

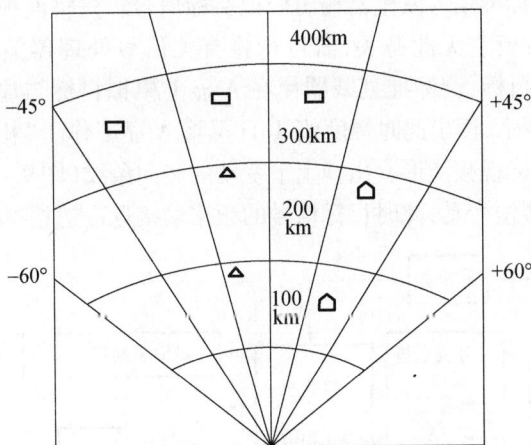

图9-10 空情显示器画面

(2)发射显示器:显示每个被跟踪目标状态参数和对它进行发射的解算(如杀伤区、遭遇点等)。

(3)搜索显示器:显示空间搜索情况。

(4)引导显示器:引导目标自动角度跟踪,显示截获目标情况。

(5)手控跟踪显示器:为操作手提供手控跟踪情况。

9.5.3 用显控系统中的显示器监测雷达 MTI 的改善因子 I

MTI 的改善因子 I 和脉冲多普勒的的杂波下能见度 SCV 是雷达信号处理的

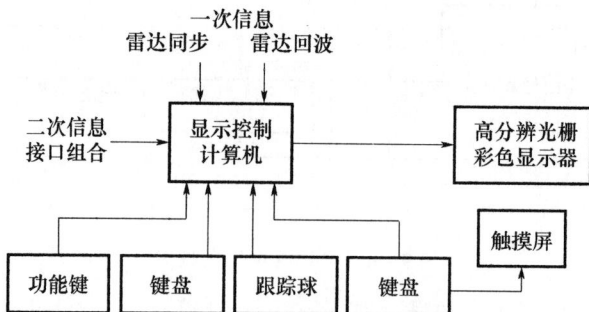

图 9 – 11　空情显示器控制台的组成

重要指标。这些指标有些雷达是利用 BITE(包括模拟器)在中频频段进行的。测试数据有一定局限性。本书介绍的方法是仿照雷达实战情况的系统测试,并用显控系统中的显示器来检测,因此测出数据比较符合实际情况。

　　测试框图如图 9 – 12 所示。图 9 – 12 中虚线以上为被测雷达,虚线以下为外置仪器设备,其中标准信号发生器输出模拟目标信号。先将面板上的"对消设备"关闭(有些雷达面板上无此开关,需自行将有关信号处理器关闭),雷达找一个 50km 左右的地物目标,调标准衰减器使在 A 显上模拟目标与地物杂波幅度相等(如图 9 – 13(a)所示,读出此时幅度值 A_1),再将 A 显工作于"相参信号",微调标准信号源频率,目标视频波形会出现上下变动的竖向条纹(图 9 – 13(b))。仔细微调使条纹最少且缓慢变动,此时目标信号的频率最接近雷达相参振荡器频率。

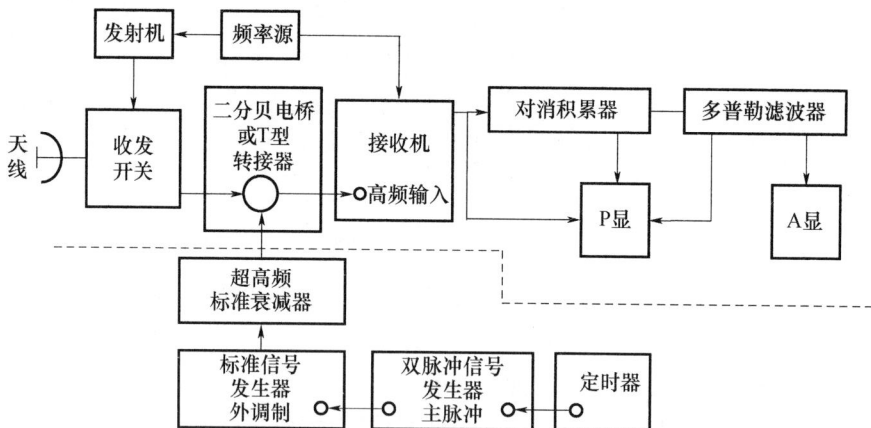

图 9 – 12　雷达 SCV 或改善因子 I 测试框图

　　将 A 显工作于"正常信号",调双脉冲发生器的"延时",使目标信号重叠在(骑在)地物杂波上,将"对消"打开(脉冲多普勒工作),增加衰减器衰减量至 A_2,直至目标刚能从载波剩余茅草中发现,则 $A_2 - A_1$ 就是静态 SCV。

190

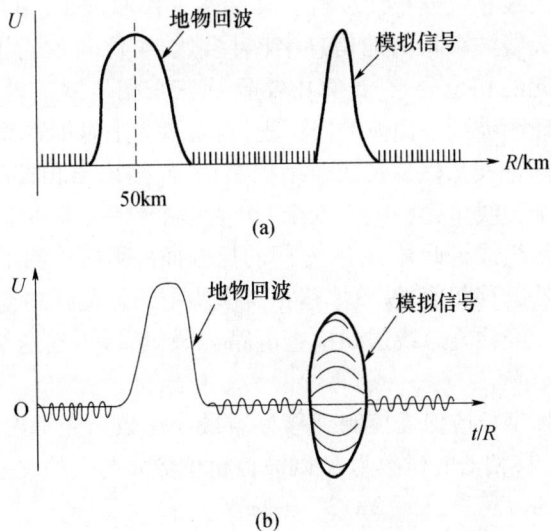

U

地物回波　　　　模拟信号

R/km

50km

(a)

U

地物回波　　　　模拟信号

O

t/R

(b)

图9－13　地物杂波和模拟信号波形图

（a）无对消设备时；（b）接近相参时。

至于测动态 SCV,可先使天线以 6r/min 旋转,在 P 显上目标信号应为一圆,但在地物杂波处有暗段,如图 9－14(a)所示。减小标准衰减器衰减量,直至暗段刚消失,则标准衰减器减小的衰减量就是动态 SCV。

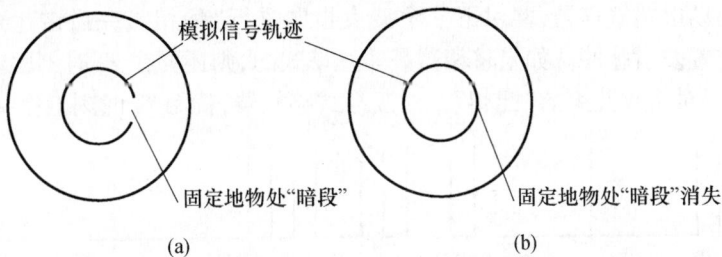

模拟信号轨迹

固定地物处"暗段"　　　　固定地物处"暗段"消失

(a)　　　　　　　　　　　　(b)

图9－14　测动态 SCV 时 P 显上画面

（a）未对消时画面出现"暗段"；（b）对消后"暗段"消失。

9.6　波控机的特点和检测维修[1]

9.6.1　波控机工作机理

波控机是相控阵雷达天线高频舱的最主要部件之一,一般包括输入和同步、检查控制台以及天线相位分布计算机。其基本工作原理是,由指挥控制舱发送说明工作状态和天线波束指向的信息字(可多达 24 位),然后由相位分布计算机算出天线各单元的相位分布,计算中需要从三张相位修正表取出修正量(一是在各频率点由球面波到平面波的修正表,二是事先测好的零场相位表,三是温度变化后的相位修正表),然后形成数字控制信号,输出至相控阵天线。无源相阵天线往往由多个天线单元(一般 16 个)组成一个模块,并由多个(16 个)独立的移相器控制电路组成。此外,还有专门的控制插件组成检测系统,可记录下每一天线单元移相器的移相值,铁氧体移相器模块中的磁化脉冲宽度 Δt 是和移相值成正比。此脉冲经检查总线送到检查电路记录,然后再发送给数字相位计算机处理。

波控机的运算字长应保证控制到移相器最小位数。先考虑线阵情况,假定天线单元为 N 个,移相器的位数为 b,则波控机位数 a 与 b 的关系为

$$2\pi/2^b = 2\pi N/2^a$$

则

$$a = b + \lg M/\lg 2$$

再考虑面阵,a 的量在上式数值上再加 1~2 位即可。

一般波控机字长为 12~13 位,其中前 8 位给移相器驱动电路。图 9-15 为波控机工作时序,其中,T_1 时雷达发射脉冲;T_2 时主计算机向波控机输入下一个波束指向位置($\alpha\beta$);T_3 时波控机计算天线单元所需相位;T_4 时将计算结果输入移相器驱动电路寄存器,并对下一个波束指向进行"配相",完后雷达开始向新的波束位置发射脉冲。如果移相器是非互易式的,则还要在 T_5 时刻驱动电路取反码,进行对接收波束的"配相"。对互易式移相器,就无 T_5 时刻工作。

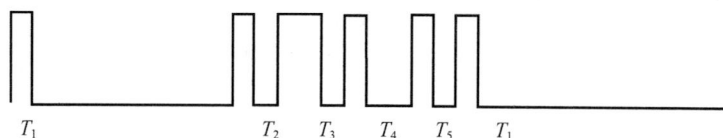

图 9-15 波控机工作时序

9.6.2 波控机的维修问题

铁氧体移相器及其控制电路是高故障率部件,已在前几章中作了介绍,这里只简述波控机本身有关维修问题。和信号处理机的情况完全一样,美欧的波控机主要采用专用信号处理芯片,俄罗斯则采用基于分立元件的模拟电路。因此,9.2 节和 9.3 节中所谈的概念和检测维修准则完全适用于波控机。维修站在修

理故障板时可用备份板来替换,但如需重新调试和编写软件,常需要这方面专业人员来完成。

另外,波控机还有一个移相量修正问题。第 5 章中指出,采用空馈的馈电方式时,从球面波到平面波要有修正量。国外有些雷达对所用的每个频率点(N点)都有一张相位修正表(共有 N 页,每页 M 个相位修正量,M 为天线单元数),可根据理论计算事先存好。另外,出厂前事先测好的零场相位也要有一张表,还有根据天线不同区域的数个温度传感器送来的温度数据从温度校正表中取出相位校正值。上述三种为主要的校正量,是波控机无法计算的,需要人工干预。每次大修时都要检查这些表使用情况,评估是否需要对表中数据作某些调整。

参 考 文 献

[1] 黄槐. 制导雷达技术[M]. 北京:电子工业出版社,2006.

[2] 秦忠宇,翁祖荫. 防空导弹制导雷达跟综系统与显示控制[M]. 北京:宇航出版社,1995.

[3] 丁鹭飞,耿富录. 雷达原理[M]. 第 4 版. 西安:西北电讯工程学院出版社,1984.

[4] 娄寿春. 面空导弹武器系统设备原理[M]. 北京:国防工业出版社,2010.

[5] 郭衍莹. 俄罗斯研发防空导弹武器系统的指导准则和设计思想[J]. 国防科技,2011,(3):1 – 7.

第10章　自动测试技术和故障诊断专家系统

10.1　自动测试技术的一般概念

自动测试系统(Automatic Test System)是指能对被测试备自动进行测量、故障诊断、数据处理、存储、传输、显示或输出结果的系统。它一般由三大部分组成:自动测试设备(Automatic Test Equipment ATE)、测试程序集(Test Program Set,TPS)和TPS软件开发工具[1]。

ATE是指用来完成自动测试任务的全部硬件和相应的操作软件,它包括计算机、总线接口以及测试模块、程控电源、矩阵开关等。TPS则是测试程序(TP)、接口装置(ID)和测试程序集文件(TPSD)的集合。

自动测试技术和系统的出现始于20世纪50年代,到今天它仍在不断发展。大体说来,它的发展经历了三代:第一代自动测试系统是针对具体测试任务而研制的专用测试系统。它针对性强、结构紧凑、效率高、使用方便,但专用性太强,内外接口都是非标准化,而且研制工作量大,成本高,适用性不强,测试资源无法在多个测试任务和不同测试系统中共享。第二代自动测试系统是指在标准接口总线(主要有GPIB、CAMAC等)和台式程控仪器基础上,以积木式结构组建而成。它在标准化、通用性、研制方便、资源共享等方面较第一代进了一大步,但仍存在总线传输速率不高、资源配置重复等缺点,难以组成紧凑的测试系统。第三代自动测试系统是基于VXI、PXI等新一代测试总线和模块化仪器设备等组成。它测试速度快、资源配置合理、体积紧凑、机动性好。目前世界各国都围绕以下关键问题进一步提高自动测试系统性能:提高高频和微波覆盖范围,提高系统互操作性,TPS开发和可移植性,并行测试,故障诊断,信息融合等。

西方发达国家,尤其是美国,对自动测试技术和ATE的研制十分重视。早在20世纪70年代,美军就成立了测试技术协调组,制定严格的维修体制和完善的发展规划,并先后研制了一些通用、多功能、小型化、模块化的综合测试系统,如著名的海军综合自动支援系统(CASS)、陆军中级战场测试设备(IFTE)、空军模块化自动测试设备(MATE)等,大大提高了武器装备作战能力。美军从一开始就把武器装备的测试性与装备性、费用放在同等重要位置,目前美军正在大力开发通用、多功能、抗干扰、小型化、模块化和基于总线的军用ATS/ATE系统。

我国自动化测试技术起步较晚,近年来发展很快,但与国外先进水平比尚有不少差距。

10.2 雷达自动测试和故障诊断的一般方法

前面提到,我国国军标规定,军用雷达维修实行三级维修体制:基层级、中继级和基地级,因此自动测试技术的应用可按这三个层次来说明。

基层级维修是非常重要的一级维修,通过它能将故障定位至 LRU(可以是机柜、组合或部件),并将故障单元送中继级或基地级检测维修。基层级维修的主要手段是 BITE,即机内测试设备,并配以少量通用仪器,也称基层级维修为 BIT 级维修。无论国内、国外,BITE 的自动化程度很高,并有专用软件支持,因此 BIT 级维修实质上就是"机内自动测试设备"级的维修。关于 BIT 级维修在第 3 章已做了介绍,需要指出的是,即使是中继级和基地级维修,BIT 检测仍是故障诊断和雷达定期维修的重要手段。

中继级维修是指由指定的直接支持基层使用部队的维修单位(如导弹旅或师的维修中心、修理所)负责并执行的维修。它修复基层级(也称前沿级)送来的故障 LRU,故障隔离到内场可更换单元(SRU);它快速支援基层级维修,并将无法维修的部件送基地级维修,因此起承上启下的作用。它的规模有大有小,一般配置有专用和通用的电子、机械、液压及光电 ATE;有些还配置直接支援基层级维修的机动设备,如电子维修车、机械维修车、备件车、标校车等,这些设备都有一定的自动测试水平。但无论硬件、软件,大都是专用的,或国外引进的,中继级自动测试设备大都与基地级的相似(只是档次可能要低些),因此本章把它归入基地级维修一起讨论。

基地级维修是最高层次的维修,一切前沿级和中继级不能修复的所有部件都要在这里进行修复,直至电路板级。它还要进行系统测试、试验和改进,并定期执行大修任务,所以它维修对象从系统到电路板级。它还设立计量站(一般为三级,个别二级),因此它必须配备从检测、计量、校准和修复所需的各种测试设备,既有专用的,也有通用的,设备大都具有较高自动测试水平。

相控阵雷达是一个极其复杂的大系统,涵盖电子、机械、光电、化工等专业,仅就电子方面讲,它包括从微波到直流、从数字到模拟、从高压到低电平、从电真空到微电子、从厚膜电路到专用芯片等技术领域。不可能设想用一二个大的自动测试系统就包揽一切维修任务。目前大致的现状是:天馈系统、微波发射机、微波接收机三大块都有专用大型测试台(测试系统),很多测试需在微波暗室或屏蔽室中进行。中频以下模块(包括电源)和大量电路板则有各种通用自动测试台(系统)进行故障定位。信号处理机尤其是其专用芯片(如DSP芯片)等还需设计人员自行开发专用测试设备。很多测试设备尤其是通用精密微波仪器可以从国外引进(有些是随武器装备一起引进的),但需自行开发的软、硬件工作量也很大,因此要求测试维修人员掌握熟练的自动测试技术,并从实践中不断积累经验。

目前论述自动测试技术的书籍、文献很多,本书不打算系统地来介绍自动测试技术,只想就几个主要的技术问题给读者一些基本概念,并尽可能结合国内外一些公开的实例(主要指基地级用设备,其中有的是作者设计的,有的是作者参加调试)来说明,并和读者探讨。介绍的次序是测试总线、故障诊断、专家系统、开发工具等,另外,自行设计的、由多台高端微波仪器组成的通用自动测试平台,将在第12章中另行介绍。目前自动测试技术的发展可谓日新月异,一些新颖的技术层出不穷。但需要强调的是:武器装备运用自动测试技术和选用自动测试设备的准则,从来不追求最新,而是追求最稳定可靠,其次是经济。

10.3　测试系统总线技术的发展[6,9]

测试总线是ATS中测试仪器/设备之间,以及仪器与计算机之间进行数据、命令交互的信息通道。它是支撑ATS发展的核心技术。自从20世纪70年代出现GPIB总线标准后,80年代出现VXI总线,90年代出现PXI总线,2001年出现PXI Express,2004年出现LXI总线。总线技术的发展对新一代ATS的发展有直接影响,尤其是LXI总线,它融合了以太网技术,代表测试总线的发展方向。不过直到目前,还没有一种完美总线可以取代所有其他各种总线。

有关各种总线详细情况,读者可以参阅有关专著和规范,这里只作一些概念性的介绍,但这些概念是每一个维修人员应该具备的。

20世纪70年代出现的GPIB总线,是虚拟仪器技术发展的初级阶段。通过GPIB总线和相关软件,可实现计算机对仪器的操作和控制。目前,GPIB主要用于台式的,尤其是高精度高频(微波)仪器,但数据传输率低,且无法同时对多台仪器实现同步触发,数据传输的带宽也不够。

VXI(VMEbus eXtensions for Instrument)总线是20世纪80年代国外几家大公司结合了GPIB强大的测试功能,以及计算机VME总线的吞吐量大、标准开放、结构紧凑、电磁兼容性好、定时和同步精确、可移植、易于组建等优点而制定的,传输率可达40Mb/s,但造价高,应用主要局限于航天、航空和其他军事领域。

PXI(PCI eXtensions for Instrument)是1997年美国国家仪器公司参考VXI经验,由具有开放特性的PCI总线扩展而来。PXI是PC机高性价比和PCI总线优势相结合的结果。较之VXI,具有成本低、速度快、更紧凑、扩展性更好等特性。

PXI Express 是 2001 年 Intel 公司推出的第三代 I/O 总线概念,它以串行高频运作方式获得高性价比。

LXI(LAN eXtension for Instrument)是 2004 年由安捷伦和 VXI 科技公司推出,结合了 GPIB 和 VXI 的优点,是基于以太网面向仪器的扩展总线技术。LXI 比 VXI 尺寸更小,具有 GPIB 高的测试性能和 LAN 的高吞吐量。LXI 无需有很多插槽的机箱和零槽控制器。LXI 模块自身带有处理器、电源,触发输入和以太网连接。LXI 实际上是以以太网为总线,因此经久不衰,并可很好地解决分布式测试的需求。

表 10 - 1 概括了各种总线主要特点。

表 10 - 1　各种测试总线比较

	GPIB	VXI	PXI	PXIExpress	LXI
数传方式	8 位并行、异步	8/16/24/32 位并行,异步	32/64 位并行,异步	差分串行	差分串行
数传速率	1MB/s 8MB/s (HS488)	40MB/s,扩展 160MB/s 本地总线 1GB/s	132 ~ 528MB/s	背板 6GB/s, 模块 2GB/s	10Mb/s ~ 10Gb/S
总线形式	电缆	背板	背板	背板	网络/电缆
体积	大	中	小	小	中
结构	独立/台式	机箱—模块	机箱—模块	机箱—模块	独立/台式/模块
触发	无	TTL、ECL 星形(D 尺寸)	TTL 星形	LVDS 星形	线触发总线
时钟与同步	无	10MHz(ECL) 100MHz(ECL/D 尺寸)	10MHz(TTL)	10MHz LVDS 同步总线	IEEE 1588 协议
兼容性	差	好	较好	较好	较好
仪器性能	高	较高	一般	一般	高/较高
系统成本	高	中	低	低	中
电磁兼容	好	较好	差	差	好
电源与散热	好	较好	一般	一般	好
诞生年代	1965 年	1987 年	1997 年	2005 年	2004 年
前景	差	一般	一般	较好	好

以下介绍总线技术一些发展趋势。

1. 测试总线的发展与计算机计算机技术的发展密切相关[9]

实际上只有早期 GPIB 总线是专为仪器互联设计的,而以后发展起来的新

197

总线,如 VXI、PXI 等,都是以计算机总线或 I/O 接口为基础进行扩展,再添加上仪器特有功能而形成的。LXI 总线更是以计算机网络接口为基础,还有人设计以 USB 为基础的 UXI。图 10-1 是测试总线与计算机发展的相应关系。由图 10-1 不难理解,随着计算机技术尤其是接口技术快速发展,测试总线技术自然也不断更新。LXI 总线由于与以太网结合,看来最具有生命力,但能否完全替代其他总线,还很难说,更何况 LXI 也有不足之处,如时延特性等。

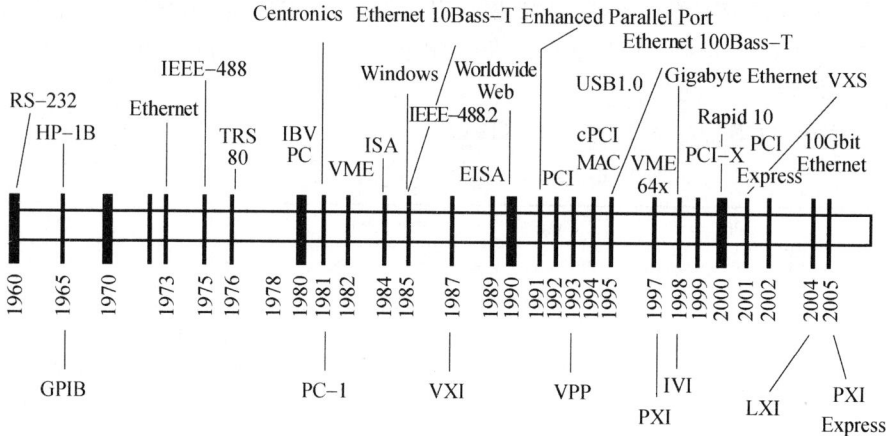

图 10-1 测试总线与计算机发展的相应关系

2. 串行传输替代并行传输

以前的概念是并行传输速度高于串行传输的速度,但随着电子技术发展和数据传输率不断提高,并行传输已难以满足要求,特别是长距离场合。因此,至少在长距离传输时大都采用串行传输。这就不难理解,为什么并行传输的 PXI 要扩展为差分串行传输的 PXI Express,而 LXI 采用的也正是差分串行传输。

3. 混合总线测试系统

既然目前还没有一种十全十美的测试总线,而且在实际系统中也往往存在不同总线的测试设备,因此在很多场合,采用混合的总线系统是必然的,不少系统正是这样做的。

10.4 故障诊断技术和专家系统概述[2-4,14-16]

10.4.1 基本概念

故障诊断技术是近年来自动控制和自动测试领域中的一个重要研究方向,是以近代代数、电子计算机、自动控制、信号处理、仿真技术、可靠性理论等学科

198

为基础的应用型多学科交叉的边缘学科。近年来,故障诊断技术在武器装备、航天、航空、机械设备、医疗器械等领域获得广泛应用,是自动测试系统软件设计的理论基础。

故障诊断方法一般可以归纳三大类:基于解析模型的方法、基于知识的方法、基于信号处理的方法。

基于解析模型的方法基本概念是根据组成模型的元件与元件之间的连接关系,建立待诊断系统模型。这个模型可以是电路结构,可以是功能,也可以是"行为",通常用一阶逻辑语言来描述。根据这种模型以及系统输入,就能逻辑推理出正常情况下预期行为,当观察到的系统实际行为与预期行为有差异时说明系统存在故障。这种方法一般要求有设备设计人员提供的先验知识,因此包括雷达在内的武器系统的专用故障诊断设备都采用这种方法进行设计。

基于知识的方法是仿照维修专家的知识提取和推理的思维方法,一些通用故障诊断专家系统就是按这种逻辑思维方法设计的。

基于信号处理的方法是对用数值计算方法对信号(尤其是输入、输出信号)进行采集、变换、综合、估值、与识别等加工处理,以达到检测故障的目的。目前,最常用的分析方法是 FFT 法,更先进的小波分析法近年来也在很多领域开始得到应用。

10.4.2　故障诊断专家系统的概念和应用

故障诊断专家系统是将人类在故障诊断方面的多位专家具有的知识、经验、推理、技能等综合后编制成计算机程序。它能利用计算机帮助人们分析解决只能用语言描述、思维推理的复杂问题,使计算机有了思维能力,能够与决策者对话,并利用推理方式提供决策建议,因此专家系统都是由数据库、知识库、故障词典、人机接口和推理机等组成,如图 10 - 2 所示。数据库中主要包括特殊的失效模式和特性分析、可靠性和维修性数据以及故障检测数

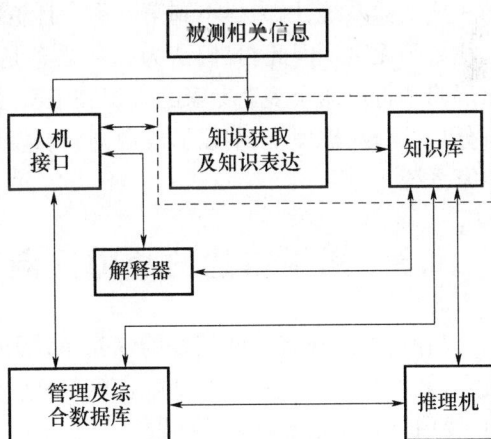

图 10 - 2　专家系统组成框图

据。知识获取系统将专家和系统积累的诊断知识数据送入知识库。推理机即策略控制系统具有提供多种故障假设的能力,使专家系统能诊断多故障。利用人

机接口,在数据库、知识库和推理机的配合下,专家系统结合故障词典,可对武器装备的故障和状态数据进行分析、解释,描绘出故障的现象和修理思路,通过终端提供给维修人员,以提高维修效率。对于远程专家系统,更要充分重视知识库、人机接口,要便于适时输入新的故障现象,远程发送到有丰富专家资源所在地,分析处理正确后,存入知识库,从而丰富、完善专家系统。

故障诊断专家系统目前在国民经济、军事等各领域获得广泛应用,在雷达等先进武器装备中的应用意义尤其重大。据文献报道,欧美等国已大力开展在武器的技术保障工程中采用专家系统。某些文献以航空母舰为例,据统计,美国一艘大型航空母舰平均 1min 就要发出一次故障包(各种故障信息合成的信息包)。可以想象,在航空母舰上配备再多的维修专家也难以应付。美国的做法是在国内设置专家系统,航空母舰在有故障时通过卫星通信请求专家系统给予远程指导和提供具体解决方案。由故障诊断可见,专家系统在先进武器技术保障工程中的应用具有广阔的前景。

我国在故障诊断专家系统的研究起步较晚,尤其是在武器系统方面,但近年来发展也很迅速,至今已有一批能付之实用的研究成果。研制武器装备故障诊断专家系统的大前提是要有一批有经验的专家,而我们在一些先进武器装备领域有经验专家不多,成熟经验更少。设计专家系统的知识工程师都感到在知识获取和推理技术两大关键问题上比较棘手,仅仅靠几个故障实例无法形成完善的故障诊断和维修规则。这对国内自行研制的武器系统还比较好办,而对引进的一些武器系统,因为得不到第一手设计资料,要设计一个维修方面的专家系统往往束手无策。因此,我们认为当务之急是用"抢救"精神,并结合项目来搜集已退修和将退休众多老专家的知识和丰富经验,然后与知识工程师共同协作,进行分析、比较、推理、归纳以形成规则,构建我国自己的、高水平的有实用意义的专家系统。

10.5 用于雷达的故障诊断专家系统设计举例[4,7]

当前,国内外有一些较好的专家系统开发平台,尤其是美国在 1961 年就在航空、航天等领域开展多种故障诊断专家系统研究。但是,这些专家系统开发平台,要用于武器装备有下述问题。

(1)这些软件只是专家系统开发平台,要应用于具体武器装备还需经过培训、学习、开发等较长的周期。

(2)没有提供源程序,阻碍了进一步开发与应用。

(3)难以满足保密要求。

（4）价格贵（如几十万美元，每年15%以上的升级费）。

因此，这类专家系统开发平台，不能解决目前先进武器故障诊断问题的急需。

本节介绍的设计实例是专用于雷达的故障诊断专家系统。实际证明，应用雷达故障诊断专家系统，可以提高雷达系统的故障检测率和故障隔离率，培养和提高武器系统调试、维修操作人员（尤其是新人员）的故障诊断水平，降低调试、操作维修人员的技能要求，适应信息化战争的需求，这对提高雷达系统的技术保障能力和战斗力，具有很强的现实意义和实用价值。

1. 软件设计

本专家系统的总体框架的建立采用网络化技术，系统由硬件平台和软件平台构成。在日常的使用训练过程中，部队的使用操作人员能够利用诊断维修系统，在专家经验的指导下，完成对常见故障的定位、排除和系统恢复。

专家系统软件平台的设计采用 Microsoft. NET 的体系架构，为了增加系统的灵活性，实现 C/S 结构和 B/S 结构的混合设计模式，对于专家知识库的维护采用 C/S 结构，同时以 B/S 结构向远程的瘦客户端提供专家支持服务。. NET 体系架构是支持生成和运行下一代应用程序和 XML Web services 的内部 Windows 组件，具有稳定性好、安全性高、速度快等优点。ESS 专家支持系统采用 ADO. NET 的数据组件来访问数据库，整个应用程序分为表示层、业务层和数据层三层的结构（图 10 - 3）。其中，表示层是应用系统的接口部分，担负着用户与应用系统间的对话功能；业务层是应用系统的核心，体现了整个应用系统的功能；数据层负责数据信息的存储、访问及优化。

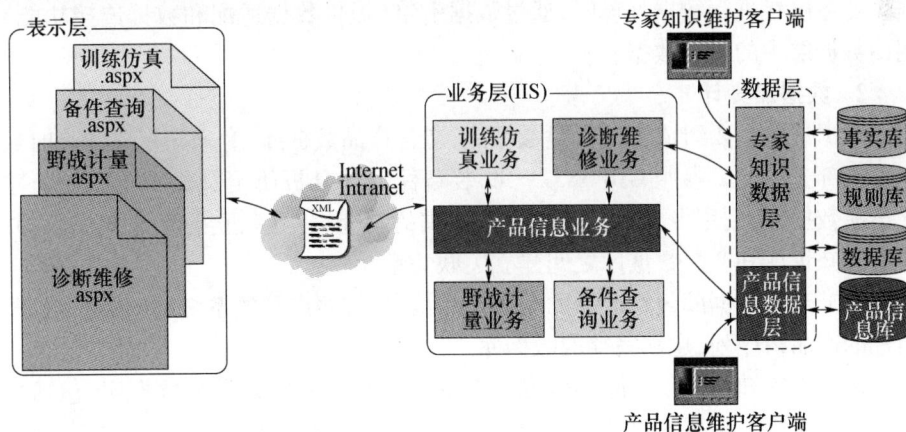

图 10 - 3　专家系统软件三层框架结构图

201

1）表示层

表示层是本专家系统收集外部信息、显示操作结果、与用户进行交互的接口。表示层由各种表格、窗体、Web 应用程序等组成,根据软件提供的不同服务内容,表示层具有不同的表现形式。

表现层采用 . aspx 的网页形式在网络上发布各种表格和窗体,然后将这些表格和窗体通过 IIS 服务发送给业务层进行处理,并将处理结果以网页的形式显示出来。当系统需要增加某些服务功能的时候,可以采用 XML 方式开发新的. aspx 网页来实现,具有良好的扩展性。

2）业务层

业务层是本专家支持系统软件体系中的核心层。诊断维修所提供的所有服务功能都在业务层里实现。业务层首先通过 IIS 服务获得表现层收集到的信息,然后将这些信息发送到相应的模块进行处理,最后将处理结果显示到网页上。业务层主要实现以下两项主要功能:

（1）核心业务处理。

（2）数据适配和连接。

业务层中的核心处理模块担负着具体的信息处理任务,可以是一个或多个. dll,也可以采用 ActiveX 控件的方式。比如,诊断维修的核心部分——推理机就在业务层中实现。故障现象首先通过表现层发送到业务层,业务层调用推理机进行匹配推理,最后将推理结果返回到表示层。

3）数据层

本专家支持系统的数据层用于存储专家知识、备件信息、媒体信息和各种数据。业务层在进行数据处理时,通过数据引擎（提供数据适配和数据连接功能）调用数据层中的各类数据。

2. 数据库设计

数据层的主要组成部分就是数据库,包含产品数据库、专家知识库和临时数据库三部分内容。参照 GJB 3837—99 装备保障性分析所定义的 10 类表格,建立产品数据库;利用专家系统开发工具提供的功能,建立独立的专家知识库,并在专家知识库和产品数据库之间建立关联关系。

（1）产品数据库包括产品的全部产品信息,按照产品的系统、分系统、组合、插板的产品树序列,建立完整的数据库。

（2）专家知识库是诊断维修专家系统用于存储专家知识的数据库,包括规则库和事实库。与故障诊断相关的专家知识存储在规则库中,事实库中存储当前发生的故障现象（事实）。

（3）由于专家系统可能需要多次推理才能得出最终结果,在推理过程中会产生中间结果,这些中间结果可能会作为下一次推理的"事实"进入推理机。因此,在专家系统推理过程中产生的中间数据和中间结果都存储在临时数据库中。专家系统进行下一步推理时,需要查看临时数据库中是否有中间结果,如果存在中间结果,就在下一次推理时把它作为一个输入条件。

3. 故障诊断分系统 FTA 推理机的研制

专家系统采用基于模糊的产生式规则的推理机和基于故障树分析(FTA)推理机(图10-4)。对于那些交装时间较长、累积的专家知识较多的武器系统,产生式规则的推理机具有较好的推理效果,推理速度快。

但是,对于那些在研或刚刚交装不久的武器系统,由于专家知识较少或根本没有专家知识,基于产生式推理规则的推理机不能达到较好的推理效果,因此需研制基于 FTA 的推理机。目前,各个武器型号在研制过程中普遍要求进行 FTA,基于 FTA 的推理机是一种非常实用和可行的选择。

基于贝叶斯方法的故障树推理技术:故障是由顶事件、中间事件、底事件,以及逻辑门构成的树状图,它反映了系统故障

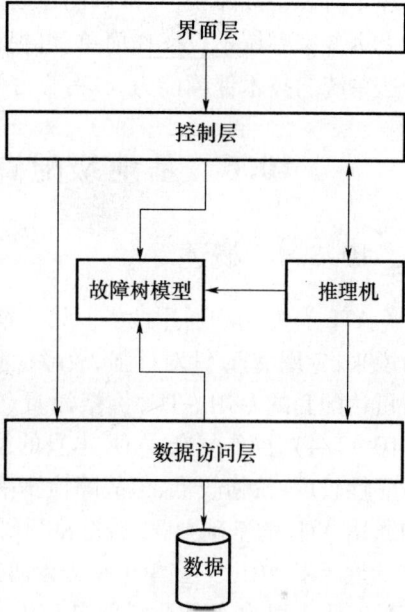

图 10-4 推理机软件功能框图

模式和故障现象之间的影响关系。但是,故障树本身不反映诊断过程,因此必须将一棵故障树有效地转化为诊断过程,并使得诊断过程是最优的。

通过利用贝叶斯先验分布统计分析方法,对于底事件不同形式的先验信息(以及无先验信息的情况)分别采用矩方法、分位数法、极大似然估计法及区间数法解决了先验分布中超参数的确定方法问题。通过上述方法确定合理样本量,并根据设计指标或专家给出的经验参数,可以将任何故障树转化为优化的诊断流程。

本 FTA 推理机的工作原理如下:

(1)根据贝叶斯先验分布统计方法,估算确定合理的样本量。

(2)根据专家经验、调试细则或中间事件的概率,确定优化的 FTA 搜索路径。

(3)确定最小割集。

（4）根据故障树的诊断结果,更新底事件、中间事件的概率。

4. 结论

以上结合装备故障诊断的特点,设计实现了故障诊断专家系统 ESS。ESS 采用基于模糊的产生式规则的推理机和基于 FTA 推理机。该系统以 FTA 为核心,结合专家知识对 FTA 进行转化,并将专家系统与数据库技术有机地向结合,实现了对装备故障快速、准确的诊断。

本专家系统不仅操作简单、可视化好,同时还具有良好的扩展性,可以提高雷达系统的技术保障能力,具有良好的应用前景。

10.6 基地级配置的自动测试设备[1,10]

10.6.1 概述

ATE 有专用和通用两类。第 4 章已对专用 ATE 和通用 ATE 作了讨论。总的说来,专用 ATE 针对性强,故障检测率较高,但适应性也较差。尤其是国外进口雷达配套的专用 ATE,价格昂贵(一套国外专用 ATE 的费用可达装备费的 1/10～1/4),操作复杂,ATE 本身的维修会遇到缺乏备件等问题。通用 ATE 的适应性较广,价格较低,但故障检测率要低些,尤其是模拟电路。因此,提倡在选购通用 ATE 的基础上,再通过自行研发和升级,以提高其故障检测率。

近年来,国内一些单位致力于研究用通用的 ATE 代替国外专用 ATE。由于我国基于 VXI 和 PXI 总线的自动化测试技术比较成熟,在军用上有很多成功的范例,而且价格要比国外的低很多。根据有关资料和统计,单台 VXI 总线的 ATE 为国外专用 ATE 费用的 1/10～1/3,并且可以减少操作人员,降低 MTTR (平均修复时间)。

前面提到,近年来自动化测试中的总线技术发展很快。继 VXI、PXI、LXI 等之后,最近又推出 AXI。但需要指出,在军事应用上不追求技术最新,而强调可靠性最高,实用性最好。实际上,国外的 ATE,最高档次也就是用到 VXI,PXI 就较少见,有的还使用非标准总线。

10.6.2 PCB 板的通用自动测试(故障诊断)系统

相控阵雷达内部 PCB 的数量非常大,因此其维修量也很大。一般都需要用 PCB 板的通用自动测试系统(测试台)来诊断故障。国内外有很多"PCB 故障诊断系统"的产品,如国产有 BM4204－01PCB 自动测试和故障诊断系统(航天二院 203 所)、HTEDS8000 华佗电子诊所(航天测控公司)。国外来华推销的有

QMAX 系统(新加坡)、ДИАНА 系统(乌克兰)等。这些产品虽各有千秋,但思路大同小异:在数字电路故障诊断方面,大都基于国外 LASAR 数字电路故障仿真技术,能得到较高的故障检测率(90%以上);在模拟电路故障诊断方面,大都采用故障树和人工智能技术。如果维修人员对具体检测对象,如原理、电路等不熟悉,则故障检测率较低(50%以下)。因此,结合自己的测试对象,对已有的故障检测设备进行改进、升级(如故障字典等),是明智之举。国外比较成功的模拟电路 PCB 板故障诊断设备都是专用的,如乌克兰的 ДИАНА 系统,原设计专用检测某三坐标雷达的 PCB 板故障,包括数字板和模拟板,但对软件改进后也可用于维修相控阵雷达,效果很好。

用于诊断 PCB 板的通用自动测试系统通用自动测试系统大致有三种形式:插针式、插座式和针床式。其中以前二者为国内常见,如图 10-5 和图 10-6 所示。究竟哪一种形式最好,要看具体测试对象。目前有些自动测试系统能兼容各种形式,使用很方便。

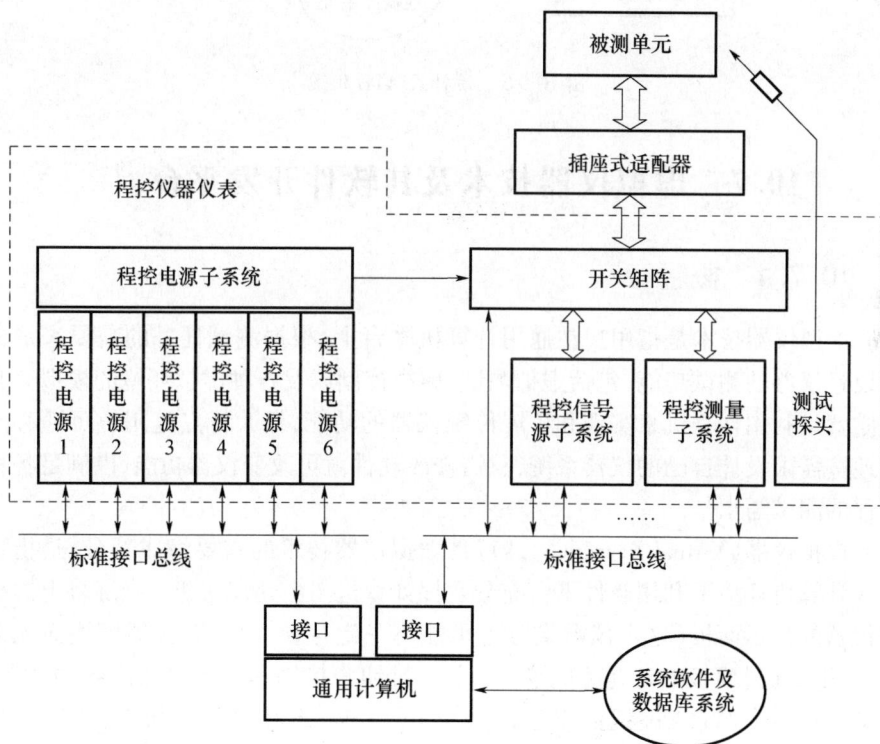

图 10-5　插座式 ATE 框图

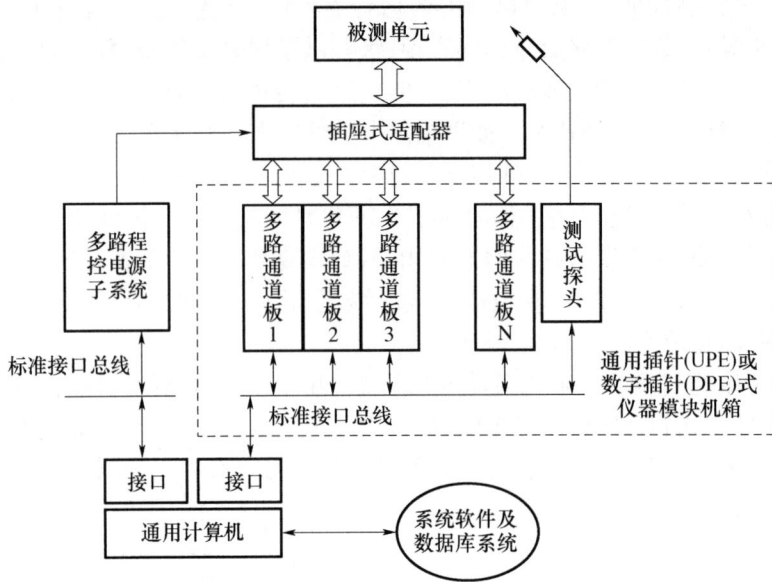

图 10 - 6 插针式 ATE 框图

10.7 虚拟仪器技术及其软件开发平台[10]

10.7.1 概念

虚拟仪器技术是指用户在通用计算机平台上,根据测试任务的需要来定义和设置仪器的测试功能,包括虚拟测试、虚拟控制以及各种虚拟环境的模拟。其实质就是利用计算机来实现和扩展传统仪器的功能,最大特点是用户可随心所欲地按需求设计自己的仪器系统,只需修改软件就可改变仪器功能,以满足各种各样的测试需求。

虚拟仪器(Virtual Instrument,VI)是虚拟仪器技术的重要组成部分,是指在个人计算机环境下利用软件平台充分发挥计算机图形处理功能。在屏幕上虚拟出仪器的显示面板(这个仪器实际上可能不一定存在,或只有仪器模块而无面板),用户通过面板上各处虚拟按键、开关、旋钮去控制和使用仪器的各种功能,并从虚拟显示屏(或虚拟数据显示器、指示灯等)来掌握仪器状态,读取测量结果。

目前,虚拟仪器技术及其软件开发平台 LabVIEW(Laboratory Virtual Instrument Engineering Workbench)已不算什么高新技术,但这种技术在国内流行较久,且易于掌握,比较实用。目前国内仍有不少单位运用这种技术开发测试设备,如 PCB 板故障远程诊断系统等。因此,本节对虚拟仪器的基本概念做些介绍,并在最后举一设计实例。

10.7.2　虚拟仪器的系统构成

虚拟仪器由软件和硬件两大部分组成。硬件方面一般是以通用微机为基础,并在机内插入数据采集、通信、输出等硬件模块(或插板),便构成功能强大的硬件,当然像键盘、显示器、电源、存储器、I/O 口、机箱等均可充分利用微机已有的资源。

早期的虚拟仪器是完全基于 PC 机的单机系统,近年来绝大部分则是基于 GPIB、VXI、PXI 等标准总线的测试系统。图 10 - 7 是虚拟仪器系统的硬件组成。

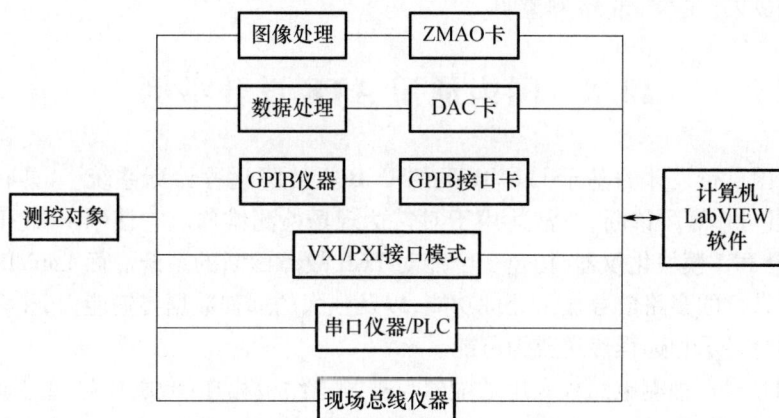

图 10 - 7　虚拟仪器系统的硬件组成

软件是虚拟仪器系统的关键。硬件确定后,可以通过不同的软件实现不同的功能,主要有三个方面的目的:集成的开发环境、与仪器的高级接口以及虚拟仪器用户界面。图 10 - 8 是虚拟仪器系统的软件组成。

10.7.3　软件开发平台

LabVIEW 是美国 NI 公司提供的虚拟仪器开发平台,是当前国际上唯一的编译型图形化编程语言,广泛应用于数据提取、控制、数据处理过程控制等软件系统。LabVIEW 为用户提供了简单、直观、易学的图形编程方法,最大优点是采用全图形化编程,在计算机屏幕上利用其内含的功能库和开发工具库,产生一软面板(虚拟面板)用来作为测试系统提供输入值,并接收其输出值。这一软面板在外观上和操作上模仿有形器件,而在功能上完全等同于一般语言程序,作为人

207

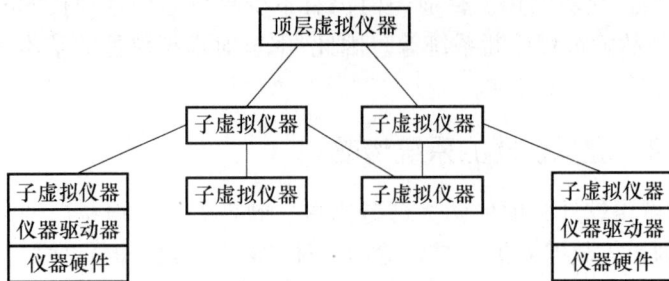

图 10 - 8　虚拟仪器系统的软件组成

机对话软面板,还可接受来自更高层次的虚拟仪器的参数。

我国近年来虚拟仪器技术及其软件开发平台 LabVIEW 技术发展很快,并取得不少成果,在本节将举例说明。

10.8　国内通用 ATE 设计举例

我国自行设计的基于 LabVIEW 的 PCB 板故障远程诊断系统[12]具有典型性,而且可作远程诊断,非常适用于对雷达现场检测维修。它使用 LabVIEW 软件,配合 PXI 模块化仪器,构建一个能对 PCB 故障诊断的系统。而 LabVIEW 软件简便易行的多路信号显示处理功能,以及强大的远程数据传输能力,让多路数据的同时显示和远程传送成为可能。

ATE 通过被测电路板专用适配器与被测电路板相连,激励信号通过通用信号转接器发送至专用适配器,再加载到被测电路板相应端子,同时将被测信号送入通用信号转接器的信号测量通道,经 SCXI 系统调理、转接后由 PXI 测控组合中的测量模块和功能测量模块设备实现信号的测量、控制和采集控制。主控计算机对数据采集及激励设备的工作进行协调和控制,测试数据经过相应的预处理,供诊断之用。这样,每块电路板需要配置一个专用适配器以及专用的测试诊断程序(TPS),就可以实现多种类电路板的故障诊断。

1. 系统总体结构

系统总体结构框图如图 10 - 9 所示,主要由 PC 机及网络接口设备和 PXI 测试系统三大部分组成。PC 机根据检测过程文件产生每一步的检测控制命令,通过 SCXI 数据调理给 PXI 测试系统;接收 PXI 测试系统检测结束时发来的测量结果,进行数据处理,给出故障诊断结论,在系统软面板(LabVIEW)的显示窗口显示 PCB 板的检测结果;控制 PCB 板的整个检测诊断过程。该系统可以通过网络接口设备与网络相连,构成带网络功能的智能化远程故障诊断系统或远程管

208

理系统,进行有线/无线信道远程数据通信,实现测控系统的数字化、网络化、智能化。系统的网络化在某种程度上打破了布控区域和设备扩展的地域和数量界限,实现整个网络系统硬件和软件资源的共享、任务和负载的共享。

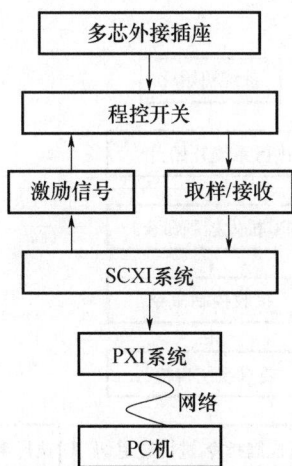

图 10 - 9 系统原理框图

PXI 测控系统以 NI 公司生产的 NI PIX - 8186 为控制核心,由 PIX 测控仪器系统、取样/接收器、激励信号源、程控开关矩阵、手动测试探头、多芯外接插座等硬件电路组成。它主要有以下几个功能:一是实现 PXI 与 PC 机的串行通信,接收 PC 机发来的控制指令,测试结束时把测量数据发给 PC 机;二是完成 PXI 测试系统的测量和控制任务,控制程控切换开关的通断动作,为外接插座上的被测 PCB 板输入引脚施加激励信号,测量被测 PCB 板输出引脚的响应信号;三是实现 PXI 测试系统的自检功能,完成串行接口、信号通道、激励信号源的自检,确保测试系统的正常工作。PXI 测控仪器系统主要由 PXI - 8186、串行通信模块、测频和计数模块、电压测量模块和程控开关矩阵的通道控制电路等组成,实现串行通信,测量频率、电压,计数,产生信号切换模块的控制信号。取样/接收器在 PXI 控制下完成被测信号的电平转换、信号调理和采样,为 PXI 测控仪器系统的测量电路提供输入信号。激励信号源是 PXI 控制下的激励信号产生电路,为插在外接插座上的被测对象提供所需的工作电源或激励信号。程控开关矩阵是激励信号/响应信号的输入/输出通道,完成外接插座每个引脚激励信号的程控切换,把引脚要求的电源和激励信号加上去,把引脚输出的频率或电压等响应信号引出来。多芯外接插座是被测对象与 PXI 测控仪器系统的接口,用于安装待测的多芯通用 PCB 板。

2. 系统主控软件

由 PC 机测控软件和 PXI 测试软件组成,其流程图如图 10 – 10 所示。该系统实现的主要功能有系统自检(包括加电自检和按键自检)、自动诊断和手动诊断。

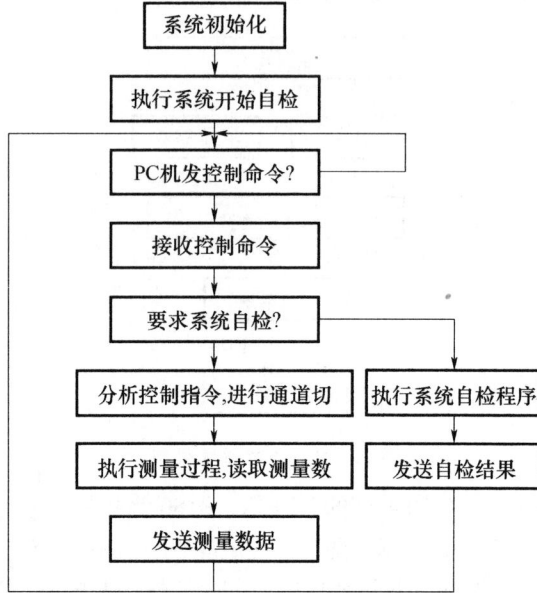

图 10 – 10　软件编写流程

故障诊断系统的软件可以分为几个层次,其中包括仪器驱动程序、应用程序和软面板程序。设计平台选择了 NI 公司开发的图形化编程语言 LabVIEW,由于 LabVIEW 是一个多任务操作系统环境,因此各任务间既易于转换又可方便地交换信息,为用户提供方便、良好的操作界面,是一个较理想的操作系统。LabVIEW 是目前用于测试与测量中最富有成效的编程语言,是一种面向仪器控制的模块化编程语言,也是目前面向 VXI 总线测试系统主要的软件开发环境之一,能处理日常性的任务,如仪器控制、测量处理和测试报告,简化在测试开发过程中所遇到的任务:系统集成、调试、结构化编程设计和文档处理。同时,用其他语言,如 C/C^{++}、VC、VB、FORTRAN 等编写的程序可以很容易地与 LabVIEW 程序结合在一起,这对今天的测试开发尤其重要。总之,LabVIEW 可以大大缩短测试软件的开发时间。

该系统性能稳定、工作可靠、人机界面友好、操作维护简单,实现了便携化,具有明显的应用优势和广阔的开发前景。从整体上看,系统软件设计面向测试

210

过程,属开放式软件平台,通用化程度较高,程序易于开发且操作使用方便,但新的针对数模混合电路的故障诊断方法需要实践加以验证。

参 考 文 献

[1] 秦红磊,路辉.自动测试系统–硬件及软件技术[M].北京:高等教育出版社,2007.

[2] 毛庆华.航天测控设备远程诊断系统地研究[J].计算机测量与控制,2004,12(6):501–503.

[3] 吴明强.故障诊断专家系统研究的现状与展望[J].计算机测量与控制,2005,13(12):1301–1304.

[4] 许志宏.基于专家系统的雷达故障诊断软件研究[J].现代雷达,2009(5).

[5] 甘传付.基于信息融合的雷达故障诊断专家系统设计[R].全国电子测控工程学术会议论文集,2002.

[6] 潘安君,等.综合测试与故障诊断技术发展及对策[J].第三届国防科技工业试验与测试技术发展战略高层论坛论文集,2010:15–25.

[7] 许斌.雷达的故障诊断专家系统[D].航天二院203所硕士论文.

[8] PXI Express PICMG EXP. 0 R1. 0 Specification[S]. 2005.

[9] 付平.先进测试总线的发展与建议[J].第三届国防科技工业试验与测试技术发展战略高层论坛论文集,2010:130–135.

[10] 孙续.电子测量[M].第2版.北京:计量出版社,2006.

[11] 李更祥.嵌入式计算机应用于相控阵雷达机内测试设备的设计[J].计算机测量与控制,2001,9(2).

[12] 罗荣,陆古兵.基于虚拟仪器技术的电路板自动测试与故障诊断系统的设计[J].武汉理工大学学报,2011(6).

[13] 杨瑞青,冯茜,单海燕.军用自动测试系统通用性技术研究与应用[J].国外电子测量技术,2009,28(1):55–58.

[14] 何敏,张志利,等.故障诊断技术方法综述[J].国外电子测量技术,2006,25(5):4–6.

[15] 朱大奇.电子设备故障诊断原理和实践[J].计算机测量和控制,2006,14(5):564–566.

[16] Liang G C. A fault identification approach for analog circuits using fuzzy neural network mixed with genetic algorithms[J]. IEEE Proc. Intelligent System ahd Signal Processing,2003,2:1267–1272.

第11章　检测维修中的计量保障工作

11.1　维修站建立计量室的必要性

一切仪器设备按计量法和有关国标、国军标定期进行计量,是武器装备系统质量的根本保证。在 GJB 5109—2004《装备计量保障通用要求、检测和校准》[4]和总装备部有关文件中都明确规定,一切军用测试设备(无论自制或外购,无论是 VXI 模块等组装还是标准仪器,无论是人工控制还是自动测试系统)都必须经过计量,才能投入使用,并且还规定了定期计量制和领导负责制。但在具体贯彻中还有不少问题要解决,例如,有的研制 ATE 单位认为 ATE 不存在计量问题,个别单位对其产品还有意识或无意识地"回避计量"等,这首先要从加强对计量工作重要性的宣传,以及严格贯彻国家计量法等法规着手。

11.1.1　计量的性质、特点和重要性[2,3]

计量过去的定义:负责物理量的单位量值的复现、保持和传递。现在国际上公认的定义:以实现单位统一、量值准确可靠为目的的活动。

计量的特点如下:

(1) 一致性。用统一尺度,保证同一测量结果的一致。

(2) 准确性。保证计量结果在一定被测量范围内准确、可靠,具有足够稳定性和复现性。

(3) 溯源性。各级计量标准都可追溯到国家基准,各国国家基准又可追溯至国际基准,达到全世界量值统一。

(4) 法制性。它有两个含义:一是一个国家只能有一种计量单位制(法定计量单位),并以法律形式(计量法)公布,强制实行;二是计量不是可有可无,一旦出了问题,有关领导和责任人需负法律责任。

在现代高科技战争,特别是陆、海、空天一体化联合作战的信息化战争中,各武器系统之间、装备之间的量值必须一致,才能确保诸军兵种的协同作战,充分发挥装备的作战效能。《中国人民解放军计量条例》第二十二条规定:装备和检测设备应当按照规定进行计量检定、校准;对直接影响装备作战效能、人身与设备安全的参数或者项目,必须按照计量强制检定、校准目录实施计量强制检定、校准。像相控阵雷达这样的武器系统，应该按条例规定，建立强检目录；在装备服役期间必须定期检定、校准；在维修过程中和维修以后，也必须进行检定和校准。因此，在维修站建立计量室，绝非可有可无，而是必须建立的执法职能机构。

11.1.2 国防计量技术机构和量值传递系统[2]

为保证武器装备和检测设备科研生产的质量，有关单位都应建立国防计量技术机构，其任务的实质就是保证该单位产品质量和测试质量的标准的量值，可以通过不间断的溯源链溯源到国防最高标准或者国家最高标准。

目前，我国国防计量技术机构采用三级计量机构体制，如图 11 - 1 所示。由计量测试研究中心和一级计量站构成第一级计量机构，由各部门、各区域和各基地计量站构成第二级计量机构，由各基层单位的计量室构成第三级计量机构，各级计量机构的建立均需一定考核和批准手续。国防三级计量机构体制所形成的量值传递系统，有利于武器装备检测维修中实施计量保障工作。

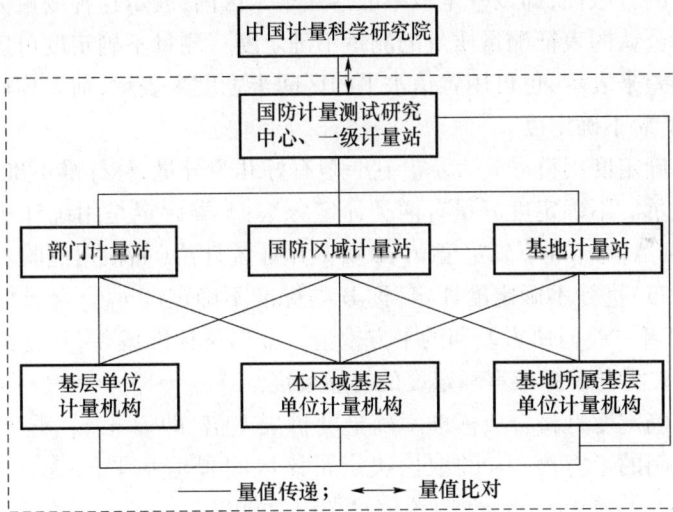

图 11 - 1　国防计量三级计量机构体制

基层计量室是国防计量技术保证体系的基础，直接服务于武器装备的科研、生产、试验、实用、维修，在业务上接受一、二级计量机构的指导。其主要任务是负责建立本单位需要的最高计量标准，负责本单位的量值传递、技术业务管理和计量保证工作，确保军工产品的测量数据可靠。

雷达基地维修站的计量室一般应是基层计量室，由一名站领导直接负责。

计量室除要贯彻上述职责和任务外,特别要坚决贯彻国标和 GJB 5109,以及总装备部文件关于装备和检测设备(包括自行研制)需定期强制性计量的规定,以保证测试准确可靠,确保维修质量。

11.2 测量结果的质量评定方式和表示方式

11.2.1 基本概念[2,3]

在过去,对测量结果的评定方式和表示方式很不统一,如用准确度、精度、精确度等,比较混乱,甚至有概念上的错误。1993 年,国际标准化组织发布了《测量不确定度表示导则》,在全世界对测量结果的定量评价方法有了进一步规范,为世界各国所采用。我国国防系统为了与国际接轨和统一,也发布了 GJB 3759—99《测量不确定度的表示及评定》。

人们在进行计量时,由于仪器、测量方法、环境以及人为因素等的差异,测量值具有一定的分散性,即以一定概率散落在某个区内,表示这种测量分散性的参数就是国际公认的表征测量质量的测量不确定度。测量不确定度可以用概率分布的标准偏差来表示,也可用置信水平的区间半宽度来表示,前者称标准不确定度,后者称扩展不确定度。

标准不确定度用符号 u 表示。它一般有好几个分量,称标准不确定度分量,用符号 u_i 表示。不确定度分量有两类评定方法:A 类评定是用统计法进行不确定度评定,称 A 类标准不确定度 u_A;B 类是用非统计法(如根据经验、资料、或假设的概率分布)进行不确定度评定,称 B 类标准不确定度 u_B。合成标准不确定度 u_C 则是二者方差与协方差和的平方根值。u_C 仍是标准偏差,其自由度称有效自由度 v_{eff},表明合成标准不确定度的可靠程度。

扩展不确定度是将合成标准不确定度扩展 k 倍,即 $U = ku_C$,是测量结果的取值置信区间的半宽度。k 的取值决定了该区间置信水平,一般 k 取 2 或 3:$k = 2$ 时置信水平约 95%;$k = 3$ 时置信水平约为 99%。

11.2.2 不确定度分析举例[7,8]

噪声系数是微波接收机最重要技术指标,本节以接收机二级线性网络的噪声系数为例,说明如何分析其不确定度。如图 11-2 所示,假定第一级增益为 G_1,噪声系数 F_1,第二级增益为 G_2,噪声系数 F_2,第一级附加噪声为 N_1,第二级附加噪声为 N_2,二级的有效噪声带宽为 B,则二级总的输出噪声功率为

$$N_T = N_1 G_2 + N_2 = G_1 G_2 N_i [F_1 + (F_2 - 1)/G_1 - 1]$$

故总的噪声系数为

$$F_{12} = F_1 + (F_2 - 1)/G_1$$

对上式微分,并考虑噪声源 ENR 不确定的影响,可得

$$\Delta F_1 = \Delta F_{12} + \Delta F_2/G_1 + (F_2 - 1)\Delta G_1/G_1^2 + S(F_{12} + F_2/G_1)\Delta ENR$$

式中:S 为测量模式选择参数。

上式就是噪声系数测量不确定度进行理论分析的基本依据。由式可见,噪声系数测量不确定度有四个分量决定:系统总的噪声系数不确定度 ΔF_{12};噪声系数不确定度 ΔF_2;增益不确定度 ΔG_1;噪声源 ENR 不确定度 ΔENR。每个分量按 A 类或 B 类评定,再合成表示测量结果质量的参数。

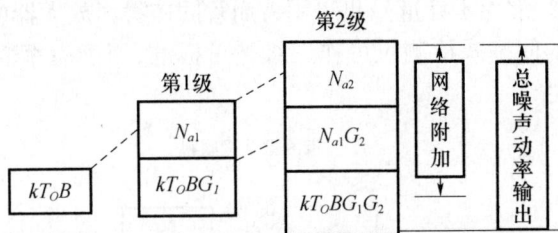

图 11 - 2 噪声系数测试系统二级级联

11.3 移动计量校准技术

11.3.1 基本概念

与传统雷达不同,相控阵雷达中配置的仪器设备很多是高端的,如前述的内置微波噪声源,雷达要靠它来定标微波接收机的灵敏度,因此计量时要用到二级计量标准或更高。由于武器作战要求以及所处环境的特殊性(尤其是海军),常常要求在现场进行计量,这就给计量工作提出很多新的要求,因此近年来国内外提出"移动计量校准技术"的概念。这其实是"统一计量"的一种实用形式,强调的是现场、实时、系统综合的计量标准,特别适合于武器装备检测维修的计量保证。目前,研发成的移动计量设备主要有如移动计量校准车和便携式计量设备两大类。

移动计量校准车由计量标准、计量检定软件和载车组成,特别适合在地面现场(包括试验基地、各军兵种武器现场)场地开展计量校准工作,还可到现场进行信息化外场计量管理,或通过交互式计量手册对计量人员进行支持和培训。比较成功的例子,如国防科技工业第二计量测试研究中心设计的 BM4202 - 01 移动计量车,其计量检定范围覆盖电学、无线电、时频、压力、温度等多个重要参

数,设计有 12 类检定程序集,平时可到现场进行计量巡检,战时可进行伴随计量保障。

至于便携式计量设备,它在海军舰艇或高山、海岛等特殊场合的应用意义重大,应该是一些计量部门研发的重点。以下举"便携式微波噪声系数检测仪"实例来说明。

11.3.2 移动计量校准设备举例

以便携式微波噪声系数检测仪为例,说明移动计量校准设备的概念。图 11-3 为其示意图。噪声发生器可用气体放电噪声源(可自极低频至毫米波,SNR 为 15~18dB,常用于计量),也可用雪崩管固体噪声放大器(SNR>25dB,频谱均匀)。这样的便携式检测仪可作三级计量标准,用于海军舰艇或海岛等前沿阵地,非常方便。

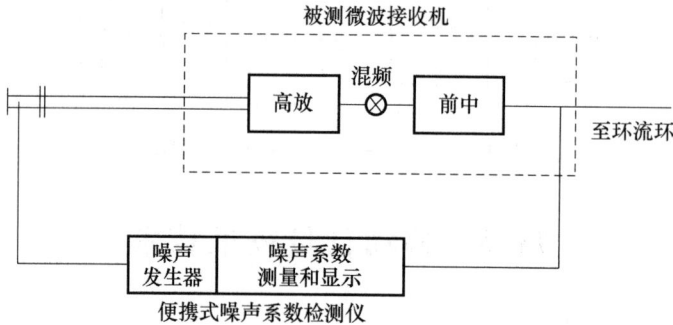

图 11-3　便携式微波噪声系数检测仪示意图

11.4　军用自动测试系统的计量保障问题

11.4.1　基本概念[5,6,9]

目前各种类型的 ATS 在武器装备维修保障工作中获得广泛应用。ATS 的性能质量,尤其是其量值是否正确,直接影响武器装备的作战性能。因此,ATS 的计量保障问题必然受到有关各方密切关注。

一般 ATS 多采用开放的体系结构,由很多测试设备和软件(称测试程序集)组成,如图 11-4 所示。大体说来,它一方面要为被测对象提供各种激励信号,另一方面用来测量被测对象的响应和输出,从而支撑完成对被测对象的检测维修任务。无论是其激励输出还是相应测量的准确性都直接影响 ATS 的性能和质量,因此系统的量值溯源是保证系统测试准确的重要环节。但目前国内军用ATS 的计量保障尚存在不少问题,首先是认识上问题,有些维修保障人员认为只要 ATS 内各个测试仪器都通过计量检定,整个 ATS 系统就不存在计量问题。其次到目前还没有一个统一或权威性的国标或国军标可以参照。因此,军用 ATS 的计量保障经常被忽视,甚至被遗漏,这不但会影响武器装备的维修质量,甚至存在不安全隐患。

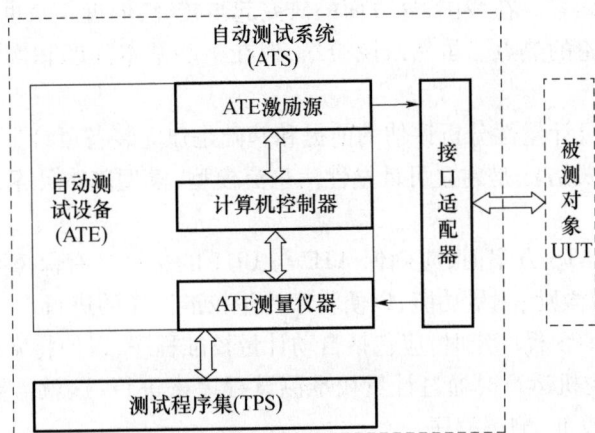

图 11-4 典型 ATE 系统组成示意图

目前对 ATS 的计量校准大体有如下三种方法。

(1) 对系统中各个资源(激励源、测量仪器等)分别计量检定,以代替对整个系统的计量校准。由于 ATS 是一个复杂系统,考虑到系统的电磁兼容、接口适配器、信号调理过程,传输电缆和不同的 TPS 策略等都会对测试结果产生影响,系统测试的准确度一般都要低于系统资源的准确度,因此这个方法有其内在缺陷。

(2) 在 ATS 的测试输入和输出端口用标准计量设备对系统指标进行计量校准,此方法比起第一种方法能更真实反映系统的技术性能。不过一般 ATS 具有测量参数多、量程宽、功能复杂、结构多样等特点,实际操作起来有很多难点。

(3) 在 ATS 设计阶段就进行可计量性设计,以确保将来的 ATS 产品可方便地和定期地进行计量校准,此方法比较科学,也最能真实反映系统的技术性能。

11.4.2 ATS 的可计量性概念和可计量性设计[10-15]

关于什么是 ATS 的可计量性(Measurability)和可计量性设计,目前在国际上还没有一个权威说法和标准。有关专家认为,可计量性可理解为衡量装备测试设备是否便于计量,以及量值是否正确的设计特性,而可计量性设计就是采用某种手段提高装备可计量性的过程。装备研制过程中必须兼顾计量性设计要求,才能使装备在使用、维修过程中具备完善可计量性功能。

在国外,装备可计量性设计已成为装备设计中一个较为成熟的概念。他们将计量保障与装备建设同步发展,并在军标中专门规定将计量能力作为装备系统设计的重要内容。在我国,这方面的研究起步较晚,但近年来也已成为有关领域专家学者讨论的热点。虽然众说纷纭,但在一些基本问题和实际问题上已取得不少共识。

(1)进行可计量性分析评估的前提和基础是建立装备可计量性模型。对于ATS,比较有效的方法是建立可计量性信息流模型,模型基本元素是校准检定和是否超差结论。

(2)设计 ATS 方案时,应确保 ATE 与 UUT 的接口具有保障装备(计量、维修等)所需全部激励、测量功能,以便将来计量校准工作的进行。

(3)设计 TPS 程序集时,应包括自动计量校准程序,以便将来的计量校准工作,可在 ATE 主机运行时通过计量校准测试程序来进行,这就需要在设计阶段就编写好计量校准、测试程序。

(4)在 ATS 测试端口设置专用于连接标准量值的测试、校准适配接口。

(5)以内外计量链相结合方式实现对 ATS 计量已成为普遍认可的计量方式。一个 ATS 系统内虽有很多台通用测试仪器,但没有必要对每台仪器都通过外部计量校准仪器对它进行计量。因为这些仪器中必有一部分精度较高,另有一部分精度较低,因此可以首先通过外部计量校准仪器(如示波器校准仪)对内部精度较高仪器(如数字示波器)进行计量,再由这些精度较高仪器对精度较低仪器进行计量,建立一条内外结合的计量链,实现全部资源的溯源。

可见要完成这一工作,往往需要 ATS 设计人员和计量人员的密切配合。

11.4.3 ATS 的可计量性设计举例

例 11 - 1 ATS 通过适配接口与计量装置连接[6]

图 11 - 5 为文献报道的某武器装备通用 ATS 系统(基于 VXI 总线)及其计量装置框图。计量装置通过适配接口与被测 ATS 连接,标准设备的量值通过适配接口传递给 ATS,适配接口能保证将各种信号进行传输的同时不破坏信号的计量特性。

例 11 - 2 可计量性信息流模型[10]

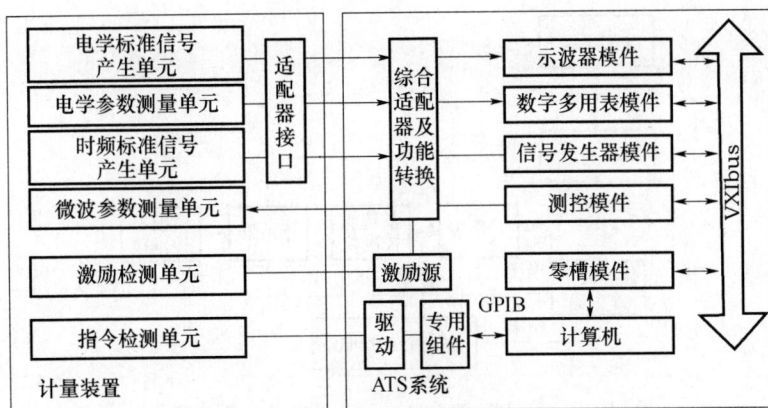

图 11-5 某武器装备通用 ATS 与计量装置组成框图

  某 ATS 由很多子系统组成,现以模拟子系统为例,探讨可计量性信息流模型的建立。该子系统中有数字示波器、数字万用表、射频信号分析仪、D/A 变换、A/D 变换、任意波形发生器等,其中数字示波器和数字万用表作为精度较高仪器,直接由外部校准仪校准。射频信号分析仪直接可视为校准设备,D/A 变换、A/D 变换、任意波形发生器等作为精度较低仪器,由精度较高仪器来校准(注意:A/D 变换需通过 D/A 变换作中介向示波器朔源),由此可得图 11-6 所示信息流模型。图 11-6 中,m 表示相邻仪器的校准或检定,ν 表示校准结果,合格为"0",不合格为"1"。

  图 11-7 表示此模拟子系统在计量校准时的内外计量锛。

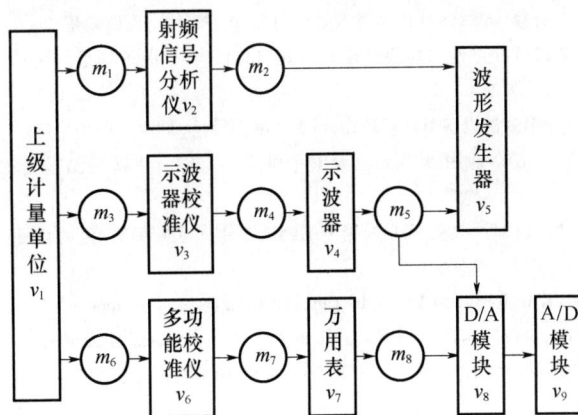

图 11-6 某 ATS 子系统在计量校准时的信息流图

219

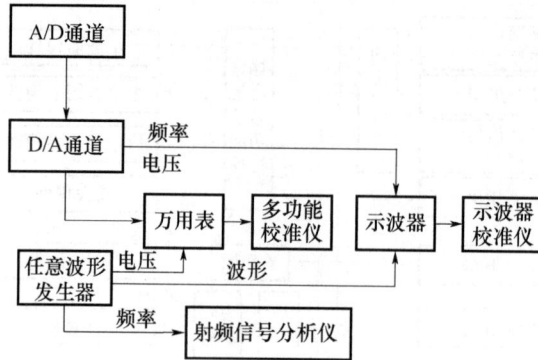

图 11 - 7　某 ATS 子系统在计量校准时的内外计量链

参 考 文 献

[1]　国防科工委科技与质量司组织. 无线电电子学计量[M]. 北京:原子能出版社,2002.

[2]　郭群芳. 国防计量[M]. 北京:国防工业出版社,2003.

[3]　GJB 5109—2004　装备计量保障通用要求检测和校准[S]. 2004.

[4]　叶德培. 计量保证方案入门[M]. 北京:宇航出版社,1988.

[5]　卢钧,等. 虚拟仪器及计量方法研究[J]. 计量与测试技术,2007,34(12):17,18.

[6]　孙中泉,等. 军用自动测试系统计量保障方法研究[J]. 国外电子测量技术,2009(3):31 - 33.

[7]　张贵军. 微波大功率信号测量不确定度分析[J]. 国外电子测量技术,2005(5):56 - 58.

[8]　童建涛. Y 因子算法和噪声系数不确定度分析[J]. 国外电子测量技术,2009(3):28 - 30.

[9]　高占宝,梁旭,李行善. ATS 系统校准技术研究[J]. 电子测量与仪器学报,2005,19(2):1 - 5.

[10]　蒋薇,汪静. 装备可计量性的相关性模型研究与分析[J]. 电子测量与仪器学报,2012,26(4): 99 - 133.

[11]　梁向东. 航空专用测试设备可计量性设计[J]. 洪都科技,2004(2):40 - 43.

[12]　季近尖,孟晨,王成. 通用 ATS 自动计量技术研究[J]. 计算机测量与控制,2011,19(6): 1290 - 1293.

[13]　薛凯旋,黄考利,张玮昕. 基于多信号模型的测试性分析与故障诊断策略设计[J]. 弹箭与制导学报,2008,28(4):225 - 229.

[14]　Deb S,Pattipati K R,Raghavan V. Multi - signal flow graphs:a novel approach for system testability analysis and fault diagnosis[J]. IEEE Autotestcon and Electronic System Magazine,1994,10(5):14 - 25.

[15]　汪静. 军用 ATS 可计量性关键技术研究[D]. 长沙:国防科技大学,2010.

第12章 高端电子仪器在相控阵雷达检测维修中的应用

12.1 概 述

高端电子测试仪器的概念是前几年由国内几位电子测试专家提出的[1]。所谓高端,是指以高科技、高性能、高价值为特征,作为国家安全、经济发展和科技创新的共性基础和保障的电子测试仪器。众所周知,现代科技的重大突破越来越依赖于先进的科学仪器,掌握了最先进的科学仪器研发技术,就掌握了科技发展的主动权。

在雷达技术领域,高端电子测试仪器是指以微波矢量网络分析仪、频谱仪为代表的微波仪器(还包括信号发生器、功率计、噪声系数测试仪、频率计等微波仪器)和以数字存储示波器为代表的高速数字仪器(包括逻辑分析仪、FFT 频谱仪等)。与其他常规雷达不同,相控阵雷达从研发、生产、调试到检测维修都在更大程度上依赖这些高端微波仪器和高速数字仪器。雷达界和电子测试界都有这种说法:"没有矢量网络分析仪,就没有现代的相控阵雷达",而微波频谱仪则被誉为雷达测试中的"微波万能表"。

目前我国的雷达维修人员不熟悉微波测试技术情况比较普遍,尤其不熟悉如何将这些高端仪器应用于相控阵雷达的检测维修。本章主要介绍高端电子仪器选用和使用的一般准则,以及它们在相控阵雷达检测维修中的一些特殊应用。

需指出,长期以来我国高端电子仪器的发展与国外比较有较大差距,目前大部分还得依赖进口,并以每年约 30% 的速度增长。而目前全球高端微波仪器市场几乎被安捷伦、罗德—施瓦茨、安立三大公司所垄断。全球的网络分析仪主要有安捷伦和安立两大公司产品(应该指出,中国电子科技集团公司第 41 所,在短短几年也取得非常令人瞩目的成就),安捷伦公司(即前 HP)生产的微波频谱仪多年来实际上一直是业界的参考标准(比对标准),而全球数字存储示波器市场几乎被泰克、安捷伦、力科三公司所瓜分。因此,从实际出发,介绍这些仪器应用时常常就离不开介绍这些公司的产品。

12.2　高端电子仪器选用和使用的一般准则

上面列举的这些高端电子仪器大都是非常精密但又非常昂贵的仪器设备，而且往往也是非常"娇气"的设备。如选用不当，则达不到使用要求；如使用不当，轻则降低性能，重则损坏仪器。因此，无论是选购或是使用，都应特别小心谨慎。下面谈谈高端电子仪器选用和使用的一般准则。

1. 仪器选用一般准则

武器装备所用仪器设备的基本准则应该是不追求"最新"，而是在满足需求前提下追求最稳定可靠、费用最节省。当前电子仪器设备发展迅猛，各大公司相互竞争激烈，如数字存储示波器，在 21 世纪初推出第三代产品，泰克、安捷伦、力科三大公司都宣称已推出第四代：带宽达 30 ~ 32GHz 以上，采样率达 80GS/s 以上，可分析内存达 512Mpts 以上。到了 2012 年 6 月，力科公司的广告宣称，其 LabMaster 10Zi 系列示波器，带宽达 65GHz，采样率达 160GS/s，存储深度达 1024MS。其实据作者调研，当前国内一些高科技单位选用的第三代数字示波器，完全可满足科研需要，刚推出的新一代的电子仪器，其经受可靠性的考验往往不及早一代的电子仪器。

2. 仪器使用的一般准则

（1）仪器使用前，首先要检查电源供电以及仪器接地是否符合要求。

（2）静电放电是电子仪器的大敌，其机理和防护方法已在第 4 章中介绍。对于微波精密微波，特别强调每天首次接同轴电缆至仪器时，应将电缆中心与外导体瞬时短接（放电）。

（3）严格遵循仪器说明书所规定的操作规程。例如，对于微波功率计，特别注意不得超量程，以避免烧毁探头；轻拿轻放探头；不得用手摸探头内导体；不得在测试中途更换量程。

（4）微波测量中，阻抗失配常常是最主要误差项，所以应注意匹配。我国著名学者梁昌洪认为，"阻抗匹配是微波工程中的核心概念"。对于驻波较大的信号源，应考虑在输出端加微波隔离器。

12.3　用微波矢量网络分析仪检测半导体
有源器件（包括芯片在片测试）特性

用微波矢量网络分析仪检测半导体芯片等有源器件，需要有专门的测试夹具。图 12 - 1 为专用于测微带结构的微波管以及表面封装器件（SMT）的夹具，测试端口均为 50Ω 同轴接口。

测试的关键问题是如何从测试结果中扣除夹具特性的影响。目前有两种方法:一是直接测试法,它需要有专门的夹具校正标准,如标准同轴开路器、短路器等;二是"去嵌入法",它利用测试夹具的模型,通过数学计算从总的测试结果中扣除夹具特性,这种"去嵌入"程序对于非同轴被测件(如微带)可给出极精确的结果。其原理可简述如下:以图 12-2 为例,可将测试夹具的左侧,被测件,以及测试夹具的右侧看成三个独立网络。其对应的 S 矩阵和 A 矩阵参数分别为 S_A、S_D、S_B 和 A_A、A_D、A_B,则整个网络的 S、A 矩阵为

$$A_T = A_A A_D A_B$$

因此

$$A_D = A_A^{-1} A_T A_B^{-1}$$

通过网络分析仪可测出 S_T,经变换运算后得 A_T。夹具的 A_A、A_B 事先已经用标准校正法求得,因此用上式就可得到被测件的 A_D 和 S_D。

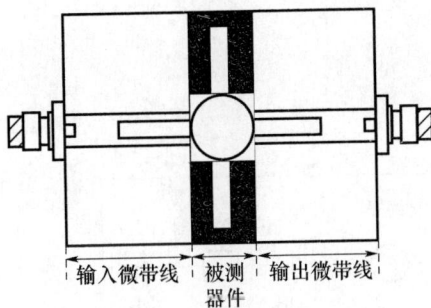

图 12-1 用于测微带结构的微波管
以及表面封装器件(SMT)的夹具

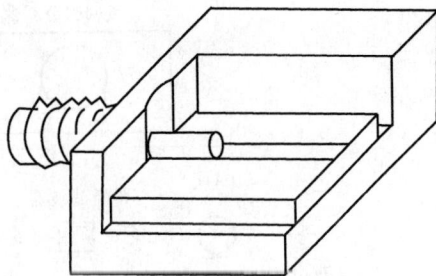

图 12-2 测试夹具立体剖面图

12.4 用微波矢量网络分析仪检测混频器等三端器件特性

混频器是雷达中常用部件,混频器失效或有故障可用矢量网络分析仪很方便来检测、标校。混频器为三端器件,且输入、输出不同频,因此要采取一些措施。有两种标准方法可利用网络仪来检测混频器。图 12-3 是方法一的原理框图,它利用一标准混频器使参考通道与信号通道同频,动态范围可至 100dB。图 12-4 是方法二的原理框图,它利用两个混频器(一个为被测,另一个为标准)对信号先作下变频,后作上变频,从而使网络仪的源和测试端口同频,简化了测试手续。这一方案的另一个优点是可测群延迟的绝对值。

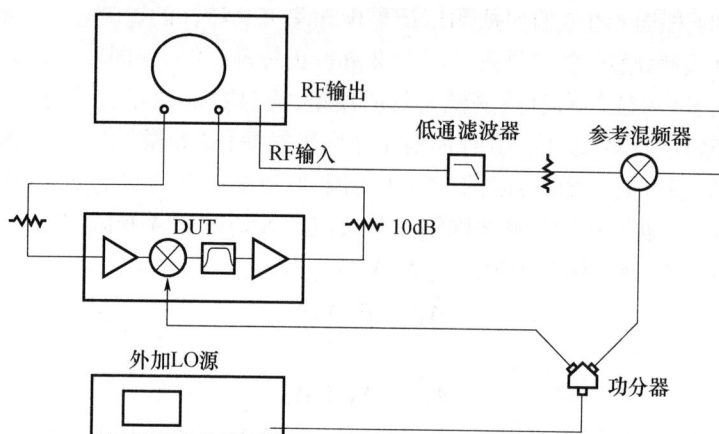

图 12-3　大动态混频器测量方法

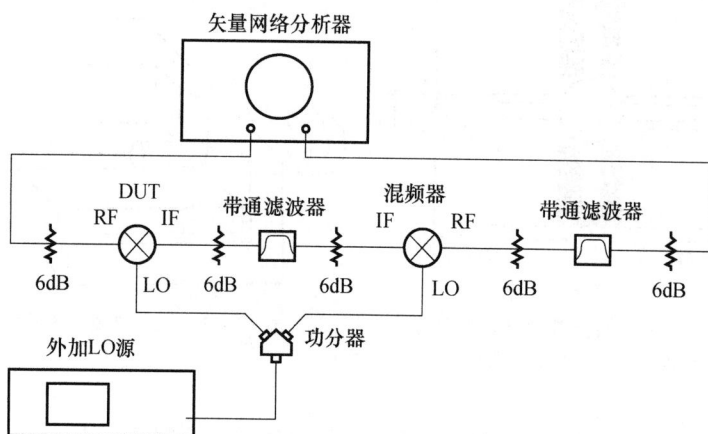

图 12-4　用普通网络分析仪测试混频器

12.5　用微波矢量网络分析仪检测功率放大器牵引等特性

　　中小功率放大器为雷达通用基本组成部件,维修时经常需要检测其放大特性,有时还需测其负载牵引特性以确定放大器最佳源阻抗和负载阻抗有无变化,以便调试和调整。

1. 检测功率放大特性

主要检测其线性增益、输入功率范围、输出功率、1dB 压缩点、驻波比等，测试方法和小功率放大管并无原则上区别，但要特别注意不使输入到网络分析仪的功率超过仪器允许值，导致仪器损坏。过去的网络仪输出激励信号功率小，不足以推动功放，而被测放大器的输出功率又太大，远远超出仪器允许值，因而难以完成测试任务。新式的网络仪具有开放结构，允许加入许多辅助设备，如放大器、衰减器等，这就为网络仪测试功率放大器创造了条件。图 12 - 5 为测试实例。被测 X 波段功放，其输入功率范围为 30 ~ 35dBm，输出为 50dBm，但网络仪的源功率只有 0dBm 左右，其接收机的损坏电平为 15dBm。留余量后不宜超过 -12dBm，因此配置了很多前置放大器、衰减器、隔离器，使输出的源功率达到要求，而输入至接收机的功率都在安全值以下。

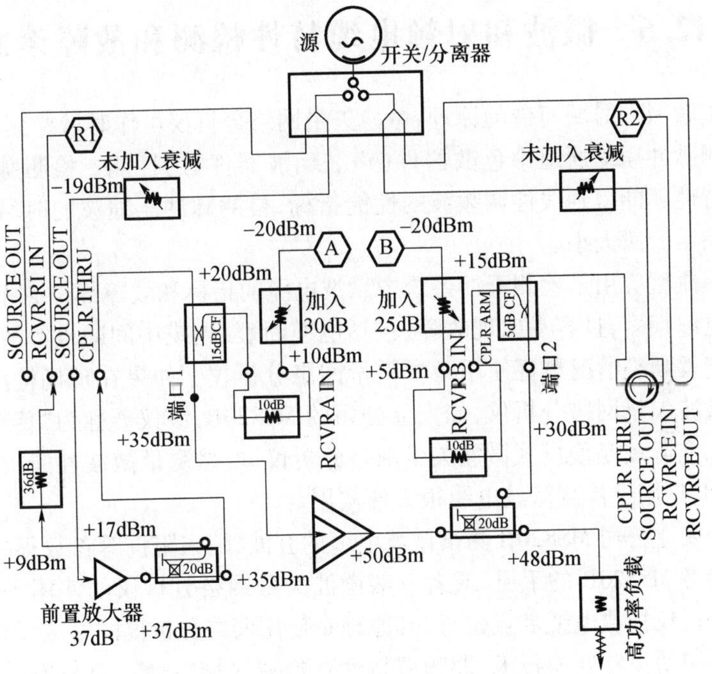

图 12 - 5　网络分析仪检测功率放大器特性

2. 检测放大器负载牵引特性

负载牵引技术是指利用微波调谐器来确定放大器的最佳阻抗和负载阻抗。图 12 - 6 是一个实用负载牵引测试系统。对于功率增益测试比，增加了源调谐器和负载调谐器，通过调整调谐器来获得放大器最佳功率特性。

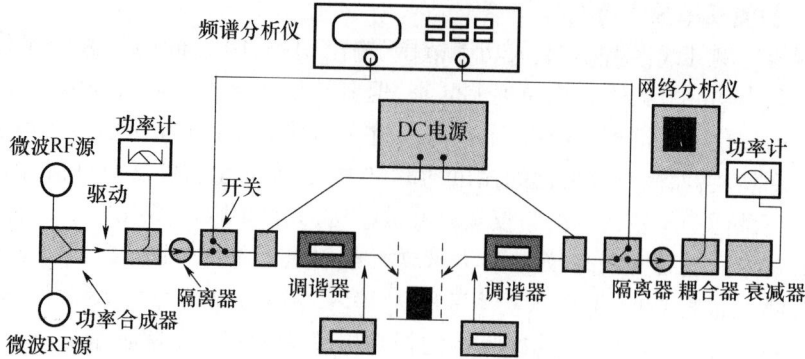

图 12 -6 负载牵引测试系统

12.6 微波和射频电缆特性检测和故障诊断

基于频域和时域对偶的原理,微波矢量网络分析仪可作时域检测,典型的例子是检测脉冲压缩通道中色散器件(声表面波器件)的性能。检测脉冲扩展波的频域特性就能得到线性调频波的性能指标,检测脉冲压缩波的时域特性就能知道压缩后旁瓣大小。

另一典型应用是检测天馈系统中微波电缆的指标和故障部位。相控阵雷达中微波电缆很多,且容易出现故障,包括电缆断裂、电缆中间断点等故障。检测电缆性能及断裂情况最好使用微波矢量网络分析仪。如果在现场检测,可使用便携式微波矢量网络分析仪,如安立公司的 MS820B,该仪器称为"传输线、天线分析仪",实际就是便携式微波矢量网络分析仪,虽然测量微波性能指标不是十分理想,但是用于检测微波电缆很方便实用。

应用安立公司 MS820B 测试微波电缆的驻波、输入阻抗等参数很方便,使用时可以参考 MS820B 的手册,或者一般微波矢量网络分析仪的使用手册。用矢量网络分析仪检测电缆断点位置,其原理是使用网络分析仪的时域反射特性,实际上是利用傅里叶变换技术,即频域特性变换成时域特性。因为矢量网络分析仪首先检测的是频域数据,然后通过变换成时域特性。从时域数据就能方便地测量出电波从测试点到断点来回时间,经换算可以得到测试点到断点的距离。特别应该指出的是,在频域范围设置不能太宽,不然当电缆太长时就会测不出来数据来。在使用中必须遵守"频域和时域对偶定律",即频域越宽,则时域越窄;反之,频域越窄,时域越宽。

安立公司 MS820B 手册给出电缆最大测试长度(单位为 cm)公式为

$$517 \times 1.5 \times 10^8 \times V_p / (F_2 - F_1)$$

式中：517 为测试的数据点数；V_p 为电波在电缆介质中传播速度；$(F_2 - F_1)$ 为频域宽度（单位为 Hz）。

12.7　振荡源相位噪声的检测

用频谱仪检测来检测雷达振荡源的相位噪声，比较简便，但必须有三个前提。

（1）频谱仪本底相位噪声要足够小，至少要比被测源小 10dB 以上。图 12 - 7 为安捷伦公司给出的该公司频谱仪本底噪声水平，供用户选择仪器时参考。

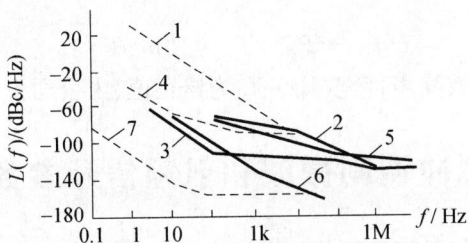

图 12 - 7　安捷伦公司频谱仪本底噪声水平

1—自由运转 VCO(10GHz)；2—HP71100(1GHz)；3—HP3585A(40MHz)；
4—合成器(10GHz)；5—HP8556A/B(12.6GHz)；6—DRO(1GHz)；7—10MHz 晶体。

（2）在频偏 $f-0$ 附近频谱仪的读数不能作为相位噪声数据。至于 f 应离开多少才算有效范围，安捷伦公司给出判据。图 12 - 8 中直线 AB 在 $f=1\mathrm{Hz}$ 处为 $-30\mathrm{dBc}$，斜率为 $-10\mathrm{dB}/10$ 倍频程，为临界线。AB 上方不满足小

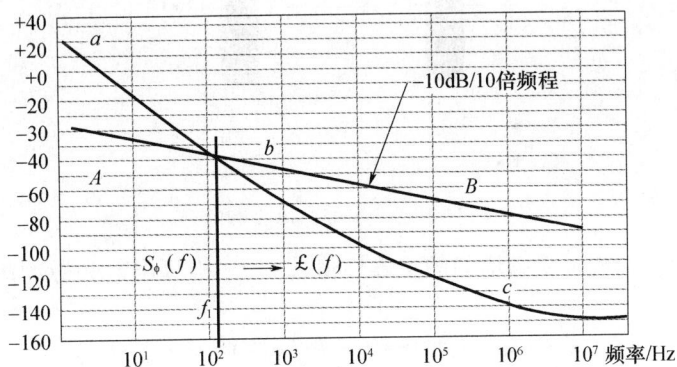

图 12 - 8　$S_\varphi(f)$、$L(f)$ 有效范围示意图

调制条件，AB 下方满足小调制条件。假定被测源测出的相位噪声曲线 $S_\phi(f)$ 为 abc，它与 AB 线交于 f_1，则只有 $f > f_1$ 才为 $L(f)$ 有效区，即只有 bc 段才有效。

（3）被测源的调幅噪声必须小于相位噪声，至少 10dB，因为频谱仪对这两种噪声无法区分。

具体测量方法如下：

用频谱仪法测振荡源的相位噪声，既可直接将信号接至频谱仪，也可先与另一参考源混频至较低频率，再用高分辨的低频频谱仪来测试。后者可进一步提高测试精度，但同样要求参考源的本底噪声比被测源至少小 10dB。

假定频谱仪测出的载波功率为 $P_c(\text{dBm})$，又测出偏离载波 f 处边带功率为 $P_m(\text{dBm})$，则

$$L(f) = P_m - P_c - 10\log B + C$$

式中：B 为频谱仪等效噪声带宽（Hz）；C 为修正值，由公司提供。

12.8　脉冲调制微波和射频信号参数的检测

1. 检测脉冲调制射频信号的频谱幅度

由调制理论可知，一个射频信号被脉宽为 τ、脉冲重复周期为 F_p 的脉冲调制后（图 12-9），理论上其频谱图应如图 12-10 所示。图 12-10(a) 为频谱仪分析带宽 B 小于重复频率 F_p 情况，即 $B \leqslant F_p$。频谱包络按 $\sin x/x$ 规律分布，其频谱第一旁瓣较主瓣低 13.5dB，第二旁瓣低 18dB。

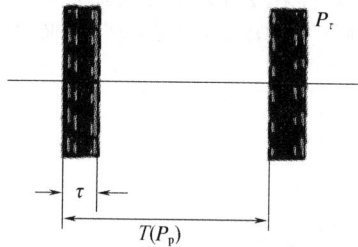

图 12-9　射频脉冲波形图

由调制理论就可从频谱图的主瓣峰值功率 P_p 推算出射频脉冲的峰值功率 P_τ，即

$$P_p = P_\tau \times (\text{工作比})^2 = P_\tau (\tau/T)^2 = P_\tau (\tau F_p)^2$$

或

$$P_p - P_\tau = 20\lg(\tau F_p)$$

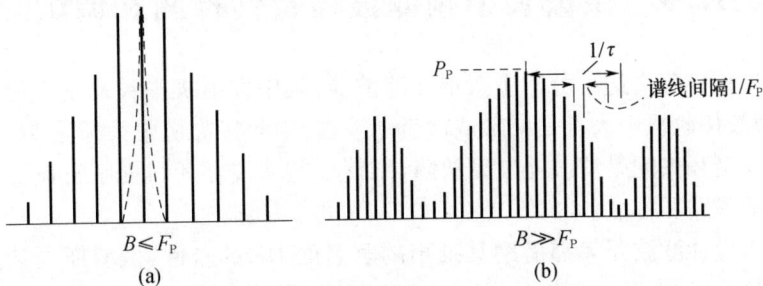

$B \leqslant F_{\mathrm{P}}$ $B \gg F_{\mathrm{P}}$

(a)   (b)

图 12 – 10　射频脉冲波频谱图

上述情况仅适用于 $B \leqslant F_{\mathrm{P}}$，称为脉冲调制窄带测量。但当 $B \gg F_{\mathrm{P}}$，称为脉冲调制宽带测量的情况(图 12 – 10(b))。文献证明[2-16]：

$$P_{\mathrm{p}} - P_{\tau} = 20\lg(\tau B)$$

考虑到频谱仪中滤波器形状不理想，更符合实际情况的公式应为

$$P_{\mathrm{p}} - P_{\tau} = 20\lg(1.5\tau B)$$

这一关系对一些测试维修人员而言，常易混淆，因此把它列入附录 E 中。

2. 检测脉冲调制下发射信号的通断比[2]

当脉冲调制的通断情况不理想时，在脉冲间隙期间仍将有小量射频漏，则在频谱仪上可看到图 12 – 11 所示的频谱，即在原频谱上多了一个幅度为 P_{T} 的连续波频谱。由该频谱图就可算出被测射频脉冲的脉冲调制通断比。上面已证明，用频谱仪测出的主瓣幅度为 $P_{\mathrm{P}}(\mathrm{dBm})$，要比射频幅度小 $A\mathrm{dB}$。

$$A = 20\log(1.5B\tau)$$

如频谱仪测出的泄漏射频为 $P_{\mathrm{T}}(\mathrm{dBm})$，则可得通断比为

$$N = P_{\mathrm{p}} - P_{\mathrm{T}} + 20\log(1.5B\tau)$$

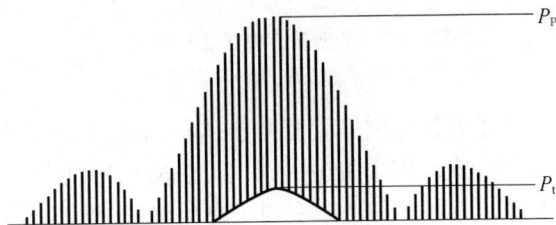

图 12 – 11　脉冲调制通断比测量波形示意图

实际测试时频谱仪带宽 B 可取 $B\tau \leqslant 1$ 的关系，则在 $1/\tau$ 带宽内至少可清晰分辨 10 条谱线，谱线太多或太少都不利于观察和调试。

12.9　微波和中频滤波器特性检测和调试

国外相控阵雷达各分机中有很多滤波器,其中发射机中大都是波导腔体滤波器,微波接收机中大都是同轴或微带滤波器,中频接收机中大都是 LC 带通滤波器。失谐和失配是滤波器常见故障,维修这些滤波器还得先了解设计和调试滤波器的思路和方法。

美国设计滤波器大都借助其推出的著名的 HFSS 软件,俄罗斯设计的腔体滤波器负有盛誉,经过仔细分析可以发现,他们设计和调试滤波器大都采用"倒置变换器法"。这一方法的步骤可归结为:首先根据衰减要求(最平坦法或切比雪夫法)查表或计算机软件设计出原型滤波器,再频率变换成图 12－12(a)所示的带通滤波器形式。这种电路形式由一系列串联谐振回路 $L_1 C_1$、$L_3 C_3$、…组成。在微波段,并联谐振回路 $L_2 C_2$、$L_4 C_4$ 可以用谐振腔来等效。但串联谐振回路 $L_1 C_1$、$L_3 C_3$、…由于悬空不接地,无论微波还是中频,在物理上很难实现,这可以用"倒置变换器法"使串联谐振回路变换成并联谐振回路。倒置变换器的原理可以用图 12－13 来解释。

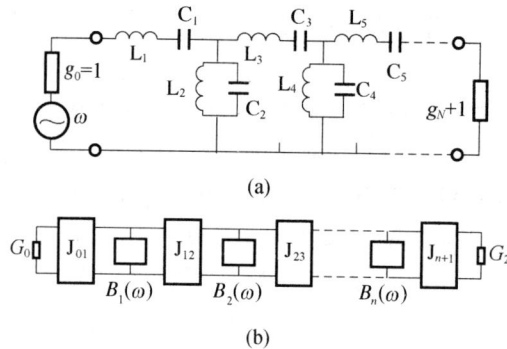

图 12－12　用倒置变换器法设计滤波器
(a)原型滤波器;(b)等效电路。

图 12－13(a)中,J 就是导纳倒置变换器;输入阻抗 $Y_{in} = J^2/Y_L$。显然,若 Y_L 为串联谐振回路,则 Y_{in} 必为并联谐振回路,反之亦然,因此起到导纳变换作用。这个导纳倒置变换器 J 有很多方法来实现。在微波段,常用一段 1/4 传输线,如图 12－13(b)所示。在中频段,常用 π 形电容网络,如图 12－13(c)所示。注意负电容(即－C)在物理上无法实现,但可以从扣除 J 网络二端电路中的电容值来实现(实际上,就是 J 网络二端的并联回路需稍失谐些)。

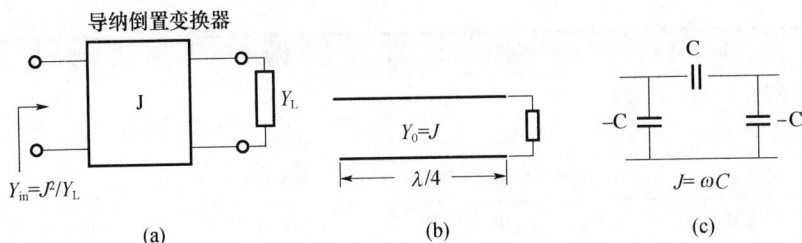

图 12 – 13　导纳倒置变换器

（a）导纳倒置变换器；（b）用1/4传输线实现；（c）用 π 形电容网络实现。

经导纳倒置变换后,图 12 – 12(a)就可画成图 12 – 12(b)的形式,$B_1(\omega)$ 到 $B_n(\omega)$ 都是等效于并联谐振回路的腔体滤波器。

明白了设计原理,调试方法就不难理解了。因为经过倒置网络,若网络终端开路,则网络输入必为短路;终端短路,输入必为开路。调试可从终端开始,自右向左依此调谐各腔体滤波器。先将终端短路,相当于滤波器 $B_n(\omega)$ 开路,用频谱仪调 $B_n(\omega)$ 直至谐振(或用网络分析仪调驻波,直至驻波最小);再将终端开路,相当于滤波器 $B_n(\omega)$ 短路,滤波器 $B_{n-1}(\omega)$ 开路,调 $B_n(\omega)$ 直至谐振(输出最大);接下来反复将终端短路、开路,就可将所有滤波器调好。

12.10　数字存储示波器选购和使用准则[6]

20 世纪 80 年代,数字存储示波器(DSO)异军突起。它较传统的模拟示波器有很多明显的优点:可多通道同时采样,可负时间测量(触发前),可单次测瞬态信号,可单次捕捉和尖峰干扰捕捉,有存储和数据处理能力,可自动测量(自动刻度、自动顶底),有数字通信 I/O 接口(可打印、绘图),可变余辉,多种显示方式,因而发展迅速,并获得广泛应用。目前世界 DSO 市场(尤其是高档)基本上为力科、泰克和安捷伦三家垄断。上面提到,这三家之间相互竞争也非常激烈,并不断推出新一代产品,但在国内一般单位使用最广泛的是第三代产品,其性能指标见表 12 – 1。

表 12 – 1　三种典型 DSO 产品的技术性能指标

厂商	力科	泰克	安捷伦
型号	WP7200/7300	TDS7254	54846
带宽	2GHz,3GHz	2.5GHz	2.25GHz
采样速率(4 通道)	10GS/s	5GS/s	2.25GS/s

231

厂商	力科	泰克	安捷伦
采样速率(2 通道)	20GS/s	10GS/s	5GS/s
标准存储	2Mpts	400kpts	64kpts
最大存储	48Mpts	32Mpts	
时基精度	5×10^{-6}	2.5×10^{-6}	70×10^{-6}
触发抖动	$3ps_{RMS}$	$8ps_{RMS}$	$6ps_{RMS}$
输入电阻	$50\Omega,1M\Omega$	50Ω	$50\Omega,1M\Omega$

国内生产 DSO 比较上档次的是中国电子科技集团第 41 所,型号为 AV4451。

在数字存储示波器的选购和使用中,应弄清的概念和主要注意事项有下面一些。

1. 区分模拟带宽和数字实时带宽

带宽是示波器最重要的指标之一。模拟带宽是测量重复信号时 3dB 带宽;数字实时带宽是示波器对信号采用顺序采样或随机采样技术所能达到的最高带宽,一般并不作为一项指标直接给出。从两种带宽的定义可以看出,模拟带宽只适合重复周期信号的测量,而数字实时带宽则同时适合重复信号和单次信号的测量。厂家声称示波器的带宽能达到多少兆,实际上指的是模拟带宽,数字实时带宽是要低于这个值的。例如,泰克公司的 TES520B 的带宽为 500MHz,实际上是指其模拟带宽为 500MHz,而最高数字实时带宽只能达到 400MHz,远低于模拟带宽。所以,在测量单次信号时,一定要参考数字示波器的数字实时带宽,否则会给测量带来意想不到的误差。

2. 区分实时采样率和等效采样率

有些公司产品技术性能指标中有等效采样率一项,如泰克公司的 TDS 系列。这是由于 DSO 采用了采样示波器的等效时间采样技术,就是对周期重复而又稳定的信号,可采用前述顺序采样方式:对第一周期只采样一点,下一周期的采样点延迟一点时间⋯⋯,依此类推,最后使全部波形都被采用,只要精确控制延迟时间,波形就可准确显示,而 A/D 变换的采样率可大大降低。此时,DSO 的等效采样率取决于示波器的时间分辨率,如时间分辨率为 100ps,则等效采样率为 $1/100 \times 10^{-12} = 10GS/s$。

3. 数字示波器的上升时间

在模拟示波器中,上升时间是示波器的一项极其重要的指标。而在数字示波器中,上升时间甚至都不作为指标明确给出。由于数字示波器测量方法的原因,以致于自动测量出的上升时间还与采样点的位置相关,如上升沿恰好落在两采样点中间,这时上升时间为数字化间隔的 0.8 倍。又如,上升沿的中部有一采样点,则同样的波形,上升时间为数字化间隔的 1.6 倍。另外,上升时间还与扫速有关。尽管波形的上升时间是一个定值,而用数字示波器测量出来的结果却因为扫速不同而相差甚远。模拟示波器的上升时间与扫速无关,而数字示波器的上升时间不仅与扫速有关,还与采样点的位置有关。因此,使用数字示波器时,不能像用模拟示波器那样,根据测出的时间来反推出信号的上升时间。

4. 合理选用数字存储示波器

一台低档次与一台高档次的数字示波器价格可近相差 50 倍,所以要合理选用。以下选用准则可供参考。

(1) 带宽:需精确测量,则带宽选择应远大于信号最高频率。如对一个 50MHz 脉冲信号,为了保证幅度和上升沿测试精度,示波器带宽应为被测信号频率的 3~5 倍,而在精确测量时,则应为 8~10 倍或更高。

(2) 采样本:正弦波一般要求大于 5 个采样点/周期,越多越接近真实波形。

(3) 脉冲波:上升沿要大于 5 个采样点,在精确测量时,则应大于 10 个采样点。

(4) 存储长度 = 采样本×扫描速度×10,即波形观测时间。

(5) 触发功能:要确保能捕获和同步被测信号,以利观察和分析。

触发方式有三种:自触发、常态触发和单次触发。

触发功能有两类:①边缘(edge)触发:所有数字示波器均有。它是指正沿负沿触发、视窗触发、前触发和后触发。②智能(smart)触发:高档示波器上非常完善,有延迟触发、顺序触发、毛刺触发、间隔触发。

(6) 分析功能:应具有较强自动处理、运算、测试、分析功能。①波形和参数合格/失败自动判别功能;②高级函数处理功能,如微分、积分、平均指数、对数、乘方、开方等运算能力;③FFT 频偏谱运算能力,可从 10k 点至 10M 点以上,可算出实部和虚部,得到幅度和相位信息;④直方图分析,可从 500 点至 10M 点以上;⑤可开 2~8 个窗口,可同时观察原波形和处理后波形。

(7) 存储和打印功能。有的还提供 VGA 接口。

参 考 文 献

[1] 方葛丰. 高端电子测量仪器技术及发展建议[J]. 第三届国防科技工业试验与测试技术发展战略
     高层论坛论文集,2010:25 – 34.

［2］ 国防科工委科技与质量司．无线电电子学计量［M］．北京：原子能出版社，2002．

［3］ 邓斌．电子测量技术［M］．北京：国防工业出版社，2008．

［4］ 汤世贤．微波测量［M］．北京：国防工业出版社，1991．

［5］ 戴晴，黄纪军，莫锦军．现代微波与天线测量技术．［M］北京：电子工业出版社，2008．

［6］ 孙续．电子测量［M］．第2版．北京：计量出版社，2006．

［7］ Scott A，Wartenkerg. RF measurement of Die and Packages［C］. Artech House，Inc，2002．

［8］ Am M E SAfwat. Sensitivity Analysis of Calibration Standard for Fixed Probe Spacing on Wafer Calibration Techniques ［J］. IEEE MTT－S Digest，2002：2257－2260．

［9］ 李秀萍，高建军．微波射频测量技术基础［M］．北京：机械工业出版社，2007．

［10］ 潘光斌．基于频谱仪的相位噪声测试及不确定度分析［J］．仪器仪表学报，2002（10）．

［11］ 秦红磊，路辉．自动测试系统－硬件及软件技术［M］．北京：高等教育出版社，2007．

［12］ 郭衍莹．现代电子设备的频率稳定度［M］．北京：宇航出版社，1989．

［13］ 国防科工委科技与质量司．时间频率计量［M］．北京：原子能出版社，2002．

［14］ 李立功．现代电子测试技术［M］．北京：国防工业出版社，2008．

［15］ 唐宗熙，李恩．微波功率固态放大器负载牵引特性的自动测试［J］．计量学报，2004，25（4）：362－365．

［16］ 陈尚松，等．电子测量与仪器［M］．北京：电子工业出版社，2008．

附录 A 国外和中国台湾著名相控阵制导雷达参数表

这里用表格形式列出国外和中国台湾部分著名的相控阵制导雷达概况。由于摘自公开文献（截止至 2011 年年底），且各文献的数据都互有出入，因此仅供读者参考。

系统	雷达	波段	探测距离	制导体制	相阵天线特点	雷达接收/发射机特点	雷达整机特点
"爱国者"（美）	AN/MPQ-53	C	100km(PAC-2) 172km(PAC-3)	程序+指令+TVM（PAC-2）程序+指令+主动寻的（PAC-3）	5162单元；超低旁瓣；孔径2.44m	正交场管；600kW峰值	脉间频率捷变（600MHz内400点）；脉冲参数捷变；微电子技术和数字技术水平高
宙斯盾（美）	SPY-1	S	370km	惯导+指令+半主动寻的	四面阵；4351单元/阵；孔径3.7m	正交场管；MW峰值，双占空比	1983年至今，多次装舰，多次改进
C300ПMУ-1；-2；里夫（俄）	30H6	X	150km(-1) 200km(-2)	程序+指令+TVM	约10000单元；一次配相；孔径2.7m	多注速调管；双机并联；静电管低噪声高放	高脉冲重复频率的脉冲多普勒体制；中频以下大都为数模混合电路和分立元件
C400（俄）	36H6	X	400km	程序+指令+主动寻的导弹40H6 二次点火导弹9M96E 主动导引头	?	?	高脉冲重复频率的脉冲多普勒体制
"道尔"（TOP 俄）		Ku	25km	波束制导	约576单元；强制馈电；一次配相；孔径1.5m	速调管功放30kW；行波管高放（F=8dB）	配备陆军。集相控阵制导，三坐标搜索，TV辅助制导和导弹于一车，全世界独一（俄通古斯卡的制导部分与此类似）

系统	雷达	波段	探测距离	制导体制	相阵天线特点	雷达接收/发射机特点	雷达整机特点
83M6 指挥系统（俄）	64H6	S	260km	作预警	双面阵；1680 单元/阵；反射馈电；PIN 移相器	速调管功放	频率捷变；多种抗干扰措施
ARABEL（法国）		X	50km（0.5m² 目标）100km（大目标）	雷达中段制导	RADANT 透镜型相控阵列，仅 100 移相器		装备法国"戴高乐"航空母舰
"天弓" II（中国台湾）	长白	S	500km	程序＋指令＋主动寻的	2.5m×3.0m		仿美国"宙斯盾"的 SPY－1

236

附录 B 国外部分相控阵机载雷达参数表

相控阵雷达除了用作面面(或舰上)制导雷达外,另一个重要用途是作为机载火控雷达或预警雷达。由于摘自公开文献(截止至 2011 年年底),仅供读者参考。

国别	飞机型号	雷达型号	雷达技术特点
美国	歼击机 F/A－18E/F	火控 AN/APG－79	X 波段;有源相控阵;T/R 组件 10 年无需维护;脉冲多普勒;空空、空地、空海、多功能
	歼击机 F－22("猛禽")	火控 AN/APG－77	X 波段;有源相控阵;2000 个 T/R 组件(砷化镓技术);数字脉冲多普勒;模块化;空空、空地、空海,多功能
	歼击机 F－35	火控 AN/APG－81	X 波段;1000 多个宽带 T/R 组件;天线表面凹凸不平,有一定隐身效果;可合成孔径成像、地形跟踪等;整个雷达称"多功能综合射频系统",是 F－35 综合传感系统(JSS)的一部分
俄罗斯	轰炸机 B－1B 及 B－2	火控 AN/APQ	X 波段;无源二维相控阵
	歼击机苏－35	火控 Zhuk－PH	X 波段;无源三维相控阵;脉冲多普勒;多功能
	歼击机米格－31	火控 SBI－16	X 波段;无源三维相控阵;脉冲多普勒;多功能;多目标
	歼击机 Rafale	火控 RBE－2	X 波段;无源二维相控阵;多功能;多目标
以色列	预警机 PHALCON	预警 EL/M－2076	L 波段;有源相控阵;六面阵天线;覆盖 360°;高,中重复频率
瑞典	预警机 Erieye	预警 PS－890	S 波段;有源相控阵;双面阵天线;高,中重复频率;机头机尾各有 60°盲区

237

附录 C 雷达常用电缆射频损耗（dB/m）

型号	内导体/mm	屏蔽层/mm	1GHz	3GHz	6GHz	10GHz	15GHz	18GHz	20GHz以上
1#半钢	0.29	1.19	1.1	2	2.8	3.8	4.4	5	5.5 40G:8.1
2#钢或半钢半柔	0.51	1.19	0.69	1.25	1.9	2.46	3.1	3.45	3.67 40G:5.3
3#半钢或半钢半柔	0.92	3.58	0.38	0.72	1.05	1.4	1.9	2.2	2.3
EF178	0.3	1.35	1.8 0.3G:0.9	3					
RG178(SFF-50-1)	0.31	1.3	30M:0.33 200M:0.85	3.4					
EF316D	0.54	2.45	1 0.5G:0.6	1.7					
101E		护套3.65			1.21	1.59	1.68	2.18	40G:3.4 50G:3.9
102E	0.82	护套3.75	0.38	0.65	0.95	1.24	1.54	1.7	1.8 40G:2.9
103E		护套4.6			0.81	1.06	1.32	1.46	33G:2
104	1.4	护套5.5	0.3	0.4	0.65	0.8	1	1.15	1.2 26G:1.4
104PE	1.4	护套5.5	0.3	0.6	0.8	1.15	1.4	1.6	1.7 26G:2
32055	1.42	4.91	0.26	0.5	0.7	0.9	1	1.2	1.3

型号	内导体/mm	屏蔽层/mm	1GHz	3GHz	6GHz	10GHz	15GHz	18GHz	20GHz以上
MF30	0.91	3.35	0.33	0.66	0.89	1.3		1.8	26G:2.1 40G:2.95
MF62	2.06	6.85	0.17	2G:0.25	5G:0.41	0.59		0.82	
MF90	1.5	4.83	0.26		5G:0.58	0.9		1.35	1.4
CXN3500	0.7	2.7	2G:0.66	4G:0.94	1.16	1.52	1.86	2.08	
CXN3450	2.1	6.6	2G:0.22	4G:0.31	0.38	0.5	0.62	0.68	
CXN3449	1.4	4.3	2G:0.34	4G:0.49	0.6	0.78	0.95	1.06	
CXN3505	0.5	2	0.76	4G:1.29	1.6	2.09	2.67	2.87	
CXN3507	0.9	3.3	2G:0.53	4G:0.75	0.93	1.21	1.42	1.66	
MF147A（FEP 聚氨酯）	1/0.93	3.4	0.4		0.93	1.28		1.95	26G:2.36 40G:3.2
MF210A（FEP 聚氨酯）	1/1.42	4.9	0.28	2G:0.39	5G:0.68	0.95		1.23	26G:1.54
UFB311A	2.26	6.78	0.145	0.26	0.38	0.51	0.6	0.7	
360（FEP 聚氨酯）	0.72	2.84	0.52	0.92	1.33	1.76	26.5G:3.06	2.45	40G:3.89
500（FEP 聚氨酯）	1.02	3.78	0.38	0.7	1.03	1.39	26.5G:2.52	1.98	
220A	1.44	护套5.6	0.26			0.92		1.28	26.5G:1.61
220B	1.44	护套5.6	0.36			1.18		1.64	26.5G:2.03
240E	1.42	护套6.1	0.3			1.08		1.57	26.5G:2.03
158A	0.91	3.28	0.4	0.66	0.98	1.31	1.57	1.8	1.9 40G:2.85
Flex402	0.92	3.58	0.38	0.71	1.05	1	1.92	2.16	

注：以上数据引自各厂家提供的资料

附录 D　国外部分稳相微波电缆基本特性

厂商	型号	外径/mm	允许最小弯曲半径/mm	结构特点	达到水平	注
Andrew	FSJ1－50	6.35		泡沫聚乙烯绝缘,皱纹铜管外导体	在 φ50.8mm 芯轴上弯曲 90°,18GHz 时相位变化＜0.5°	
Precision Tube	RA50141 RA50085	3.58 2.16	15.87 9.52	微孔氟 4 带介质制成半硬电缆	－25°至＋150°相位稳定 17×10⁻⁶/℃	
Kaman 仪器公司			为电缆外径的 3 倍	无氧铜内导体,高纯度 SiO₂ 介质,无氧铜管外导体及不锈钢管外护套,电缆制成后经过高温退火热处理	电缆组件承受 45°弯曲 10 次之后,在 12GHz 下相位变化仪 1.09°	可用作自动矢量网络分析仪的标准线
瑞士 Huber-Suhner	Sucoflex104p	5.5	静态 16mm 动态 25mm	镀银铜纹线内导体,低密度氟 4 介质绝缘,镀银铜箔包及镀银铜线编织外导体以及氟 46 护套,柔软性极好	可承受 5000 次弯曲。相位变化小于 5°/(GHz/m),弯曲 360°后的相位变化小于 0.2°/GHz	矢量网络分析仪专用
Micro-Coax	UTiFlex161－S	5.33		氟 46 护套。两种铠装形式:一是内质绝缘线的聚氮酯护套;二是不锈钢丝编织上放置柔软不锈钢管	可承受 10 万次反复弯曲	

（续）

厂商	型号	外径/mm	允许最小弯曲半径/mm	结构特点	达到水平	注
Micro-Coax	UFD240B	6.1			可承受 500 万次弯曲而仍能保持插入损耗和相位稳定性为弯曲寿命最高的稳相电缆组件	
Storm Product	Storm Flex II	5.84	50.8		在直径为 25.4 芯轴上弯曲 90°，相位稳定性为 ±0.1°/GHz。电缆组件在直径 10.2mm 的芯轴上可承受 2500 次 90°弯曲	
Adam-Russell	2015	6.1		127	±0.10/GHz 弯曲寿命 10 万次	
	2026	10		51		
	2030	10		51		
W. L. Gore				氟 4 微孔带		频率可高达 65GHz

注：以上数据引自各厂家提供的资料

附录 E 雷达测试和维修常用公式汇集

以下所列公式大都是雷达工作者常用的,建议雷达测试维修技术人员熟记,当然首先是弄清它们的物理意义。

1. 雷达方程

（1）雷达基本方程(一次雷达方程)。

$$R^4 = \frac{P_t G_t \alpha \lambda^2 G_r}{(4\pi)^2 (S/N) KT_s \Delta fL}$$

式中:R 为雷达作用距离;P_t 为发射机输出功率;G_t 为发射天线功率增益;α 为雷达截面积;λ 为波长;G_r 为接收天线功率增益;S/N 为信噪比;K 为玻耳兹曼常数;Δf 为接收机频宽;T_s 为接收系统噪声温度;L 为损耗(包括大气损耗、收发馈线损耗等)。

（2）信标方程(二次雷达方程)。

$$R^2 = \frac{P_t G_t \lambda^2 G_r}{(4\pi)^2 (S/N) KT_s \Delta fL}$$

式中:$P_t G_t$ 是指应答机发射功率和天线功率增益;其他符号意义同雷达基本方程。

2. Friis 公式(功率传输公式)

$$\frac{P_r}{P_T} = \frac{G_r G_t}{L_s}$$

式中:P_r 为接收功率;P_T 为发射功率;G_r 为接收天线功率增益;G_t 为发射天线功率增益;L_s 为自由空间传输损耗,即

$$L_s = 92.45 + 20\lg f(\text{GHz}) + 20\lg d(\text{m})$$

3. Poynting 公式

$$S = E \times H$$
$$E/H = 120\pi$$

故

$$S = E^2/(120\pi)$$

式中:S 为 Poynting 矢量,即空间电磁波功率密度;E 为空间电场;H 为空间磁场;120π 为自由空间特性阻抗。

4. 天线常用公式

(1) 天线增益 $=4\pi A_e/\lambda^2$

式中: A_e 为天线等效面积。

(2) 天线波束宽度 $\approx K\lambda/D$

式中: D 为天线孔径。

(3) 天线增益 $G_D = 4\pi/B_{方位}B_{俯仰}$

式中: 4π 相当于 $40000°$。因此当 $B_{方位} = B_{俯仰} = 1°$ 时, $G_D \approx 46\text{dB}$。

5. 相控阵天线近似公式

(1) 当天线单元距离 $d = \lambda/2$ 时, 相控阵天线法向波束宽度 $\theta_B = 102/N$。N 为单元数。

此时副瓣 -13.2dB。

(2) 当天线波束指向 θ_0 时, $(\theta_0 \le \pm 45°)$, 波束宽度 $\theta_B = 0.886\lambda/(Nd\cos\theta_0)$。

6. 天线系数

定义: $AF = E/U$。E 为被测场强 (V/m); U 为天线输出端电压 (V)。

工程用计算公式:

$$AF = 20\left(\frac{9.76}{\lambda\sqrt{G}}\right)$$

或

$$AF = -29.75 + 20\lg f - 10\lg G$$

式中: G 为天线增益; f 单位为 MHz。

7. 天线远场区定义

(1) 在电磁兼容领域, 常以 $r \ge \lambda/2\pi$ 为远场区。

此时为平面电磁波: E 与 H 在同一平面上相互垂直, 同相, 且以光速向前传播。E 与 H 均随距离成反比而减少。

(2) 在雷达测试领域, 常以 $r \ge 2(d+D)^2/\lambda$ 为远场区。式中 d 为发射天线直径, D 为被测天线直径。此时入射到被测天线口面上的电磁波相位, 最大不超过 $\pi/8$(注: 也有文献认为 $r \ge 2D^2/\lambda$ 即可, 没有必要再加上 d)。

8. 接收机灵敏度

$$P_{smin} = FKTBD$$

式中: F 为接收机噪声系数; K 为玻耳兹曼常数; T 为接收机输入端绝对温度; B 为接收机带宽; D 为识别系数。

当规定 $D = 1$ 时, 称 P_{smin} 极限灵敏度, 即

$$P_{smin} = -174\text{dBm} + N_F + 10\lg B(\text{Hz})$$

上式就是微波频谱仪的 DANL 公式, 或接收机(频谱仪)的本底噪声。

9. 单脉冲接收机 S 曲线的 Barton 公式(适用于四喇叭天线)

基准电压：$E_r = \cos2(1.14\Delta)$

差波束电压：$E_e = 0.707\sin(2.28\Delta)$

斜率：$k_m = 1.57$

式中：Δ 为角误差(rad)。

10. 脉冲调制射频信号的谱线幅度

在脉冲调制窄带测量时,如频谱仪分析带宽 $B \approx F_p$,F_p 为脉冲重复频率,τ 为脉冲宽度,则

$$P_p - P_\tau = 20\lg(\tau F_p)$$

式中：P_p 为频谱仪上读出的频谱最大值；P_τ 为脉冲调制射频的脉冲功率。

在脉冲调制宽带测量时,即频谱仪分析带宽 $B \gg F_p$,则

$$P_p - P_\tau = 20\lg(1.5\tau B)$$

11. 负载失配时驻波和损耗

当负载失配时：

$P = P_{max}(1 - \Gamma^2)$

Γ 为反射系数,驻波为

$\rho = (1 + \Gamma)/(1 - \Gamma)$

$\rho = 1.2, \Delta P < 1\%$, 即 0.1dB。

$\rho = 1.5, \Delta P < 4\%$, 即 0.2dB。

$\rho = 2, \Delta P < 11\%$, 即 0.5dB。

$\rho = 2.5, \Delta P < 20\%$, 即 0.9dB。

12. 线性调频脉冲压缩技术主要公式

脉冲压缩比 $D = \tau B_e$,即线性调频脉冲信号的时宽—带宽之积。

脉冲压缩后,成为宽度为 $1/B_e$ 的窄脉冲(主瓣)。幅度增大 $\sqrt{D}$ 倍(功率增大 D 倍),第一旁瓣 -13.2dB。

附录 F 国内外一些著名相控阵雷达照片

（1）美国主要相控阵制导雷达。左图为"爱国者"雷达 AN/MPQ53；右图为美国"伯克"级驱逐舰上的"宙斯盾"雷达 AN/SPY – 1D（录自《世界防空反导导弹手册》，宇航出版社出版）

（2）俄罗斯主要相控阵制导雷达（2005 年第七届莫斯科航展上展出）

（3）俄罗斯"道尔"雷达系统（录自《世界防空反导导弹手册》，宇航出版社出版）

（4）美国第四代歼击机 F35 上的 AN/APG–81 有源相控阵雷达天线

（5）中国海军新型防空导弹驱逐舰相控阵雷达（录自《自兵工科技》,2009年7月期封面）

内容简介

相控阵雷达在当今被认为是最有发展前景的雷达体制之一,是当今很多先进武器,如防空导弹系统、对空情报系统、预警机、歼击机、反导系统等的主体设备。这种雷达技术先进,设备复杂,因此测试维修难度很大。本书首先介绍相控阵雷达的技术特点,包括它与常规雷达的不同特点,以及国外相控阵雷达(主要是美俄)的不同技术特点。这不但是测试维修人员的必备知识,也是一切雷达技术人员重要资料。然后讨论相控阵雷达的测试技术,尤其是一些新的测试方法。最后介绍相控阵雷达维修特点和维修技术,尤其是微波设备维修技术,包括一些老科技人员的见解和经验。本书的编写强调理论联系实际,内容力求新颖、深入、实用,且可读性好。因此本书不仅是测试维修人员必备图书,而且对广大雷达系统、设备设计人员以及高等院校有关专业师生和研究生都有重要参考意义。

The phased array radar, being considered now as one of the most promising radar systems, is the main or core equipment in many advanced new generation weapons, such as air defense guided missile system, air surveillance system, early warning plane, fighter plane, anti – missile system, etc. Such kind of radar is characterized by advanced technology and complicated architecture, which makes it very difficult to test and maintain.

Firstly described in this book are the distinguishing technical features of phased array radar, including the difference of the phased array radar from the conventional modern radar. In addition, a comparative study of USA and Russian phased array radars is also made. These are not only the knowledge necessary for test and maintenance technicians, but also the important reference for all radar technicians engaged in the field of phased array radar. Next, the test techniques of phased array radar and some new approaches are introduced in detail. Afterwards, the features of maintenance and the maintenance technology of phased array radar, the maintenance of microwave facilities in particular, are given. Ideas and experience of some specialists have been collected.

In writing this book the authors have been striving to combine theory with practice, making the book have not only a novel content, but also good readability and practicability . The book can be used as an essential book for maintenance technicians and will provide a valuable reference for all radar designers. It can also be served as a textbook or a reference book for the teachers and graduate students associated with the subject of modern radar.